100 Essential Things You Didn't Know

You Didn't Know About

Maths & The Arts

数学を使えばうまくいく

アート、デザインから投資まで数学でわかる100のこと

ジョン・D・バロウ

John D. Barrow

松浦俊輔｜**小野木明恵**｜訳

青土社

数学を使えばうまくいく　目次

序文　11

1　数学というアート　13
2　美術館に必要な警備員は何人？　16
3　縦横比《アスペクト》のいくつかの局面《アスペクト》　20
4　ヴィックリー・オークション　23
5　正しい音で歌うには　26
6　グランジュテ　29
7　ありえないことを信じる　31
8　静電複写——見たものをもう一度　34
9　きちんとしたページに見せる　37
10　サウンド・オブ・サイレンス　41
11　とても変わったケーキの作り方　44
12　ローラーコースターを設計する　47
13　宇宙の始まりを生中継　51
14　ストレスに対処する　54
15　芸術のぎりぎりのバランス　56
16　調理法　59

17　曲線三角形　63
18　曜日　67
19　遅れの擁護　70
20　ダイヤモンドは永遠に　72
21　いたずら書きのしかた　75
22　卵はなぜあの形なのか？　77
23　エル・グレコ効果　80
24　ヘウレーカ　83
25　目が脳に教えてくれること　86
26　ネパールの国旗はなぜ独特か　89
27　インドのロープ奇術　92
28　目を打ち負かすイメージ　95
29　またもや十三日の金曜日　99
30　壁のフリーズ　102
31　ガーキン　105
32　両方に賭ける　108
33　劇場での無限　110
34　黄金比に（で）光を当てる　112

35 魔方陣 115
36 モンドリアンの黄金長方形 118
37 タイルでモンキーパズル 121
38 快い音 124
39 古いタイルから新しいタイルを作る 127
40 9度の解決策 129
41 紙のサイズと手に持った本 132
42 ペニー・ブラックとペニー・レッド 135
43 素数の時間周期 141
44 測れないとしたら、なぜ測れないのか 144
45 星雲のアート 146
46 逆オークション――クリスマスを買うための逆算 150
47 神に捧げる儀式の幾何学 153
48 素晴らしいロゼット 156
49 水上の音楽を操る――シャワーで歌えば 158
50 絵の大きさを測る 160
51 トリケトラ 163
52 雪やこんこ 166

53　図の危ないところ　169
54　ソクラテスと水を飲む　172
55　奇妙な公式　174
56　筆致の計量――数学が波を判定する　178
57　みんなそろって　182
58　時間が空間を考慮に入れなくてはならないとき　185
59　テレビの見方　188
60　美しい曲線をもつ壺の側面図　190
61　宇宙のすべての壁紙　192
62　孫子の兵法　195
63　ワイングラスを粉々に割る　199
64　光を入れる　201
65　特別な三角形　203
66　グノモンは金色だ　205
67　スコット・キムの逆さまな世界　207
68　シェイクスピアは単語をいくつ知っていたか　208
69　上位桁の奇妙で素晴らしい法則　212
70　臓器提供の優先順位　217

71　楕円形をしたささやきの回廊　220
72　エウパリノスのトンネル　222
73　大ピラミッドについての仕事算　227
74　藪をつついて虎を出す　231
75　第二法則のアート　234
76　晴れた日に……　236
77　サルヴァドール・ダリと第四の次元　238
78　サウンド・オブ・ミュージック　241
79　チャーノフの顔　243
80　地下から来た男　245
81　メビウスとその帯　248
82　鐘よ、鐘　251
83　群れに従う　254
84　指で数える　258
85　もうひとりのニュートンの無限賛歌　260
86　チャールズ・ディケンズは平均的な男性ではなく、
フローレンス・ナイチンゲールは平均的な女性ではなかった　264
87　マルコフの文学的な連鎖　267

88 自由意志からロシアの選挙まで 271
89 至高の存在で遊ぶ 275
90 すべてを知っていることの難点 278
91 絵の具のひび割れを観察する 279
92 ポピュラー音楽の魔法の方程式 282
93 ランダムなアート 285
94 したたりジャック 289
95 ブリッジ・オブ・ストリングズ 295
96 靴ひも問題 299
97 影像を見る立ち位置 303
98 ホテル無限大 306
99 音楽の色 310
100 新世代のシェイクスピアの猿たち 314
訳者あとがき 320

アートは私、サイエンスは私たち

――クロード・ベルナール

数学を使えばうまくいく

アート、デザインから投資まで
数学でわかる100のこと

まだ若くて何でも知ることができるダーシーとガイに

序文

数学の応用は身の周りのいたるところにあり、ふつうはまったく「数学的」とはみなされないような場面を支えている。本書には数学のこぼれ話、要するに日常の身の周りに数学を応用した変わった例を集めた。事例は「アート」の世界から取った。アートと言っても、デザインや人文科学なども含む広大な意味でいうものであり、幅広い可能性のなかから百の例を選んだ。各章はどのような順番で読んでもよい。他の章と関連する章もいくつかあるが、ほとんどは独立した内容であり、彫刻や、コインや切手のデザイン、ポピュラー音楽、競り《オークション》の戦略、贋作《がんさく》、落書き、ダイヤモンドのカッティング、抽象絵画、印刷、考古学、中世写本のレイアウト、文芸批評などが含まれ、アートのある面について考える新たな視点を提示している。本書は、対称性や遠近法といったおなじみの話題を扱った昔ながらの「数学とアート」についての本ではなく、身の周りの世界の見方を考え直そうと呼びかけるものである。

数学とあらゆるアートとのあいだに多様なつながりがあることは意外ではない。数学は、あらゆるパターンを収録した目録であり、これこそが数学が有用で遍在している理由である。ここで時間と空間に存在するさまざまなパターンを取り上げた事例を通して、人間の創造性に見られるさまざまな面に単純な数学がどれほどの光を投げかけられるかを広く理解できるようになることを願っている。

本書の執筆を勧めてくれたり、説明用の資料を収集し最終的な形にまとめる仕事を手伝ってくれた多数の方々に感謝を述べたい。とりわけボドリーヘッド社のキャサリン・エイルズとウィル・サルキン、その後任のスチュアート・ウィリアムズに感謝する。リチャード・ブライト、オーウェン・バーン、ピノ・ドンギ、ロス・ダフィン、ルドヴィコ・エイナウディ、マリアン・フライバーガー、ジェフリー・グリメット、トニー・フーリー、スコット・キム、ニック・ミー、西山豊、リチャード・テイラー、レイチェル・トーマス、ロジャー・ウォーカーの力添えにも感謝する。エリザベスをはじめとして、代を重ねつつある家族の面々にも、ときおり本書の進み具合を気にかけてもらったことに感謝したい。本書が刊行されたときにもみんなに気づいてもらえるといいのだが。

ジョン・D・バロウ
ケンブリッジにて

1 数学というアート

なぜ数学とアートはこれほど頻繁に結びつけられるのか。アートと流動学《レオロジー》や芸術と昆虫学をテーマにした本や展覧会は目にしないが、アートと数学はしょっちゅう寝床を共にしている。これにはアートの由来を数学の定義そのものにたどれるような単純な理由がある。

歴史家、技術者、地理学者なら、自分が何を相手にしているか難なく言えるだろうが、数学者には言えないかもしれない。数学とは何かについて、ずっと以前から二つの異なる見方がある。一方では数学は発見されるという見方、もう一方では数学は発明されるという見方である。第一の見方では、数学は、何らかの実在としてもともと「存在」し数学者によって見つけられるような、永遠に変わらない真理の集まりであるとみなされる。この見解はときに数学的プラトン主義と呼ばれる。これとは対照的な第二の見方では、数学は、私たちが考案し、その後の成り行きを追求していく、規則をもった、チェスのような無限に大きなゲームであるとみなされる。私たちが規則を定めるのは、自然界にパターンを認めた後だったり、何かの実践的な問題を解くためだったりする場合が多い。いずれにせよ、数学はこうした規則の集合を考えることに他ならないとされる。数学とは何かというよりも、ただそれにいくつもの用途がありうる、ということだ。数学は人間が発明したものなのだ。

発見か発明かという相対立する立場は、数学の正体だけに当てはめられるものではない。それは、古代ギリシアの哲学的思考が始まった頃にまでさかのぼる二項対立のひとつである。まさにこれと同じ二項対立が、音楽や芸術、物理法則についても当てはまると想像できる。

数学について奇妙なことは、数学者のほとんど全員がプラトン主義者であるかのようにふるまい、頭の中で扱える数学的真理からなる世界の中だけで物事を探索し発見しているということだ。それでいながら、数学の究極的な性質について意見を求められたときにこうした数学観を擁護しようとする数学者はほとんどいない。

この状況は、私のような、二つの見方の区別がそれほど明確なのかと疑問をもつ人間にはいささか困りものだ。とどのつまり、数学に発見されるものがあるとしても、それを使ってさらに何らかの数学を発明することはできないことがあるだろうか。「数学」と呼ばれるすべてのものが、なぜ、発明されるか発見されるかのいずれかでなくてはならないのか。

数学についてはある意味でもっと緩い見方もある。その見方に従えば編み物や音楽なども定義に含まれるが、数学者でない人にとってはこちらのほうがわかりやすいと思う。この見方は、物理的な世界を理解するのに数学がこれほど役に立つ理由も明らかにしてくれる。この第三の見方では、数学はありうるすべてのパターン〔何らかの規則性を伴う型や模様〕の目録であるとされる。この目録は無限だ。パターンには、空間内に存在し、床や壁を装飾しているものもあれば、時間のなかに順番に配列されるものや、対称性、論理や因果関係のパターンもある。魅力的で興味をかき立てるものもあれば、そうでもないものもある。前者であればさらに調べるが、後者ならそれまでだ。

多くの人を驚かせる数学の有用性は、この見方からすれば謎ではない。万物にはパターンが存在しなければならず、そうでなければ意識をもった生命の形態はひとつも存在できないだろう。数学はまさに、こうしたパターンについての研究なのだ。だから、自然界を調べるときに、数学がどこにでも顔を出すように見える。それでもひとつの謎が残る。これほど少数の単純なパターンによって、宇宙の構造や、そこに含まれるあらゆる物について、なぜあれほど多くのことが明らかにされてきたのか。また、数学は、比較的単純な物理科学においては非常に有効であるのに、人間の行動という複雑な科学の多くを理解するにあたっては驚くほど無力であるということにも目が向くかもしれない。

数学はありうるすべてのパターンの集まりであるとするこの見方からは、アートと数学がなぜこれほど頻繁に一体となって現れるのかも明らかになる。芸術作品にはつねにパターンが認められる。彫刻には空間的なパターンがあり、演劇には時間的なパターンがある。こうしたパターンのすべては、数学の言語で記述できる。しかし、こうした可能性があるにもかかわらず、数学的な記述が、新たなパターンやいっそう深い理解につながるという意味で興味深いものであったり、収穫をもたらすものであったりするという保証はない。人間の感情に数字や文字のラベルを貼ることも、それらを列挙することもできるが、だからといって人間の感情が、数字や英語の文法によってたどることのできるパターンに従うわけではない。音楽のなかに認められるものなどの微妙なパターンは、この数学の構造的なとらえ方に明らかに当てはまる。だが、音楽の目的や意味が数学的であるというわけではない。音楽にある対称性やパターンが、数学が探究しようとする巨大な可能性の目録のごく一部をなしているというだけなのだ。

2 美術館に必要な警備員は何人？

大きな美術館の警備責任者になったとしよう。多数の貴重な絵画が館内の壁にずらりとかかっている。目の高さで鑑賞できるようにかなり低い位置にかかっているので、盗まれたり傷つけられたりもしやすい。美術館には、大きさや形がまちまちの部屋がいくつかある。絵画の一枚一枚を常時きちんと見張れるようにするには、どうすればいいだろう。金に糸目をつけなければ答えは簡単だ。すべての絵画のそばに一人ずつ係員をつけて見張りに当たらせればよい。だが美術館にはふつう潤沢な予算がなく、寄付をしてくれるお金持ちでも、こちらは警備員と専用の椅子に使ってほしいと用途を指定することはあまりない。したがって実際には、問題を、それも数学の問題を抱えることになる。少なくとも何人の係員を雇う必要があるだろう。それに、目の高さから館内のすべての壁を見渡せるようにするには、係員をどのように配置すればよいだろう。

すべての壁を監視するために必要な係員（あるいは監視カメラ）の最小数を知りたい。壁はまっすぐで、二面の壁が接する角《かど》にいる係員は、その二面の壁にあるものがすべて見えると想定する。さらに、係員の視野を遮るものがなく、座っている椅子は360度回転できるものとする。三角形の展示室ひとつ

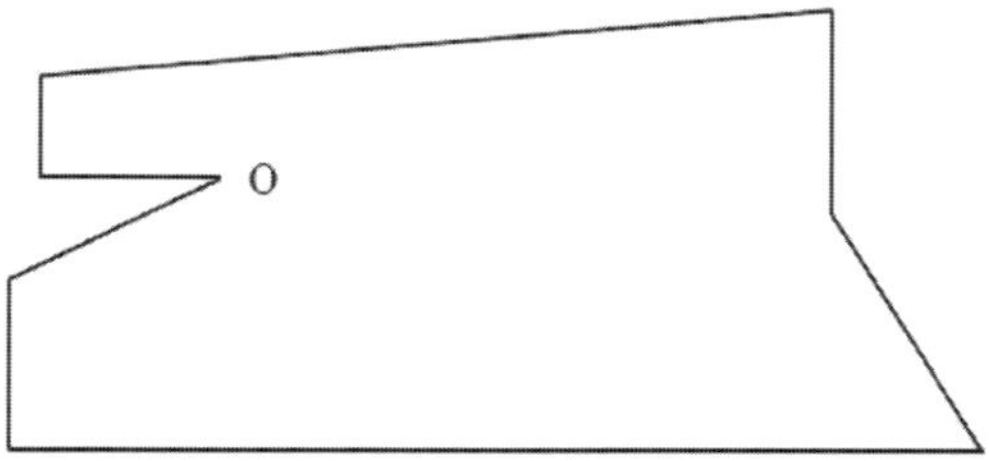

なら、明らかに、そのなかのどこに配置されていても一人の係員で監視できる。実は、美術館の床の形が、すべての角が外側に突き出たまっすぐな壁をもつ多角形（「凸」多角形、たとえば三角形なら何でもそう）であれば、必ず一人の警備員で足りる。

角がすべて外側に突き出ているとは限らない場合には、なかなか興味深い事態となる。右図に示すのがそのような展示室だ。壁は八面ある。こちらも、角Oに係員を一人配置するだけで監視できる（係員を左上か左下の角に移動させるとそうはいかなくなるのだが）。

つまり、この展示室ならかなり経済的に運営できる。次も、あまり効率的ではない壁が12枚もある「風変わり」な展示室だ。すべての壁に目を光らせるには、係員が四人必要となる。

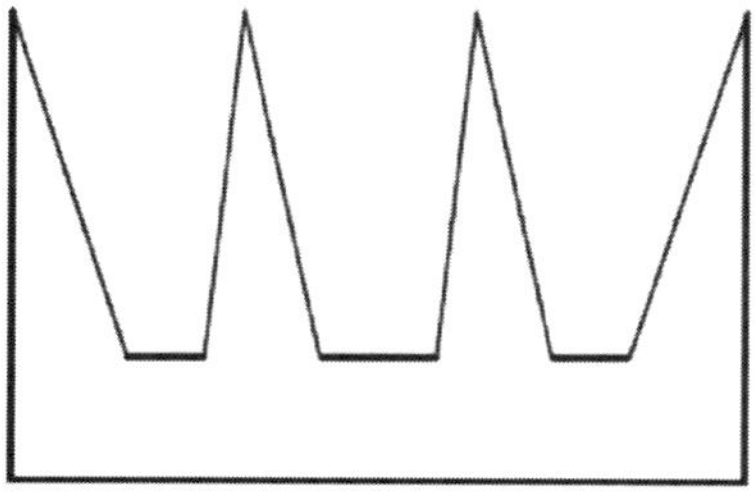

この問題を解くには、一般的に、展示室を重なり合わない三角形に分割する方法を考えればよい。[1] 分割は必ずできる。三角形は、係員が一人だけで十分な凸多角形のひとつ（三辺の形）なのだから、たとえばT個の重なり合わない三角形で展示室を分割することができれば、必ずT人の係員で監視できることがわかる。もちろん、もっと少ない人数で監視できる場合もある。たとえば、正方形は必ず、対角線のところでくっついた二個の三角形に分割できるが、すべての壁を監視するのに係員は二人はいらない。一人で十分だ。一般的に、W面の壁のある美術館を監視するのに必要と思われる係員の最大人数は、W/3の整数部分になる。[2] 上の櫛のような形をした壁が12面ある美術館では、この最大の数は$\frac{12}{3}=4$となるが、壁が八面

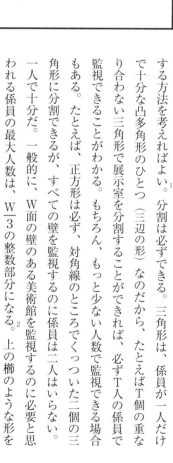

の美術館ではその数は二になる。

残念ながら、最大の人数を配置する必要があるかどうかを決めるのはそうたやすくはなく、この問題はいわゆる「困難な」計算になる。この場合、問題で扱う壁が一枚増えるごとに、計算時間が倍になるのだ。[3] もっとも、本当にやっかいなことになるのは、Wが非常に大きい数になってから。

今日の一般的な美術館はたいてい、これまでの例のような、風変わりでぎざぎざの壁面構成にはなっていない。上のようにどの壁も直角になっている。

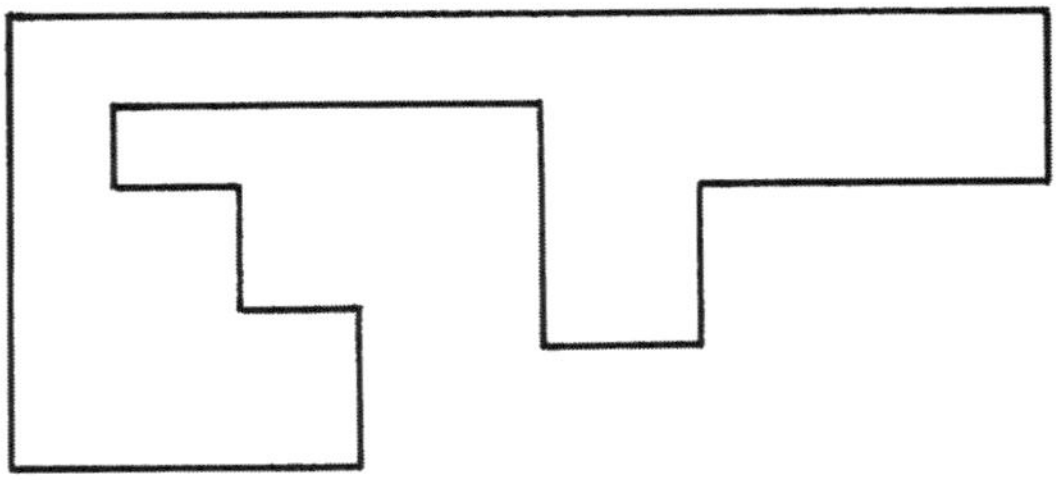

このような直角の角が多数ある美術館であれば、そのなかの壁を監視するのに係員一人で十分であるような長方形に分割できる。[4] ここで、美術館を監視するのに必要かどうかはともかく、必ず十分な係員の角への配置人数は、1/4×（角の数）の整数部分になる。先ほどの角が14ある美術館では、この数は3になる。明らかに、ことに美術館が大きければ、このような設計にすると人件費（あるいはカメラ代）がかなり節約できることになる。壁が150面あれば、直角ではない設計なら係員が50人必要だが、直角の作りならせいぜい37人ですむ。

昔からあるタイプの直角でできた美術館の例には、複数の部屋に分かれたものもある。こちらは10室に分かれた例だ。

このような場合、美術館全体を、重なり合わない複数の長方形に分割することが必ずできる。これは使いやすい設計だ。二つの部屋を結ぶ出入り口に

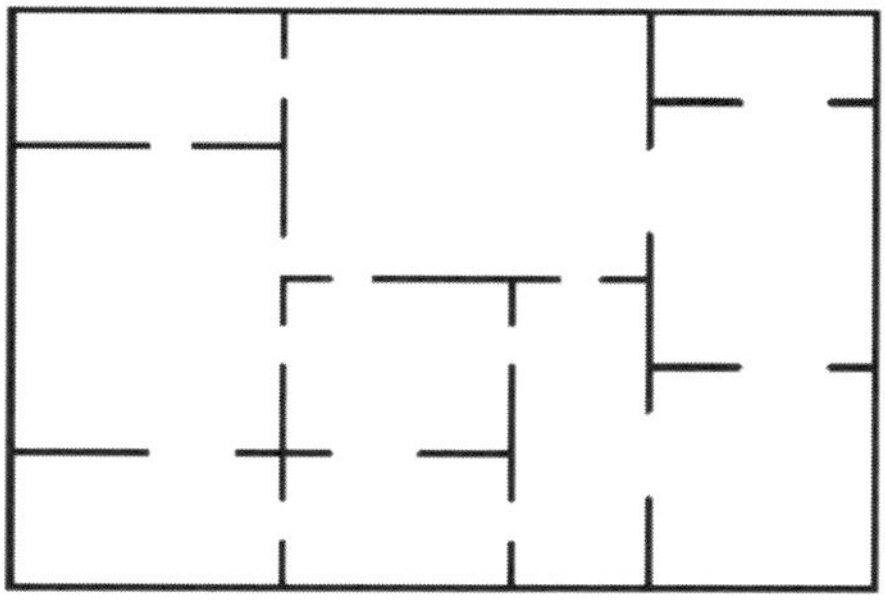

係員を一人配置すれば、同時に2室を監視できるからだ。しかし、一人で3室以上を一度に監視することはできない。したがって、美術館全体を完璧に監視するのに十分な、場合によっては必要でもある係員の人数は、$\frac{1}{2}$×（部屋の数）と等しいか、それより大きい次の整数、あるいはこれに等しい整数、すなわちこの図にある10室の場合は5人になる。人員の使い方としてはこのほうが経済的だ。数学者はもっと現実にありそうなあらゆる設定を調べている。係員が動き回るものもあれば、視界が制限されているもの、あるいは鏡を使って角の向こうを見えやすくするようなものもある。他にも、カメラや巡回する係員で監視されている美術館を絵画泥棒が見とがめられずに通り抜けるための最適経路を研究した事例もある！　知っていれば、今度『モナリザ』を盗もうとするときには、ちょっと有利になるかも。

1. 多角形にS個の頂点があれば、三角形はS−2個できる。
2. この数は$\lfloor W/3 \rfloor$と表示される。これは、ヴァーツラフ・フヴァータルが *Journal of Combinational Theory* Series B 18, 19 (1975) で初めて証明した。この問題は、一九七三年にヴィクター・クレーが提示した。
3. これはNP完全問題である。J. O'Rourke, *Art Gallery Theorem and Algorithms*, Oxford University Press, Oxford (1987) を参照。
4. J. Kahn, M. Klawe and D. Kleitman, *SIAM Journal on Algebraic and Discrete Methods* 4, 194 (1983).

3　縦横比《アスペクト》のいくつかの局面《アスペクト》

驚くほど大きな割合の人々が、起きている時間の多くをテレビやコンピュータの画面を見て過ごしている。今後五〇年間のうちに学術誌には、コンピュータ革命の時期に私たちの視力が受けた、これまでの「安全衛生」の観点では見えなかった影響を明らかにするような論文が必ず掲載されるようになるだろう。

コンピュータ業界で使われる画面は、過去二〇年間のあいだにいくつかの特定の形やサイズに向かって進んできた。「大きさ《サイズ》」は、テレビ画面のできた当初から、モニタ画面の向かい合った上下の角《かど》を結ぶ斜めの線の長さで示される。形は、画面の長辺と短辺の比率である「アスペクト比」で定義される。コンピュータ業界でこれまでに一般的に使用されてきたアスペクト比は三、四種類ある。二〇〇三年以前には、大半のコンピュータ画面のアスペクト比は4対3だった。したがって、横が4で縦が3だとしたら、ピタゴラスの定理から、対角線の長さの二乗は4の二乗（16）足す3の二乗（9）になり、これは25、つまり5の二乗に等しく、したがって対角線の長さは5になることがわかる。こうしたほとんど正方形に近い形の画面は、かつてのテレビ業界における標準となり、デスクトップコンピュータにも引き継がれた。ときには5対4のアスペクト比をもつ画面を目にすることもあったが、二〇〇三年までは4対3が一般的だった。

二〇〇三年から二〇〇六年にかけて、コンピュータ業界におけるオフィス用画面の標準アスペクト比は16対10に移行していった。これは正方形よりも「横長《ランドスケープ》」に近い。こちらの比率は有名な「黄金比」1.618とほぼ等しい。それはおそらく偶然ではないだろう。建築家や芸術家はしばしば、黄金比は目に審美的な喜びをもたらすと述べており、この比率は何百年ものあいだ絵画や設計に広く用いられてきた。数学者はエウクレイデス〔英語読みではユークリッド〕の時代から黄金比の特別な地位を意識していた。後の章で黄金比を取り上げるが、今のところは、二つの量AとBが以下のようであれば黄金比Rの関係にあるとされるということを知っておくだけでよい。

$$A/B = (A + B)/A = R$$

かっこをほどくと$R = 1 + \frac{B}{A} = 1 + \frac{1}{R}$、すなわち

$$R^2 - R - 1 = 0$$

となる。

この二次方程式の解は、$R = \frac{1}{2}(1 + \sqrt{5}) = 1.618\cdots$という無理数になる。

黄金比のアスペクト比Rは、ノートパソコンの第一世代に用いられ、その後、どのデスクトップパソコンにも接続できる単品のモニタにも採用された。しかし二〇一〇年になる頃には、次の段階に進んで、あるいはもしかすると単に恣意的な都合で変わって、16対9のアスペクト比になっていた。この二

つの数、すなわち4の二乗と3の二乗は、まさにピタゴラス的な雰囲気をまとっているが、横が16で縦が9の画面なら、対角線の長さは256＋81＝337の平方根になるだろう。それはおよそ18.36であり、あまり切りのいい数ではない。二〇〇八年から二〇一〇年のあいだ、コンピュータの画面はほぼすべて16対10か16対9だったが、二〇一〇年になる頃には、大半が黄金比から16対9の標準的な比率へと移行していた。コンピュータの画面で映画を観るにはこれが最善の妥協策となるからだ。しかし、ユーザーはまたもや損をしたようだ。なぜなら、対角線の長さは同じ二つの画面を比較すると、旧式の4対3のアスペクト比の画面のほうが、新しい16対9のアスペクト比の画面よりも面積が大きくなるからだ。アスペクト比が4対3の28インチ型の画面の表示領域は250平方インチであるのに対し、同じ28インチ型でもアスペクト比が16対9の画面の表示領域は226平方インチにしかならない。[1] もちろん、つねに最新の画面サイズの機械に買い換えさせようとしているメーカーや販売店は、こんなことを客に言ったりしない。アップグレードがともするとダウングレードになりかねないというお話。

1. http://www.screenmath.com.

4　ヴィックリー・オークション

芸術作品や不動産のオークションは、周囲の入札者やその代理人たちの提示する入札価格が聞こえるオープンな競りである。対象品は最も高い入札価格を出した人に、最も高い入札価格で販売される。これは「入札価格をそのまま支払う」タイプの競売だ。

切手や硬貨、文書など小さな品物を販売する場合、別の形式の競売が広く利用されてきた。郵便やインターネットで「通信販売」でき、免許をもつ競売人が運営しなくてもよいので費用が安くすむ。入札者は指示された日までに競売品の入札価格を提出する。最高の価格を付けた人が落札するが、最高入札価格の次に高かった入札価格を支払う。この種の封印入札競売〔入札者が相互に提示価格を知ることのできない競売〕は、アメリカ人経済学者ウィリアム・ヴィックリーにちなみヴィックリー・オークションと呼ばれている。ヴィックリーは一九六一年、この形態の競売の力学を他の種類の競売と比較研究した。[1]だが、この方式の競売を発明したのがヴィックリーではないことは確かである。この手法は、郵便切手を収集家や仲介業者に売るときに初めて用いられた。オークションが欧米双方の関心を引くようになり、かつ自分で〔オープンな〕オークションに出かけるのは実際的ではなかった時代の一八九三年のことだった。今日《こんにち》、eBayなどのインターネット競売がこの形態で実施されている（ただしeBayでは、入札するにあたり現在の最高価格を最低限これだけは上回らなければならないという額〔増分額〕が定められている）。

封印入札競売のうち通常の「入札価格をそのまま支払う」タイプのものは不動産の競売でよく使われるが、これにはいくつか問題がある。封印入札をする人が全員、販売される品物の本当の価値を自分だけが知っていると考えているのなら〔掘り出し物だと思っているなら〕、それぞれの入札価格は、品物の本当の価値よりも低くなりがちであり、売り手が安く売らざるをえなくなる。価値がよくわからない不動産のような品物を入札する場合には、買い手は高値を付けなければならないという思いにかられ、公開競売で落札するために必要なはずだった価格よりもはるかに高い金額を支払うはめになったりする。買い手が売り手に情報を与えることになるので、封印入札で高い価格を入札するのをためらう買い手もいる。玉石混淆の品物が競売にかけられている場で価値の高い品を見つけた場合、それに高い値を付けることで売り手に何かの合図を送ることになり、売り手がはたと買い手の目のつけどころに気づいて、その品物を競売から引き揚げることがあるかもしれない。

概して「入札価格をそのまま支払う」タイプの封印入札競売では、ふさわしい価格で品物を売り買いする気持ちが妨げられてしまうようだ。ヴィックリー・オークションではもっとうまくことが進む。ヴィックリー・オークションで採用すべき最適な戦略は、その品物にはこれだけの価値があると思う価格を入札するというものだ。これを理解するために、自分の入札価格がBであり、品物の価値がVであるとみなしているが、他の入札者から提示された最高入札価格はLであるとしてみよう。LがVより大きいなら、自分の入札価格をVと等しいかそれ以下にすべきである。そうすれば、品物の価値よりも高い価格で落札せずにすむ。しかし、LがVよりも小さければ、Vと等しい価格を入札すべきである。それよりも低い価格を入札しても、買い取り価格が安くなるわけではないし〔やはり二番めに高い入札価格

Lを支払うのだから）、他の買い手に負けてしまうかもしれない。したがって最適な戦略は、品物の価値Vと等しい価格を入札することになる。

1． W. Vickrey, *J. of Finance* 16, 8 (1961).

5　正しい音で歌うには

ポップシンガーが音程を外さず正しい音を出すと聞くと、ほんとかなあという疑念が頭に浮かぶ。オーディション番組に出場しているアマチュアの挑戦者となると、特にそうだ。昔の音楽番組の歌を聴くと、今のように完璧には歌えていない。疑念はもっともで、歌手の歌が上手に聞えるように整える数学的な仕掛けが働いて、音程を外した声でも正確な音高《ピッチ》に聞こえるようになっているのだ。

一九九六年、アンディ・ヒルデブランドが石油探査のために独自の信号処理技術を用いていた。地下から送られてくる地震波信号の反響を調べて、地下での岩石と（願わくば）石油の分布を精密にとらえようとしていた。その後、音響の専門知識を用いて、異なる楽音のあいだの相関関係を研究し、キーが外れるなどの不協和な音を取り除いたり修正したりする自動調節システムを考案することにした。石油探査事業から引退することを決め、次に何をしようか思案していたときにこの発明が生まれたらしい。ディナーに招かれた女性から、音を外さずに歌えるようになる方法を見つけてほしいと頼まれたのだ。そしてヒルデブランドはこの話に乗った。

ヒルデブランドの開発したオートチューンというプログラムは当初はごくわずかなスタジオでしか使われなかった。だが、実際に歌手のマイクに装着し、間違った音や曖昧な音高を即座に検出して補正できるこのソフトは、徐々に音楽業界の標準となっていった。このソフトは、インプットされたものの品質にかかわらず、音程を自動的に整えて完璧なものにする。ヒルデブランドはこうした成り行きにとっても驚いた。もともと、自分の作ったプログラムは、たまにキーが外れた音を修正するためのものであり、作品全体を処理するために使われるとは予想していなかったのだ。歌手たちは、録音した歌がオートチューン・ボックスで処理されて当たり前と思うようになっていった。もちろん、こうした処理をすると、録音されたものが均質化される効果がある。とりわけ、異なる歌手が同じ歌を歌った場合にそれが顕著だ。最初このソフトは高価だったが、まもなく安価なバージョンが発売され家庭やカラオケで使われるようになった。そうしてこのソフトの影響は、今やあらゆるところに広がっている。

音楽業界とは関係のない人たちの大半がこのソフトのことを初めて耳にしたのは、人気の高いオーディション番組「Xファクター」の出演者たちがオートチューンを使って歌を修正していることが問題視されたときのことだった。激しい抗議が寄せられて番組でのオートチューンの使用が禁じられたため、出演者たちは生で歌うのは前よりもハードルが高くなったと思っている。

オートチューンは、歌い手の歌う音の周波数をそれにもっとも近い半音（ピアノの鍵盤にある鍵《キー》）に修正するだけではない。音波の周波数はその速度を波長で割ったものに等しく、周波数が変わると、速度と持続時間も変わる。このため音楽が継続的に減速したり加速したりするように聞こえる。そこでヒルデブランドは、音楽をデジタル化して信号の列を区切り、区間の周波数を修正しても、それぞれの区間の長さを変えることで正しく聞こえるように工夫した。

この処理は複雑であり、その土台にはフーリエ解析と呼ばれる数学的な手法がある。この手法を使えば、どのような信号でも異なる正弦波の和へと分割することができる。まるで、単純な波のひとつひとつが基本的な部材であり、それらを用いてどのような複雑な信号でも構築できるようなものだ。複雑な音楽信号を、異なる周波数と振幅をもつ成分である波の和に分割することで、音高の修正とタイミングの補正を非常にすばやく行うことができ、聴き手はそうしたことが行われていることにまったく気づかないでいられる。もちろん聴き手が、歌手の出す音がちょっと完璧すぎやしないかと思わなければのことだが。

6　グランジュテ

跳躍をしているバレリーナは、重力に逆らい宙に「浮い」ているように見える。もちろん実際に重力に逆らうことは不可能だ。「宙に浮く」などという評は熱狂的なファンや解説者による誇張表現にすぎないのだろうか。

そうした表現を疑う人は、投射物、この場合は人体が地面から投げ上げられると（空気抵抗は無視できるとする）、質量中心[1]が放物線軌道をたどることを言う。投射物が何をどうしようと、その点に変わりはない。しかし、力学的法則にはただし書きがある。放物線軌道をたどらなければならないのは、投射物の質量中心だけなのだ。腕を回したり膝を胸に抱えたりすれば、質量中心に対する体の部位の位置を変えることができる。テニスのラケットのような非対称形の物体を空中に投げれば、ラケットの柄の端が空中で後ろ向きに複雑な弧を描くのが見えるだろう。それでもラケットの質量中心は、放物線軌道をたどっている。

ここで熟練したバレリーナに何ができるかを見ていこう。体の質量中心は放物線軌道をたどるが、頭部がそうである必要はない。体の形状を変えて、頭部のたどる軌道が認識できる時間だけ一定の高さにあるようにすることができる。バレリーナが跳躍しているとき、観客は頭部の動きだけに気をとられ、質量中心には気を配らない。バレリーナの頭部は実際に、わずかな時間、水平軌道をたどる。これは幻覚ではなく、しかも物理法則に違反しない。

バレリーナがグランジュテと呼ばれる見事な跳躍をするときに、この仕掛けが最も美しく実行される。バレリーナは空中に跳び上がって開脚し、芸術性を高めるために、宙に優雅に浮かんでいるような幻覚を作り出す。跳躍のあいだ、両脚を水平に上げ、両腕を肩より上にする。こうすることで質量中心の位置が頭よりも上にくる。それからすぐに、両脚と両腕の位置を下げながら床に降りていくにつれ、頭部に対する質量中心の位置が下降する。

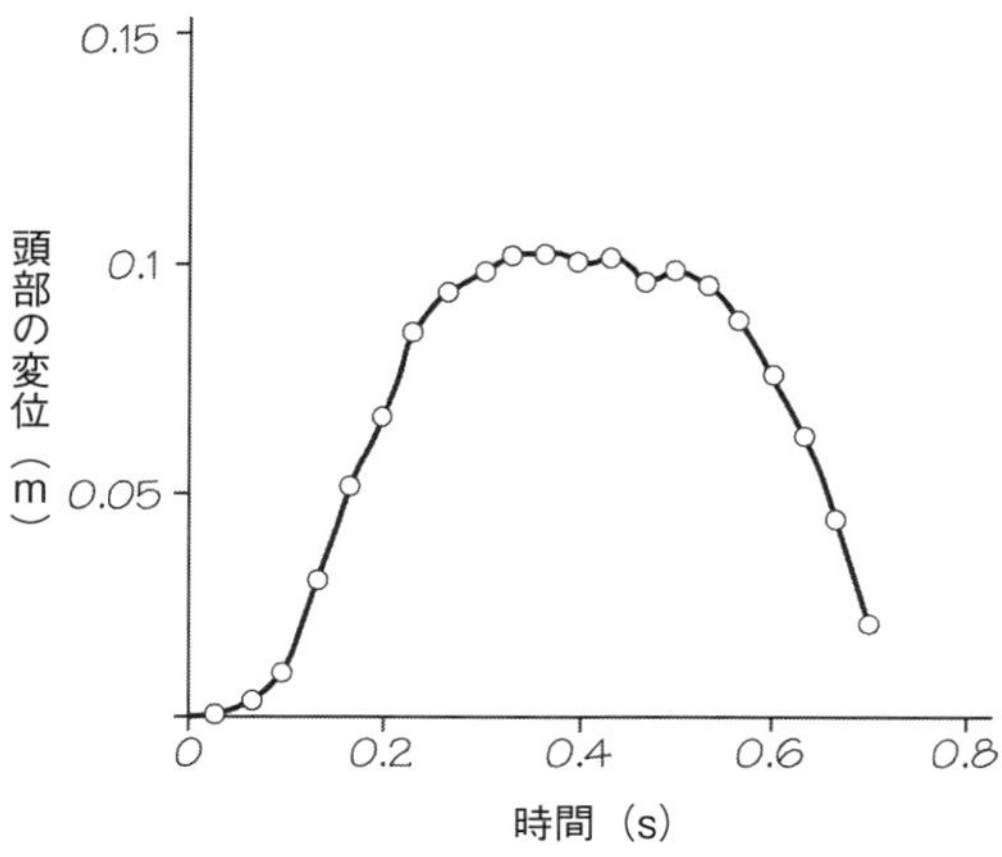

跳躍中に質量中心が体の中を上昇していくため、バレリーナの頭は、空中を飛びながら水平に動くように見える。質量中心は予測されるとおりずっと放物線軌道をたどるが、頭部は約0.4秒間舞台の上空で同じ高さを保ち、浮いているかのような素晴らしい幻覚を作り出す。[2]

物理学者がセンサーを用いてバレリーナの動きを追跡した。上図に、跳躍中のバレリーナの頭部と床との距離の推移が示されている。跳躍の中央部に平坦な部分が目立っている。ここが宙に浮いているように見えるところであり、質量中心がたどる放物線軌道とはかなり異なっている。

1. 体の質量中心はへその近く、すなわち直立していて身長を1とすると、地面から約0・55のところにある。
2. これは、体操女子の床運動でも見られる。

7　ありえないことを信じる

何かを信じることが不可能ということは本当にありうるだろうか。私の言っているのは、ただの間違った信念ではなく論理的に不可能ということだ。哲学者のバートランド・ラッセルが有名にした論理的なパラドックスは、数学は論理にすぎない、すなわち「公理」と呼ばれる最初の仮定の集まりに続くあらゆる演繹の集まりであることを明らかにしようとしていた数学者たちに広範囲に及ぶ影響をもたらした。ラッセルは、すべての集合の集合という概念を導入した。たとえば、集合がひとつひとつの本であれば、図書館の目録がすべての集合の集合とみなされるだろう。その目録も本なら、同時にすべての本の集合のひとつの要素ということになる。しかし、目録が本である必要はない。ＣＤでも、索引カードの集まりでもよいのだ。

ラッセルは、それ自身の要素ではないすべての集合の集合について考えるように促した。舌をかみそうな言い回しとはいえ、害はないように思える。ただし、もっと厳密に調べるとそうはいかない。あなたがこの集合の要素であるとしよう。となると定義から、あなたはその集合の要素ではないことになる。しかも、あなたがその集合の要素でないなら、あなたはその集合の要素であると演繹される！　もっと具体的に言えば、ラッセルは、自分自身のひげをそらない人たち全員のひげをそる理髪師について考えるように促したのだ。ではこの理髪師のひげは誰がそるのか？[1]　これが有名なラッセルのパラドックスである。

この種の論理的なパラドックスは、互いについてのあることを信じている二人の人間の置かれた状況へと拡張することができる。この二人をアリスとボブとし、次のように考えよう。

ボブの仮定が正しくないとアリスが信じているとボブが思っているとアリスは信じている。

これは、成り立ちえない信じ方である。なぜなら、ボブの仮定が正しくないとアリスが信じているなら、ボブの仮定、すなわち「ボブの仮定が正しくないとアリスが信じている」ことが正しいとアリスが考えていることになるからだ。つまり、アリスはボブの仮定が正しくないと信じていないことになり、アリスが最初に設定した仮定に矛盾する。残る唯一の可能性は、ボブの仮定、すなわち「ボブの仮定が正しくないとアリスが信じている」ことが正しくないとアリスは信じていないということになる。これはつまり、ボブの仮定、すなわち「ボブの仮定が正しくないとアリスが信じている」ことが正しいとアリスが信じているということになる。しかし、これではまた矛盾が生じる。なぜなら、ボブの仮定が正しくないとアリスが信じているという意味になるからだ！

これで論理的に成り立ちえない信じ方が明らかになった。この難問の影響は計り知れないことがわかっている。つまり、私たちが使っている言語に単純な論理が含まれているのなら、その言語のなかで矛盾なく表明することが不可能であるような陳述がつねにあるということになるのだ。今、検討しているアリスとボブが互いについてのあることを信じているような状況においては、相手（あるいは神？）について成り立ちえないような、言語を使って表明できる信念がつねにいくつかあるはずだということになる。[2] 言語の使い手は、こうしたありえない信じ方について考えたり話したりすることはできるが、そう信じることはできない。

陪審員が、何かの帰結について、他の情報に依存するかもしれないような確率を評価せざるをえない裁判などにおいても、このジレンマが生じる。すでに受け入れた確率による証拠を前提とするならば論理的にありえないような判決を下していたという場合が起こりうる。初歩的な条件付確率についての講習を導入することでこの点を改善しようとする試みはイギリスの法制度では却下されたが、アメリカでは成功を収めている。

1. 理髪屋はひげをはやしておらず、女性でもないと仮定すること！
2. A. Brandenburger and H. J. Keisler, 'An Impossibility Theorem on Beliefs' in *Games, Ways of Worlds II: On Possible Worlds and Related Notions*, eds V. F. Hendricks and S. A. Pedersen, special issue of *Studia Logica* 84, 211 (2006).

8　静電複写——見たものをもう一度

学校教師や大学講師、大学教授はかつて、学習が複写《コピー》に取って代わられたと絶望した。コピーを最初に行い、厖大な紙の消費という現象を引き起こしたのは誰なのか。

犯人は、チェスター・カールソンという名のアメリカ人の弁理士かつ素人発明家だ。[1]一九三〇年にカリフォルニア工科大学物理学科を卒業したが、安定した職に就けず、長年病気を患っている貧しい両親を抱えていた。アメリカの深刻な大不況の打撃は大きく、カールソンはとにかく就ける仕事に就く必要に迫られた。その結果、電池製造のマロリー社〔現在のデュラセル〕の特許部門にしばらく勤めることになった。この機会を最大限に活用しようとしたカールソンは、夜学に通って法学の学位を取得し、まもなく特許部門の長に昇格した。その頃、特許文書の複写が追いつかず、必要とする部門に行き渡らないことにいら立ちを感じ始めていた。できることは、文書を送って写真を撮ってもらうこと——これには費用が高くついた——か、手で書き写すこと——目は悪くなるわ、関節は痛むわでうれしくない仕事——しかなかった。もっと費用にも体にも負担のない複写の方法を見つけなくてはならなかった。

簡単な答えはなかった。カールソンは一年の大半をまとまりのない写真技術の研究に費やしたが、図書館で調査を続けた結果、ようやく「光伝導性」という新しい特性を見つけた。それは、ハンガリー人物理学者パウル・セレーニが発見したばかりのものだった。ある物質の表面に光が当たると、電子の流れやすさ、すなわち伝導率が上昇することを明らかにしたのだ。カールソンは、写真あるいは原稿の像を光電導性がある面に照射すると、明るい領域には電流が流れるが印字された暗い領域では流れず、元原稿の電子複製が作製できることに気づいた。ニューヨーク市クイーンズ地区にあるアパートの台所に間に合わせの実験室を作り、夜を徹して、紙に像を複写する無数の技術を実験した。[2] 妻に台所から追い出されると、実験室を近くの町アストリアで義理の母が経営する美容室に移した。一九三八年一〇月二二日、カールソンはここで、初めての複写に成功した。

カールソンは亜鉛板を用意して粉末硫黄を薄く塗布し、顕微鏡用のスライドガラスに墨で「10-22-38 Astoria」と日付と場所を書いた。明かりを消して、硫黄の表面をハンカチでこすって帯電させ（風船でウールのセーターをこするように）、スライドを硫黄の上に置き、数秒間明るい光を当てた。スライドを注意深く取り除き、硫黄の上に石松子《せきしょうし》（ヒカゲノカズラの胞子）をかぶせてから息で吹き飛ばすと、複写された文字が姿を現した。ろう紙を熱してろうを溶かし、これが冷えると石松子の周囲で固まり、文字が定着した。

カールソンはこの新技術を「電子写真《エレクトロフォトグラフィ》」と名づけ、ＩＢＭやゼネラルエレクトリックなどの企業に積極的に売り込んだ。研究開発を進めるための資金が底をついていたからだ。しかしどの企業もまったく興味を示さなかった。このときの装置は扱いにくく、作業は複雑でやっかいだった。何よりも、複写ならカーボン紙で十分だと誰もが思っていた！

一九四四年になってようやく、オハイオ州コロンバスにあるバテル研究所がカールソンに連絡を取り、商品化を目的として未熟な処理手順を改善する契約を結んだ。[3] 三年後、ロチェスターにある印画紙製造業者ハロイド社が、カールソンの発明の権利をすべて買い取り、複写機の商品化を企画した。カールソンの同意を得て最初に行った変革は、この技術を表す長々しい名前を捨てることだった。「エレクトロフォトグラフィ」は「ゼログラフィ」に置き換えられた。これは、オハイオ州立大学の古典学教授の提案によるものだ。語源は「乾いた書き取り」を意味するギリシア語である。一九四八年、ハロイド社はこれを短縮して「ゼロックス」という商標名を考案した。発売した「ゼロックスマシーン」はすぐに成功を収め、これを受けて同社は一九五八年にハロイド・ゼロックスに社名を変更した。一九六一年に新発売されたXerox 914は、普通紙を使う初めてのモデルで、飛躍的な売れ行きを見せたため、社名からハロイドも削り、単にゼロックス社という名前にした。その年の収益は6000万ドルに達し、一九六五年には何と5億ドルにまで成長した。カールソンは巨額の富を得たが、収入の三分の二を慈善事業に寄付した。この初の複写装置は、世界中の仕事のしかたに気に留める人もいない変化をもたらした。情報伝達が、これまでとはまったく異なるものになった。文字だけでなく図や写真も、当たり前のように複写できるようになったのだ。

1. カールソンの発明以前にも、手回し式の機械からカーボン紙にいたるまで、機械的文書複写の長い歴史がある。この歴史を図解入りで説明したものに、'Antique Copying Machines' http://www.officemuseum.com/copy_machines.htm がある。
2. 最初の特許申請は一九三七年一〇月。
3. カールソン自身が使用する材料も改善された。硫黄は、もっと優れた光伝導体であるセレンに置き換えられ、明瞭な仕上がりにするために、石松子は、鉄粉とアンモニウム塩の混合物に置き換えられた。

9　きちんとしたページに見せる

簡便で安価なコンピュータとプリンタが出現し、魅力的な文書を作成する能力が根本的に変わった。キーをいくつか押すだけで、修正を施すばかりか、書体や間隔、余白、フォントのサイズ、色、レイアウトまでも変更でき、さまざまな種類の媒体に印刷する前に完成図をあらかじめ見ることもできる。印刷すれば、まっさらで鮮明なできあがり見本がひとそろい得られる。あまりに簡単なので、コンピュータ以前の時代に苦労して文書を作成したり本を印刷したりしていたことを忘れてしまうほどだ（若い人はそもそも知らなかったかもしれない）。

見た目に美しいページを作成したいという熱意は、非常に古い時代から大切にされていた。書写人や、グーテンベルク後の時代なら印刷業者が最も重視していたのがページの形状だった。ページ全体の領域と文字の書かれた領域の比をどうとるか、四つの余白部分の大きさをそれぞれどのくらいとるか、ということである。見た目に魅力的なレイアウトにするには、これらの比率を入念に決めなければならない。初期の頃、いかに簡単にこれらの比を選択するかという純粋に現実的な問題に加えて、ある特別な数の調和が反映されるべきだというピタゴラス的な欲求もあった。

紙面の横（W）と縦（H）の比が1対Rであるとしよう。Rは、縦置きのレイアウトの場合は1よりも大きく、横置きの場合は1よりも小さい。この紙面へのテキストの配置のしかたを得られる整った幾何学的作図法があって、これは内側余白（I）、上余白（T）、外側余白（O）、下余白（B）を次のような比にとる。

I：T：O：B＝1：R：2：2R

ページ全体の領域の縦横比（縦／横＝R）が、文字の領域の縦横比と同じであることに注目しよう。それは次のような仕掛けになっているからだ。

文字領域の縦／文字領域の横＝(H−T−B)／(W−O−I)＝(RW−R−2R)／(W−2−1)＝R

本の紙面の比をこのようにするという配合法、すなわち「規範《カノン》」は中世において機密事項だったらしい。紙の大きさを決める変数Rはいろいろあって、それぞれがそれぞれの伝統を反映していた。好んで用いられたものに、紙の縦横比を3：2とするもの、すなわち$R=\frac{3}{2}$があった。すると四つの余白の因数が、I：T：O：B＝1：$\frac{3}{2}$：2：3となる。もっと具体的に言えば、内側余白の幅が2であれば、上余白が$\frac{3}{2}\times2=3$となり、外側余白が2×2＝4、下余白が2×3＝6となるようなものである。

このバランスの取れたレイアウトを二枚の紙を横に並べた見開きのページに作成するための簡単な方法を次の図に示した。[2] 中世において伝え用いられていた簡単な作図法を使った同様の手法もいくつか考案されている。[3] それらを見ると、写字室で作業をする人々がページのレイアウトを決めるのは、直線定規一本あればよく、いかに簡単だったかがわかる。

最初に、右下と左下の角から同じページ内の上にある左右反対の角へとそれぞれ対角線を引いてから、もう一方のページの上にある左右反対の角へと対角線を引く。右側のページにおいて二つの対角線が交わった地点から、ページの上端へ垂線を下ろす。この垂線が右側のページの上端に到達した地点から、左側のページにおいて二本の対角線が交わる点へと直線を引く。この線が、右側のページの左上の角と同じページの右下の角を結ぶ対角線と交わる点にしるしをつける。この交点により、ページの上余白が決まる。水平に伸びる上部の余白が四本の対角線と交わる四つの点により、二つのページにおける文章領域の上端を定める四つの角が決まる。その交点から、内側余白も定まる。外側余白を定める点から真下に垂線を引くと、それが対角線と交わる点で下の角が決まる。先の図では、$R=\frac{3}{2}$のレイアウトを作成するために必要な六本の線を順に引いていく方法が示されている。この場合、IとOはそれぞれページの横の長さの1/9と2/9に等しく、TとBは、それぞれページの縦の長さの1/9と2/9に等しい。その結果として得られる文字の領域とページの領域の縦横比は等しくなる。[4] この原理は現代の本のデザインの基本でもあり、レイアウトのさらに複雑な可能性やコンピュータによる自動制御の元になっている。[5]

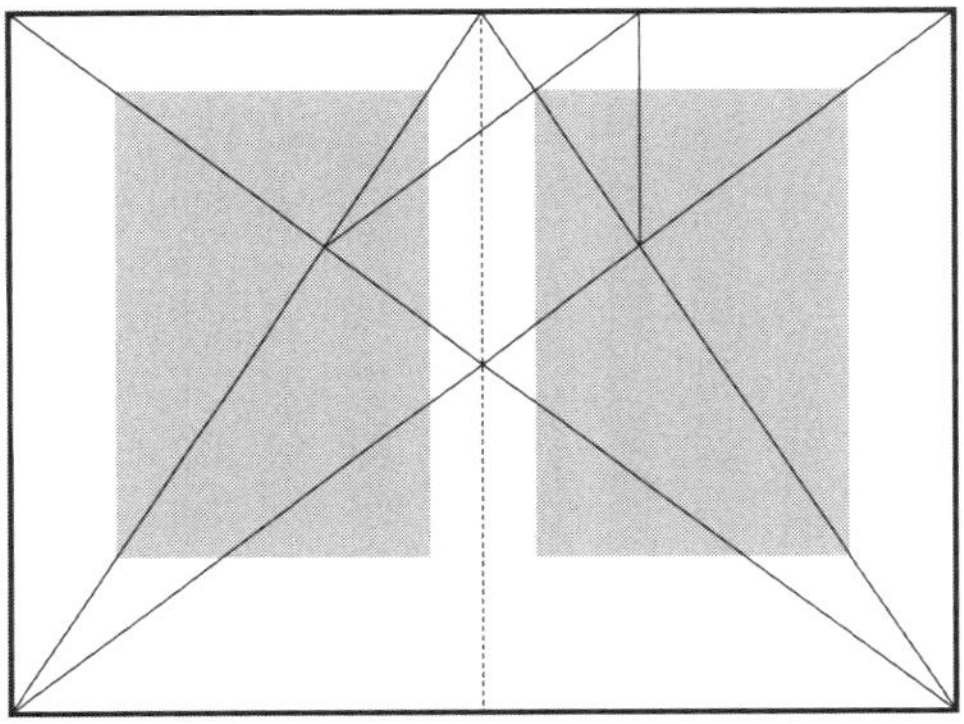

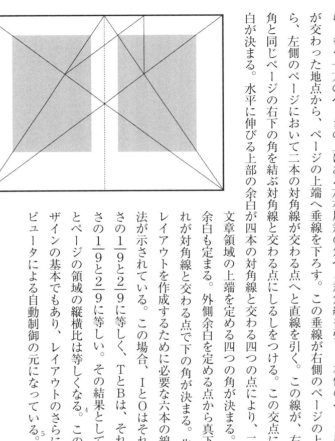

1. J. Tschichold, *The Form of the Book*, Hartley & Marks, Vancouver (1991).
2. 図はJ. A. Van de Graaf, *Nieuwe berekening voor de vormgeving in Tété*", pp. 95-100, Amsterdam (1946) において考案されたもので、Tshichold が取り上げて解説している。
3. W. Egger, *Help! The Typesetting Area*, http://www.ntg.nl/maps/30/13.pdf (2004). また、これらのページレイアウトの比は、ソロモン神殿崇拝にまでさかのぼれる音楽や建築に用いられたものにつながると論じられたこともある。
4. S. M. Max, *Journal of Mathematics and the Arts* 4, 137 (2010).
5. R. Hendel, *On Book Design*, Yale University Press, New Haven, Ct. (1998).

10 サウンド・オブ・サイレンス

二〇一二年三月六日、ルドヴィコ・エイナウディと私は、ローマのパルコ・デッラ・ムジカにおいて「*La Musica del Vuoto*（空《くう》の音楽）」をテーマに発表をした。私は科学と音楽における真空（タイトルにある *vuoto*）と数学におけるゼロを取り上げ、古代と現代におけるこれらの概念について話した。エイナウディは、作曲と演奏における無音の効果、ひいては間《ま》の効果を提示するピアノ作品を演奏した。

「無」と音楽について語るとき、ジョン・ケージの有名な作品『4分33秒』について言及することは避けられない。エイナウディはこのローマの音楽堂で初めてこの作品を演奏できた。これは一九五二年に作曲された作品で、三楽章からなる4分33秒にわたる無音で構成される。譜面には、「使うのはどのような楽器でも、どのような楽器の組み合わせでもよい」と書かれている。ケージは各楽章の長さは任意であると記しており、一九五二年八月二九日にニューヨーク州ウッドストックにてピアニストのデイヴィッド・チューダーが「初演」したときには、それぞれ33秒、2分40秒、1分20秒が選択された。

エイナウディは、ケージのもともとの指示に従い、各楽章のあいだじっと座ったまま鍵盤の上に両手を構え、楽章が終わると鍵盤の蓋を閉じ、また蓋を開けて次の楽章に移った。私のもっている楽譜の原本には、ただ次のように書かれている。

Ⅰ
休止

Ⅱ
休止

Ⅲ
休止

「休止」（無音）という音楽の指示用語はふつう、楽譜のある部分において特定の楽器が演奏をしないことを示すために用いられるが、ここでは、どの楽章のいかなる時点でも誰ひとりとして演奏しないことを示している！

この4分33秒間の無音に対する聴衆の反応を見るのはとても興味深い。完璧な無音を作り出すことは不可能であり、そわそわしたり、咳をしたり、ときにはささやいたりといった低い雑音が続いていた。しかし一分が過ぎる頃にはいっそう騒がしくなり始め、聴衆の一部がくすくすと笑い出し、その音がどんどん大きく広がっていった。求められている無音がどれほど無残に守れなかったかに気づいたとき、ケージの教えが学ばれたのかもしれない。

よく考えると、この失敗の理由は何らかの説明を必要とする。無音は達成しがたく、環境からの背景雑音がつねに存在するものだとは確かに言えるだろう。しかし私たちがもっとうまく無音を達成できる場面は他にいろいろとある。試験会場に座っていたり、トラピスト会の修道院を訪れたり、教会の厳粛な礼拝に出席していたりするときには、この音楽作品が実現させることができるより、完全な無音にはるかに近い状態になるだろう。なぜかと言えば、ケージが、理由も目的もなしに無音を強制しようとしていたからだと私は思う。ケージは、何か別のものに完全に集中を向けさせるために音を排していたのではない。注意を向ける先がなければ、心はふらふらとさまようし、無音はおもしろくない。

最後に、ケージの作品と科学にはどういうつながりがあるのか。そんなものがありうるのか。この作品の題名となっている異常なほどの無音の長さにもう一度注目しよう。4分33秒は273秒であり、物理学者にはこの数からある意味が聞こえてくる。温度の絶対零度はマイナス273℃である。この温度ですべての分子の運動が停止し、どのような行為も温度をさらに低下させることはできない。ケージのこの作品は自身にとっては、音の絶対零度を定義するものだったのだ。

11　とても変わったケーキの作り方

ウェディングケーキにアイシングをかけるのには相当な技がいる。表面は滑らかでなくてはならないが、上の段を支えられるくらい丈夫でなくてはならず、花嫁のブーケに合った色の繊細な花を砂糖で作らなければならない場合もある。これから、とても変わったウェディングケーキを焼いてアイシングをかけるという問題について考えてみよう。段がたくさんあり、それぞれの段は中身の詰まった円柱体で、高さは1単位とする。最下段から二段め、三段め、さらにはn段めと上に行くにつれ、円柱が小さくなっていく。一段めの半径は1、二段めの半径は$\frac{1}{2}$、三段めの半径は$\frac{1}{3}$、n段めの円柱の半径は$\frac{1}{n}$となる。

半径r、高さhの円柱の体積は、面積πr^2の円を高さhまで積み重ねたものであるため、$\pi r^2 h$となる。この円柱の側面の面積は、円周$2\pi r$の円を積み重ねたものなので、$2\pi rh$に等しくなる。これらの式から、この特別なケーキのn段めの体積は$\pi \times (\frac{1}{n^2}) \times 1 = \frac{\pi}{n^2}$となり、アイシングをすべき側面の面積は$2\pi \times (1/n) \times 1 = \frac{2\pi}{n}$となることがわかる。この二つの式は、n段めだけの体積と面積を表している。n段あるケーキ全体について計算するなら、すべての段（1, 2, 3…n）の体積と面積の値を足し合わせなくてはならない。

ここで、とても変わったケーキを想像してみよう。無限

の数の段があるケーキだ。体積の合計は、無限の数の段の体積の和で求められる。

$$\text{体積の合計} = \pi \times \left(1 + \frac{1}{4} + \frac{1}{9} + \frac{1}{16} + \cdots\right)$$

$$= \pi \times \Sigma_{n=1}^{\infty} \left(\frac{1}{n^2}\right) = \frac{\pi^3}{6} = 5.17$$

ここでは、項を無限に足した数が有限の数になるという驚くべきことになっている。連続する項の大きさが急速に減少し、級数は$\pi^2/6$、すなわちおよそ1.64に収束する。無限の段のあるウェディングケーキを作るのに、ケーキの粉は有限の量ですむことになる。[1]

次にケーキにアイシングをしなければならない。そのためには、必要なアイシングの量を知らなければならないので、外側の表面積の合計を計算しなければならない（上段が重なっていない、幅が$1/n - 1/(n+1)$の輪の形をした格段の上面にある小さな領域は考慮に入れないことにする。すぐ後で無視してよい理由がわかる）。アイシングをすべき合計面積は、無限に伸びるタワーにあるすべての段の面積の和となる。

$$\text{表面積の合計} = 2\pi \times \left(1 + \frac{1}{2} + \frac{1}{3} + \frac{1}{4} + \cdots\right)$$

$$= 2\pi \times \Sigma_{n=1}^{\infty} \left(\frac{1}{n}\right)$$

この和は無限だ。項$1/n$の級数は、急速に減少して有限の解へと収束することはない。和の式の項の数を多くすれば、どれだけでも大きな解にすることができる。そうなる理由は簡単にわかる。[2] 級数の和は、$1+(\frac{1}{2})+(\frac{1}{4}+\frac{1}{4})+(\frac{1}{8}+\frac{1}{8}+\frac{1}{8}+\frac{1}{8})+\cdots$という級数の和よりも大きくなるはずだからだ〔$\frac{1}{3}+\frac{1}{4}>\frac{1}{4}+\frac{1}{4}$、$\frac{1}{5}+\frac{1}{6}+\frac{1}{7}+\frac{1}{8}>\frac{1}{8}+\frac{1}{8}+\frac{1}{8}+\frac{1}{8}$、…となるため〕。最後の(…)には8個の1/16が入り、その次の(…)には16個の1/32が入る。したがって、括弧内の項の合計は1/2に等しくなる。項の数は明らかに無限の数だけあるので、級数の和は、1に無限の数の1/2を足したものに等しくなり、すなわちそれは無限となる。求める和はこれよりも大きいことから、これもまた無限の和をもつことになる。無限のケーキの表面積は無限となるのだ(各段の上面に残る輪状の面のアイシングを考慮に入れる必要はないと言ったのはこういうわけ)。

これは衝撃的な結果であり、[3] まったく直観に反している。無限のケーキのレシピでは、ケーキ本体を作る材料は有限でよいのに、表面積が無限であるためにアイシングは無理というのだから!

1. このケーキの形にならい、高さは無限でも、重さ(体積に比例)が無制限に大きくなって、土台にある分子の結合が切れてしまうことにはならないような建物を建てることができる。
2. この証明を最初に見つけたのはニコル・オレームで、一四世紀のこと。
3. 実際には、サイズがどんどん小さくなり、数はどこまでも大きくなるような層を重ねたケーキを作ることはできないだろう。半径が10^{-10}mの原子一個に相当するほど小さな段が作れるとしても、土台となる段の半径が1mとすれば、100億段めには大きさが原子一個分になってしまうだろう。

12 ローラーコースターを設計する

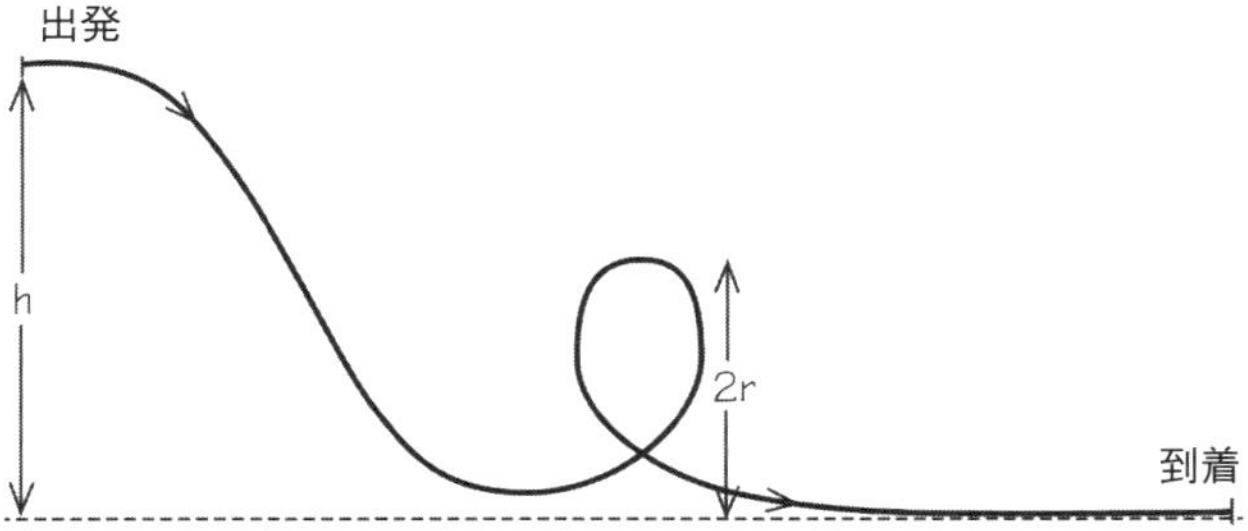

ループの軌道を描くローラーコースターに乗ったことがあるだろうか。上って、下りてで一回転の輪《ループ》を描くタイプのものだ。あの曲線の経路は円弧を描いているとお思いかもしれないが、実際には絶対に違う。なぜなら、乗客がコースターから振り落とされないだけの（あるいは少なくとも、安全ベルトがなければ落ちてしまう事態を避けるだけの）十分な速さで頂点に達するとしたら、いちばん下の地点に戻るときに乗客が体験する最大のGの力が恐ろしく大きくなるからだ。

　ループが半径rの円形で、定員一杯の乗客が乗ったコースターの質量がmのとき、どうなるか見てみよう。コースターは、地上の高さh（rより値が大きい）からゆっくりと出発し、ループの最下点まで急降下する。コースターの動きにかかる摩擦や空気抵抗の効果を無視すれば、ループの最下点《ボトム》に着くときは$V_b = \sqrt{2gh}$の速さとなる。それからループの頂点《トップ》に向かって登っていく。頂点に速度V_tで到着するとすれば、重力を克服してループの頂点までの垂直の高さ2rを登ったうえで、頂点に速度V_tで到着するには、$2mgr + \frac{1}{2}mV_t^2$に等しい量のエネルギーを必要とする。運動によって総エネルギーが新たに生まれたりなくなったりはできないため、次のようになるはずだ（コースターの質量mは、すべての項にあるので約せる）。

$$gh=\frac{1}{2}V_b^2=2gr+\frac{1}{2}V_t^2\ (*)$$

円形ループの頂点で、乗客を押し上げ、コースターから落ちないように押しとどめる正味の力は、半径rの円を上方に進む動きから、体重が下に引っ張られる分を引いた力になる。したがって、乗客の質量がMなら、次のようになる。

頂点において上方へ向かう正味の力 $=MV_t^2/r-Mg$

乗客が落ちないようにするためには、この値は正の数でなくてはならず、したがって$V_t^2>gr$となる。先ほどの方程式（*）をもう一度見ると、$h>2.5r$でなくてはならないことがわかる。だから、重力だけに引っ張られて出発点から動き始めるとすると、シートから落ちてしまわないだけの十分な速度で頂点に到達するには、ループの頂点より少なくとも2.5倍は高い地点から出発する必要がある。だが、ここには大きな問題がある。それだけ高いところから出発するとなると、ループの最下点に到着したときの速度が$V_b=\sqrt{2gh}$になり、$\sqrt{2g\times 2.5r}=\sqrt{5gr}$よりも速くなる。最下点で円弧に沿って上がろうとすると、体重に外向きの円運動の力を足したものと等しい下向きの力を感じることになる。この力は次の値に等しい。

$$最下点での正味の下向きの力 = Mg + MV_b^2/r > Mg + 5Mg = 6Mg$$

したがって、最下点で乗客にかかる正味の下向きの力は、体重の六倍を超える（6Gの加速度）。たいていの乗客は、耐Gスーツを着用した休暇中の宇宙飛行士や優秀なパイロットでない限り、こんな力がかかったら失神するだろう。脳に酸素が一切供給されなくなる。一般的に、子ども向けの遊園地の乗り物は加速度を2G以下に抑えるようになっていて、大人向けの乗り物は最高4Gまでになっている。

このモデルからすると、円形のローラーコースターに乗るのは実際には無理なように思われるが、二つの制限――頂点で振り落とされないくらいの十分な上向きの力がかかるが、最下点で命にかかわるほどの下向きの力がかかるのは避ける――を注意深く検討すれば、両方の制限を満足できるようにローラーコースターの形を変える方法は得られるだろうか。

半径rの円を速度Vで動いたら、外向きの加速度V^2/rを感じる。円の半径rが大きく、したがって曲線がゆるやかなほど、感じる加速度は小さくなる。ローラーコースター上では、頂点での加速度V_t^2/rは、下向きに作用する体重Mgより大きいことで私たちが振り落とされるのが避けられている。だから、加速度は大きいほうがよく、そうすると頂点でのrの値は小さくするのがよい。一方で、最下点にいるときには遠心力がそれに加えて4Gの加速度を生み出しているので、半径の値が大きいゆるやかな曲線の円を動いていれば、その加速度を減らすことができる。これを実現するには、ローラーコース

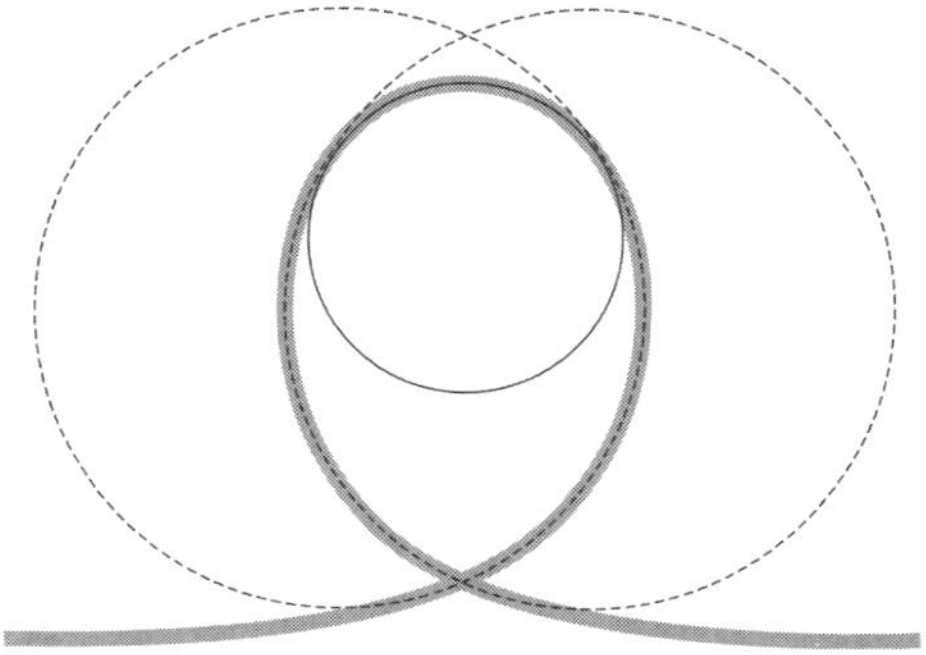

ターの縦の長さを横幅よりも大きくして、涙滴形にすればよい。そうすると、異なる円の部分を二つつなげたように見える。上半分にくる円の部分の半径が、下半分にくる円の部分の半径よりも小さい。このような形になる曲線でよく使われているものが「クロソイド」と呼ばれるもので、この曲率は、曲線を進むにつれ、移動した距離に比例して小さくなる。一九七六年にドイツ人技師ヴェルナー・シュテンゲルが、カリフォルニアにあるシックス・フラッグス・マウンテンの「レボリューション」コースターにこの曲線を初めて採用した。

13　宇宙の始まりを生中継

二〇世紀最大の発見のひとつに、宇宙の始まりと思われる時点に放たれた熱放射の名残、いわゆる「ビッグバンのこだま」を見つけたことがある。どのようなものであれ大きな爆発が起こったら、その現場を後日調べると放射による残骸が見つかると予測される。膨張している宇宙では、放射はどこにも逃れることができない。つねに宇宙の中に存在し、宇宙が膨張するとともに着実に冷えていく。光子の波長は膨張によって引き延ばされる。ますます長く、「赤」く、冷たくなり、周波数が低くなっていく。今日、その温度は非常に低下しており――絶対零度より3度上、すなわち約マイナス270℃――放射の周波数は電波の周波数帯に収まっている。

この放射は、一九六五年にアーノ・ペンジアスとロバート・ウィルソンが偶然に発見した。二人がニュージャージーのベル研究所で、通信衛星「エコー」の軌道を追跡するために設計した高感度の電波受信機が、予期せぬ雑音としてこれをとらえたのだ。ペンジアスとウィルソンはこの発見によりノーベル賞を受賞したが、それ以降、この宇宙背景放射（ＣＭＢ）は、宇宙の過去の歴史と構造についての最も正確な情報源となっている。さまざまな宇宙機関が厖大な資源を投入して、地球の大気による紛らわしい効果が排除できる受信機を衛星に搭載し、宇宙空間におけるＣＭＢの温度やその他の特性をマッピングしてきた。

宇宙の構造と歴史を理解するためにＣＭＢがとてつもなく重要であることを考えると、テレビの前のソファに座りながらこれを観察できるという事実に驚かされる。ただし残念ながら、それもこの先そう長くは続かないだろう。

旧式のテレビは、テレビ局の送信機が地域によって異なる周波数帯域を使って放送している電波を拾っていた。超短波（ＶＨＦ）を使った電波は周波数帯域が40から250メガヘルツで、極超短波（ＵＨＦ）を使った電波は470から960メガヘルツである。

テレビをある局の周波数を受信できるようにぴったり合わせると（たとえばイギリスのＢＢＣ２なら54メガヘルツなので、電波の波長は5.5ｍとなる）、その周波数を中心にして受信され、電波に含まれる情報がテレビによって音声と画像に転換される。チャンネルの周波数は干渉を避けるために六メガヘルツずつ離して割り当てられている。しかし、受信状態が悪くなったり、存在しないチャンネルに調節を合わせたりしてしまうと、おなじみの「砂嵐」が画面一面に現れる。これは、受信機が強力なチャンネル信号に調節されていない場合に表面化するさまざまな形の干渉からくるノイズである。なんと、干渉が原因となって古いテレビに映し出される砂嵐の一パーセント[1]が、宇宙の始まりに発生したＣＭＢからもたらされている。ＣＭＢにある電波スペクトルのピーク周波数は160ギガヘルツ付近だが、100メガヘルツから300ギガヘルツにいたる非常に幅広い帯域にわたって無視できないエネルギーが存在するのだ。

悲しいかな、ソファに座ったまま宇宙論者を気取る機会は急速に失われつつある。多くの国で、テレビ信号はアナログからデジタルへと一律に移行しつつある。新しいテレビは、ビッグバンの名残である電波を受信して砂嵐に変換するよりも、二進数の配列を受け取り、それを音と映像に変換する。旧式のテレビを使うなら、デジタル信号を旧式のテレビが理解できる言語へと変換するデジタル解読装置

（「デジタルチューナー」）が必要になる。デジタルチューナーのコンセントを抜けば、宇宙背景放射を一パーセント含む「砂嵐」が画面に映る。しかし、家にあるのが新しいデジタルテレビなら、悲しいことに、砂嵐を観測して宇宙論を語る機会はすでになくなってしまっている。

1．およそ3ケルビンを約290ケルビンのアンテナ温度で割って、だいたい1・03パーセントになる。

14 ストレスに対処する

応力《ストレス》がかかるような物を作ろうとしているなら、とがった角には要注意。家の外壁を見て回ってみよう。漆喰《しっくい》やれんが造りの壁に入った小さなひびは、どれも角から始まる傾向にある。境界の曲率が大きいほど、そこにかかる応力は大きくなる。ゴシック様式のアーチが発明されて初めて、西洋の大聖堂が建築可能になった理由はここにある。ゴシック様式では、直角でできた戸口の角で応力を受け止めようとする代わりに、曲線構造全体へと応力を拡散しているのだ。こういう設計をすることで、とがった角から構造の崩壊が始まる危険性を伴わずに、建物をどんどん高くすることができた。中世の石工はこの教えを非常に早い時期に学び取り、建築物は進歩し、比較的安全に縦にも拡大していった。

この昔ながらの知恵が現代的な技術の一部に浸透するには時間がかかった。一九五四年、デ・ハビランド社が建造した新型ジェット旅客機コメット機が航行中に二機たて続けに空中分解し、56名が死亡した。機室へ高い与圧をかけて徹底した調査を行ったところ、窓が最初に壊れ、ここに弱点があることがわかった。客室の窓は四角で、操縦室の窓は後退角のついた平行四辺形のような形をしていた。窓にはとがった角があり、そこに応力が蓄積し、機体が破壊したのだ。解決策はごく単純なものだった。すなわち角を丸くする。今日、飛行機の窓はどれも角が曲線になっている。その目的は、応力をできる限り均等に拡散することと、著しく大きな応力がかかるようなカーブのきつい（すなわちとがった）角を作らないようにすることだ。デ・ハビランド以外の大手航空機メーカーはコメットの大事故以前にはこの問題を認識していなかったため、自社も同じ悲劇に見舞われる前に、こうした単純な改良を実施できたことをありがたく思っている。優美な線は純粋に美のためにあるだけではないこともある。

15 芸術のぎりぎりのバランス

人間は、定められた制限の中で創造性を発揮する方法をあれこれ見つけるのがうまい。長方形の枠の中に絵を描いたり、弱強五歩格で詩を詠んだり、十四行詩《ソネット》を書いたりと。科学者はときに、そうした創造性がどのように生まれるのか、何を達成するのか、他のどういった方面にインスピレーションを求めるのかを調べたがる。多くの芸術家は科学的な分析に神経をとがらせる。研究が成功を収めるのを恐れているのだ。万が一、芸術家の作品とそれが人々に与える影響の根本にある心理学的な要素が明らかにされたら、芸術が力を失うのではないか、あるいは自分たちの権威に傷がつくのではないかと心配をして。不安になるのも当然かもしれない。とどまるところを知らない還元主義――音楽は空気圧がなす曲線をたどったものにすぎない――の世界観は驚くほど普及しているが、そんなものをのさばらせてはいけない。しかし、これとは正反対でも、同様に間違っている見方もある。科学が芸術に与えるものは何もない、芸術はそれを客観的にとらえようとするすべての試みを超越する、というものだ。確かに多くの科学者は、創造的な芸術を完全に主観的な活動とみなしてはいるが、それでも芸術を科学の対象として受けとめている。

科学が複雑さの研究に取り組むようになったとなると、音楽や抽象画のような芸術的な創造性に行き着くのは自然なことだ。それらは、私たちがとても魅力的に感じる形へと複雑さが発展していくことについて興味深いことがらを教えてくれるからだ。E・O・ウィルソンは、科学と芸術の結びつきは、複雑性の探求と理解という観点から見たときにいちばん密接になりうるのではないかと述べたことがある。「還元論を伴わない複雑性への愛が芸術を作り、還元論を伴う複雑性への愛が科学を作る」[1]。

複雑な現象には、私たちが高く評価する多数の形式の芸術のどこが好まれているかを明らかにするような、さらに興味深い特徴がある。粒状の物をテーブルの上に真上から途切れずに落としていくと、ゆっくりと山ができていく。落ちていく粒は、他の粒にぶつかって行き当たりばったりの軌道をたどる。それでも、一粒一粒が予測できない経路をたどって落ちていくと、整然とした大きな山が着実に作られていく。側面の勾配は徐々にきつくなり、最後にはある一定の斜面に到達する。そうなると、それ以上は険しくならない。特別な「臨界《クリティカル》」斜面は、さまざまな規模の雪崩が定期的に起こることでその後もずっと維持される。一粒か二粒だけが転がり落ちる場合もあれば、もっとまれには、山の側面がごっそりと崩壊するような事態も起こる。全体としてはとても見事な結果となる。個々の粒がでたらめに落ちることで、安定した秩序ある山の形になるのだ。この臨界状態において、全体的な秩序は、個々の粒の軌道が不安定で無秩序であることによって維持される。囲いのないテーブルに山ができたなら、最終的には山にある粒が、上から新たに降ってくる粒と同じ分量だけ、テーブルの縁から落下し始める。山を作る粒はつねに入れ替わっている。これは過渡現象による定常状態なのだ。

個々の粒の軌道が不安定であるにもかかわらず、形成される山の全体的な形が堅牢であることから、私たちが多くの芸術作品の何を好むのかについて多くのことがわかる。「優れた」本や映画、演劇、音楽作品とは、もう一度体験したいと思うようなものである。「つまらない」作品とは、そうは思わないようなものである。『テンペスト』のような素晴らしい演劇をまた観たいと思ったり、ベートーベンの交響曲をまた聴きたいと思ったりするのはなぜか。そうした作品が演じられるときのわずかな違い——俳優が入れ替わる、新しい演出方法が採用される、オーケストラや指揮者が変わる——が、観衆にとってのまったく新しい体験を生むからだ。偉大な作品は、受け手に新しく快い体験を与えてくれるような小さな変化を受けやすい。それでいて全体的な秩序は保たれる。そうしたものには、ある種の臨界性があるらしい。こうした予測可能なところと予測可能でないところの組み合わせを、私たちはとても魅力的に感じるようである。

1. E. O. Wilson, *Consilience*, Knopf, New York (1998)〔エドワード・O・ウィルソン『知の挑戦』山下篤子訳、角川書店、二〇〇二年〕

16　調理法

クリスマスの時期には新聞や雑誌に、大きな七面鳥や鵞鳥を使った晴れの日のごちそうの上手な調理のしかたの記事がたくさん掲載される。なかには、『ビートン夫人の料理書』のような古くから愛されている料理の本にある助言に乗ったものもある。料理をする場合、調理時間が非常に重要になる。そこを間違えれば、いかにいろいろと飾り立てても、料理を食べる人たちに喜んでもらうことはできないだろう。

七面鳥の調理時間についての指示には、たくさんありすぎるうえに、どれひとつとして同じものはないらしいという問題がある。一例を紹介しよう。[1]

最初にオーブンを160度に設定してから、
8ポンドから11ポンドの七面鳥なら2時間30分から3時間焼く。
12ポンドから14ポンドの七面鳥なら3時間から3時間30分焼く。
15ポンドから20ポンドの七面鳥なら3時間30分から4時間30分焼く。
どの場合もこの後に220度で30分間こんがりと焼く。

この指示は数学的に奇妙だ。11ポンドと12ポンドの七面鳥の調理時間がどちらも3時間となっている。同じように、14ポンドと15ポンドの七面鳥に3・5時間と指示している。
イギリス七面鳥インフォメーションサービス（BTIS）はさらに手の込んだ指示を出している。

4キロより軽いなら？ 1キロ当たり20分間焼いてから、仕上げに70分間焼く。

4キロより重いなら？ 1キロ当たり20分間焼いてから、仕上げに90分間焼く。

重さを入れれば調理時間が計算される表も、2キロから10キロの重さ別に時間を計算する表もある。調理時間をT（分）、七面鳥と詰め物の重さをW（キログラム）で表したBTISの調理法は、二本の公式で示される。

W＜4の場合　$T_1 = 20W + 70$

W＞4の場合　$T_2 = 20W + 90$

これらの公式はどうも信用できない。重さが4キロに近づくと、T_1は150分に近づくのに、T_2は170分に近づくのだ。この調理法には、数学的な性質としてきわめて重要な連続性が欠けている。Wが4に近づくにつれ、T_1とT_2の値は同じ調理時間を示すべきだ。さらに悪いことに、重さがゼロに近づいても、調理時間はなおも70分となる！　何かが大きく間違っている。

重さ（キログラム）	時間（時）
8-12	3-3.5
12-14	3.5-4
14-18	4-4.25
18-20	4.25-4.75
20-24	4.75-5.25
24-30	5.25-6.25

全米七面鳥連合では、詰め物入り七面鳥の調理時間を次のように提示している。重さの間隔を細かく取っており、$W>4$の七面鳥についてはＢＴＩＳの式とは一致しない。[3]

　こうした多様な指示はあるが、重さが増すにつれ調理時間がどのようになっていくべきかを計算できるような方法があるだろうか。調理では、タンパク質を変性させるのに十分な温度に到達するまで内部の温度を上昇させるため、七面鳥の外側の表面から内部へと熱を拡散させる必要がある。熱の拡散は、数学者が「酔歩《ランダム・ウォーク》」と呼ぶ特殊な性質をもつランダムなプロセスである。熱は点から点へと同じ長さの歩幅をたどって受け渡される。次にどの方向へ歩を進め、分子を散乱させて熱を受け渡すかはランダムに選択される。その結果、点在する材料の、距離Ｎの間隔がある二つの点のあいだで熱が受け渡されるのにかかる時間は、ＮではなくN^2に比例する。球形の七面鳥があると想像しよう。半径はＲであり、体積はR^3に比例するため、密度は十分に一定であると仮定すると重さＷもまたR^3に比例する。熱が表面から中心まで行き渡るのにかかる時間Ｔは、R^2、すなわち七面鳥の半径の二乗に比例する。したがってこの簡単な論法から、七面鳥の調理時間Ｔは$W^{2/3}$に比例することがわかる。

　言い換えれば、簡便に概略規則で言うと、調理時間の三乗は七面鳥の重さの二乗に比例して増える必要があることになる。

1. http://britishfood.about.com/od/christmasrecipes/a/roastguide.htm.
2. http://www.britishturkey.co.uk/cooking/times.shtml.
3. http://www.cooksleys.com/Turkey_Cooking_Times.htm

17　曲線三角形

あるIT企業の面接担当者が数年前に好んでしていたらしい、人気を集めたちょっと考え込んでしまう質問がある。曰く「マンホールの蓋はなぜ丸いのか?」。他にも、上に蓋や覆いがかぶされた多くの穴について、同じ質問をすることができるだろう。もちろん、マンホールの蓋がどれも丸いわけではないが、丸い蓋が適していることを示す興味深い一般的な理由がある。丸い蓋をどの向きに置いても、幅はつねに同じであり、[1]マンホールを抜けて穴の下の暗い深淵へと落ちていくことはない。円は、幅が一定であるために平面上を簡単に転がすことができるが、正方形や楕円形の輪ではそうはいかない。[2]これらは明らかに優れた性質であるうえに、円には、製造が容易であるがゆえの形の利点が他にもある。

一九世紀のドイツ人工学者、フランツ・ルーローは、機械とその構造についての理解に大きな影響をもたらした先駆者である。[3]そのルーローが認識したのは、円のような、幅が一定で滑らかに回転する形であることから言える重要な性質だった。最も単純な例が、今ではルーローの輪あるいはルーローの三角形と呼ばれている曲線の辺をもつ三角形だ。作図は易しい。まずは正三角形を描いてから、三角形のそれぞれの角を中心とし、三角形の辺を半径とする円の一部となる円弧を三つ描く。円弧が三角形の隣り合った二つの角で始まり終わるなら、全体でどの辺とも等しい一定の幅をもつ曲線三角形ができる。曲線の辺の上にあるどの点も、向かい合う三角形の頂点から等距離にあるからだ。[4]

この形をしたマンホールの蓋なら、マンホールの中へ落ちることはありえない。この形を一般化し

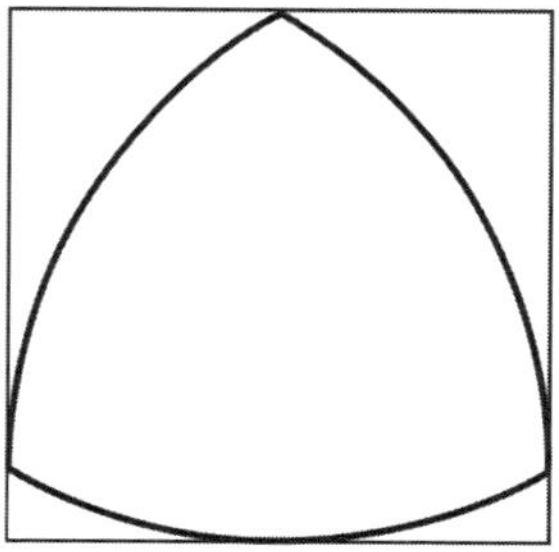

て、奇数本の辺をもつ正多角形に曲線の円弧を描き足した形にすることができる。辺の数を非常に大きくして極限をとるような状況では、できあがった形はますます円のように見える。次頁にサンフランシスコのミッションベイ地区にある送水バルブの蓋の写真を示す。

ルーロー三角形の寸法は、基本的な三角法を用いて簡単に計算できる。正三角形の一辺の長さ、すなわち円弧の半径にして一定になる幅がwの場合、ルーロー三角形が囲む面積は $\frac{1}{2}(\pi-\sqrt{3})w^2$ となる。幅wの円盤だったら、その面積はもっと小さい $\frac{1}{4}\pi w^2$ となっただろう。このことから、一定の幅の蓋を作る必要がある場合、$\pi-\sqrt{3}=1.41$ のほうが $\frac{1}{4}\pi=0.785$ よりも大きいため、断面が円形ではなくルーロー三角形をした蓋を使ったほうが材料の無駄を少なくすることができる。[5] こうした曲線三角形はときおり、小さな窓やビールのコースターなど装飾品として使われている。

七本の曲線の辺による七角形は、イギリス人読者にはなじみ深いはずだ。20ペンスと50ペンスの硬貨がこの形をしているのだ。幅が一定という特徴は、金属の無駄を減らし、スロットマシンで使える形にするという両方の点において利点がある。10進法移行以前の古い三ペンス硬貨《スリーペニービット》は、円形ではないうえに幅が一定ではなく――12辺あったので――辺と辺の距離が21ミリ、角と角の距離が22ミリあった。

ルーローの曲線三角形とその親戚である曲線多角形にある最後の優れた特徴は、回転させると正方形の非常に優れた近似になるという点だ。

ルーロー三角形は、この曲線三角形がとる一定の幅に等しい辺の外接正方形の内部で自由に回転する

ことができる。ルーロー三角形はこの正方形の内部にぴたりと収まり、余分なスペースはできない。つまり、ルーロー三角形の形をしたドリルの先端なら、十分に長い時間回転させれば、正方形の穴をほぼ正確に開けられる。「ほぼ」と言ったのは、角のところで必ずごくわずかな曲線部が残ってしまい、結局は境界正方形の面積の98・77パーセントまでしか描き出すことができないからだ。三角形ではなく、三辺より多い辺をもつルーローの曲線多角形を回転させれば、回転させる曲線多角形よりも辺が一本だけ多い直線多角形を掘り出すことができる。したがって、曲線三角形を回転させると正方形ができるのと同じように、曲線七角形（辺が7本あるイギリスの50ペンス硬貨）を回転させると、直線八角形に近い穴を掘れる。実際のところ、四角い穴に丸い釘を打つことだって、無理をすればできなくはない。

　残念ながら、ドリルで穴を開ける目的でこうした形状のものを使うことを複雑にするとともに、自転車の車輪に使われる可能性をゼロにしているマイナス面がひとつある。回転して正多角形の図を描き出してはいるが、一点を中心に回転しているわけではない。ルーロー三角形が正方形に「ほぼ」近いものを描き出すとき、三角形が回転するときに回転軸はぶれて、ほとんど正方形をなす楕円の四辺をたどる。[6] 工学的にはこの問題は、ずれの動きに合わせた特殊な可動式チャック（ドリルの刃を替えるときに差し込む部分のように、軸を差し込んで回転を伝える部品）を作ることで克服される。しかし、自転車の車輪をルーロー三角形のような形にして一本の固定された軸を中心に回転させると、平坦な道路上の一定の高さにとどまることはできないだろう。

最初の質問に戻ろう。ルーローの曲線三角形と、その親戚の曲線多角形の蓋はどれも、マンホールの穴に落ちてしまうことはないだろう。金属材料を無駄にしないという点では曲線三角形がいちばんだが、円形のほうにも製造しやすくなるという利点がある。また円のほうがはめ込む方向を合わせやすいし、あらゆる方向からの圧縮力に対しても安定している。

1. 蓋がどのような形でも、その幅は、向かい合った蓋の縁に接する二本の平行線の間の距離と定義される。
2. 正方形などの正多角形でも、平坦ではない道なら滑らかに回転させることができる。正方形の車輪を使えば、懸垂《カテナリー》曲線《カーブ》を上下逆さまにした道を滑らかに走る。J. D. Barrow, *100 Essential Things You Didn't Know You Didn't Know*, Bodley Head, London (2008) の64章を参照。〔ジョン・D・バロウ『数学でわかる100のこと』松浦俊輔ほか訳、青土社、二〇〇九年〕
3. F. Reuleaux, *Kinematics of Machinery*, F. Vieweg und Sohn, Braunschweig (1875), vols 1 and 2, インターネットでは http://kmoddl.library.cornell.edu/bib.php?m=28.
4. 三次元に、正四面体の角を中心とする四つの球面を描いてもこれはできない。できあがった図形の幅は完全に一定とはならず、表面全体で比べると2パーセントのずれが生じてしまう。テーブルの上で3個の球の上に平たい円盤を置いて釣合わせ、球を転がすと、ごくわずかなぐらつきが生じる。
5. 一定の幅をもつ曲がった形の種類は無限にありうる。とがった角のものもあれば丸い角のものもある。ルーローの三角形は、幅に対して面積が最小となる形だ。
6. これが囲む面積は、外殻となる単位正方形の $(4-8/\sqrt{3}+2\pi/9)$ 倍となる。S. Wagon, *Mathematica in Action*, W. H. Freeman, New York (1991), pp. 52-4 および 381-3 を参照。

18 曜日

英語での曜日の名前から、入り交じった歴史が見えてくる。サン《太陽》‐デイ〔日曜日《サンデー》〕、ムーン《月》‐デイ〔月曜日《マンデー》〕、サターン《土星》‐デイ〔土曜日《サタデー》〕など明らかに天文学からきたことがわかる名前もあれば、姿を変えたものもある。曜日の名前は、古代バビロニアの占星術で使われた週に由来する。古代の空には、さまよう天体が七つ見えていた。天空で地球の周りを回る軌道を一周するのにかかる地球年もしくは地球日で数えて長い順に並べると、土星（929年）、木星（12年）、火星（687日）、太陽（365日）、金星（225日）、水星（88日）、月（27日）となる。以上の七つあるということが、一週間にある七日間の由来なのかもしれない。これは時間をまったく恣意的に区切ったものであり、月の動き（「ひと月」を定める）や、地球の自転（「日」を定義する）、地球が太陽の周りを回る軌道（「年」を定義する）によって定まるものではない。古くには一週間の日数がこれとは異なる文化の伝統もあった。たとえば古代エジプトでは一週間は10日あり、フランス革命の上層部はこの方式を国民にあらためて押しつけようとしたがうまくいかなかった。[1]

七つの天体が曜日の名を決めた。神聖ローマ帝国の中心部から遠く離れた土地では、名前の一部はキリスト教以前の宗教の影響を受けた。ローマ神話の戦争の神の名によるマルスの日〔火曜日〕が、英語では北欧神話の神の名に変わりティーウの日となった。マーキュリーの日〔水曜日〕（フランス語では今でも *mercredi*）が、ローマ神話の商業の神の名前から、北欧神話の同様の神の名前に変わりウォドンの日となり、ジュピターの日〔木曜日〕（フランス語では今でも *jeudi*）が、北欧神話の雷の神にちなみトールの日（ドイツ語では *Donnerstag*、すなわち「雷の日」〔*Donner* は雷、*Tag* は日〕）に変わった。ヴィーナスの日〔金曜日〕（フランス語では今でも *vendredi*）がフライデー、すなわち北欧神話の男性らしさと勝利の神フレイの日となった。サンデー〔日曜日〕は、キリスト教化以前の名残がある北方ではもともとの占星術的な名称のままだが、キリスト教世界の中心部とその周辺では、キリスト教化されてドミニの日、すなわち主の日に変わった。これは今なおフランス語（*dimanche*）、イタリア語（*domenica*）、スペイン語（*domingo*）に認められ、これらの言語では、占星術の用語からきたサターンの日（土曜日）は、ユダヤ教の安息日《シャバット》を表す言葉、たとえば *sabato*（イタリア語）や *samedi*（フランス語）に置き換えられた。

これら七つの天体の自然な並べ方と言えば軌道上の位置を変える周期で決められた。それならなぜ、その順序が曜日の順番を定めるようにならなかったのか。その答えの一部は数学に、一部は占星術にあると考えられている。七つの天体の土星－木星－火星－太陽－金星－水星－月という順序は一日の各時《アワー》をどの天体が支配するかを決めるために使われていて、土星が第一日の第一時を支配するというふうに始まる。一日には二四時間あるので、七つの天体の配列を三巡させた後、二二時と二三時と二四時に土星、木星、火星をそれぞれ当ててから、次にくる太陽が、第二日の第一時間を司ることになる。

同じ方法で天体の配列をもう一巡させると、第三日の第一時間を支配するのが月、第四日の場合は火星、第五日の場合は水星、第六日の場合は木星、第七日の場合は金星になる。これは七を法とする合同算術である。七の倍数で割った余りの数が、次の日の第一時間を支配する惑星を決める。

曜日の名前の順番が土星、太陽、月、火星、水星、木星、金星の順と決まっているのは、それぞれに二四時間ある一日の最初の一時間を支配する天体の順序なのだ。ここから、土曜日、日曜日、月曜日、火曜日、水曜日、木曜日、金曜日という順序ができ、最後の四つが北欧神話の神々の名前に変化した。フランス語は、占星術のルーツのほうに忠実であり続け、*samedi*、*dimanche*、*lundi*、*mardi*、*mercredi*、*jeudi*、*vendredi*としているが、太陽だけはキリスト教に改宗して、主の日という呼び名になっている〔さらに週の最初もこの日とされるようになった〕。

1．さらに広範囲にわたる話としては、J. D. Barrow, *The Artful Universe Expanded*, Oxford University Press, Oxford (2005, 1st edn 1995), pp. 177-90 を参照。〔この著書の初版である *The Artful Universe* の邦訳、J・D・バロー『宇宙のたくらみ』菅谷暁訳、みすず書房、二〇〇三年がある〕

19 遅れの擁護

効率をひたすら追求する現代社会においては、遅れはつねに悪いものだという見方があるらしい。起業家は、いつでもできる限り迅速に行動するやり手として描写される。次の会議まで決定を先送りすることも、様子を見るといった手段を取ることもない。行動計画は必須である。調査委員会を立ててあらゆる因子を考慮に入れて問題を詳しく検討するようなことはない。

だが、遅れがつねに好ましくないかというと、それほどはっきりとは言えない。大がかりな仕事を完成するための費用を支払う仕事をしているが、用いている方式は時間がたつにつれて確実に安くなるとしよう。ことによると、のんびり構えて仕事の開始を遅らせたほうが割に合うかもしれない。全体の費用がこの先どんどん安くなっていくのだから。

実際、世界中で最も重要な産業がまさにそうなっている。インテルの創業者ゴードン・ムーアが最初に見抜いたように、コンピュータ処理はとてつもない速度で、しかも予想がつく形で性能が増してきた。その見通しは、ムーアの法則という経験則にまとめられた。一定の価格で購入できる計算能力は、18か月ごとにおよそ二倍になるというものだ。すなわち、時間tを今後の月数とし、出発点のt＝0とした場合、計算速度は$S(t)=S(0)2^{t/18}$となる。

大がかりな計算仕事を今日始めるのではなく、D月遅らせるとどうなるかを見てみよう。D月後には、Sは$S(0)$から$S(0)2^{D/18}$へと増加している。今開始した場合にプロジェクトが終了したであろう期日までに完了した計算と同じ量の計算をできるようにしながらも、遅延期間のDをどこまで大きくできるかを知りたい。その答えは、今開始した場合に必要になる時間——Aとしよう——と、D月遅らせた場合に必要となる時間を単純に等しく置くことで求められる。

$$A = D + (A \times D \times 2^{-D/18})$$

これから、計画した時間内に仕事を完了させられる最大の遅延期間がわかる。ありがたいことに、すべての仕事が、開始を遅らせても同じ時間内に終わらせられるわけではない。そうでなかったら、誰もいつまでも仕事に取りかかろうとしないかもしれない。今からやれば $18/\ln(2) = 18/0.69 = 26.1$ か月より長くかかる計算の仕事に限っては、開始を遅らせたほうが高い費用効率で完了させることができる。今から初めて完了までに26か月もかからない仕事なら、すぐに取りかかるにしくはない。将来的に技術が向上しても、そのおかげでもっと早く仕事が完了することはない。

先延ばしにしたほうが得になるこれより大きな仕事の場合、処理量を必要時間で割ったものと定義される生産性は、開始を遅らせたほうがずっと高いことがわかる。[1]

1. C. Gottbrath, J. Bailin, C. Meakin, T. Thompson and J. J. Charfman (1999), http://arxiv.org/pdf/astro-ph/9912202.pdf.

20 ダイヤモンドは永遠に

ダイヤモンドは、とても素晴らしい炭素の塊だ。天然の物質の中で最も硬い。一方、ダイヤで最もまばゆい性質は光に関係している。それが可能になるのは、ダイヤの屈折率が2.4と、水（1.3）やガラス（1.5）に比べて非常に高いからである。つまり、光線がダイヤに入るとき、とても大きな角度で曲がる（すなわち「屈折」する）ということだ。それよりなお重要なことに、表面に対して垂直から24度以上の角度で当たった光線は、完全に反射され、ダイヤからまったく出てこない。空気を通って水に当たる光の場合、この境目となる角度は垂直から約48度で、ガラスに当たる場合には約42度である。

ダイヤによる色のスペクトルの処理もまた極端になる。アイザック・ニュートンがプリズムを使ったあの有名な実験で初めて明らかにしたように、通常の白色光は、赤、橙《だいだい》、黄、緑、青、藍、紫の光の波長のスペクトルで構成されている。白色光が透明な媒体を通過すると、ダイヤの中で進む速さは波長ごとに違い、屈折する角度も違う（赤が一番角度が小さく、紫が一番大きい）。ダイヤでは、色の曲がる最大角度と最小角度の差――「分散」という――が非常に大きく、巧みにカットされたダイヤモンドの中を光が通過すると、さまざまな色が光る素晴らしい「光輝《ファイヤー》」が生まれる。これほどの色分散の威力をもつ宝石は他にない。宝石細工職人に課せられた仕事は、ダイヤを見る人の目の方へと反射する光が、できる限り明るくて色とりどりに輝くようにカットすることだ。

ダイヤのカットは、千年以上も昔から行われている作業だが、最適なカット方法とその理由について今ある知識に誰よりも貢献した人物がいる。マルセル・トルコフスキーは一八九九年にアントワープで、ダイヤモンドの細工と商売で有名な一家に生まれた。子どもの頃から頭がよく、ベルギーの大学を卒業後、工学を学ぶためにロンドン大学のインペリアル・カレッジに入った。[1] まだそこの大学院生だった一九一九年に、『ダイヤモンドのデザイン』という優れた本を出版した。そこでは、ダイヤモンド内部での光の反射と屈折の研究によって、最大の明るさと光輝をもたらす最適なカットが定められることが、初めて説明された。トルコフスキーは、ダイヤモンド内部に入った光線がたどる経路を美しく分析し、新たなカットの種類「絢爛《ブリリアント》」――「理想的《アイデアル》」ともいう――を生み出すにいたった。これは、丸い形《ラウンド》のダイヤモンドで現在好まれるスタイルだ。ダイヤモンド上部の平らな面にまっすぐ当たった光線の経路を研究し、光がダイヤの内側に一回、二回と当たったときに完全に反射するように、ダイヤ背面の傾斜角度を求めた。この角度では、入ってきた光のほとんどすべてが、ダイヤの正面からまっすぐに外に出るために、最も明るく輝いて見える。

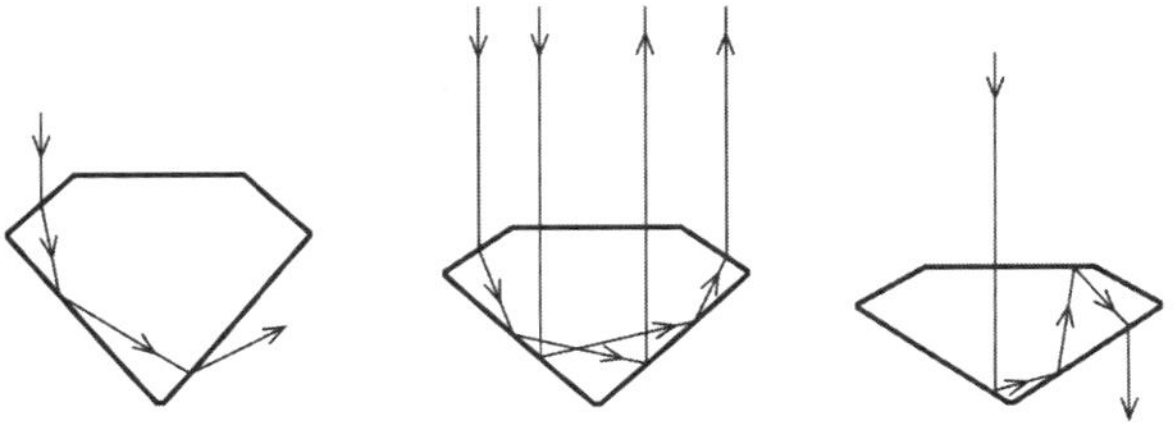

浅すぎ　ちょうどよい　深すぎ

　トルコフスキーはさらに、反射された明るい輝きと、色のスペクトルの分散とのあいだの最適なバランスと、さまざまな面がもつべき最適な形を研究した。[2]

　簡単な計算で光線を分析した結果、58の面をもつ美しい「ブリリアント

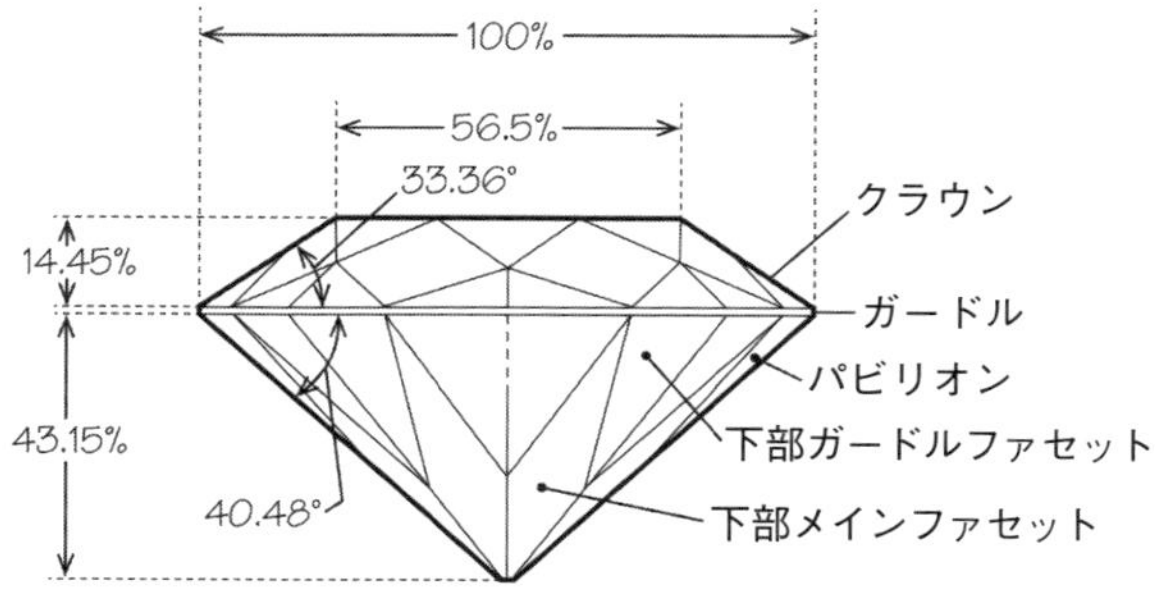

カット」ダイヤモンドの作り方が定められた。ダイヤを目の前で少し動かしたときに最も鮮やかな視覚的効果をもたらすのに必要とされる範囲に収まるような、一連の特別な比や角度がそろっている。しかし、そこには目に入る以上に幾何学があることがわかるだろう。

この図は、光輝と明るさを最適にする狭い範囲に収まるように選ばれた角度を使った理想的なカットとして、トルコフスキーが推奨する典型的な形だ。比の値は、ダイヤモンド各部（専門用語で示してある）の、ガードルの直径——これが全径となる——に対する比率で表している。[3]

1．書いた博士論文は、ダイヤモンドの外観ではなく、研磨についてだった。
2．トルコフスキーは、光が内部に入ってから最初に当たる面ですべて内部反射するには、その面の傾斜角が水平面に対して48度52分以上でなくてはならないことを示した。一回めの内部での反射の後、光は次の傾斜面に当たり、その面の水平面に対する角度が43度43分未満であれば完全に反射される。光が（ダイヤモンドの面がなす水平面に近い線ではなく）垂直に近い線に沿って外に出る光の色の分散が最善になるための最適の角度が40度45分であることがわかった。現代のカッティングでは、個々の石の性質に調和させたり、多様なスタイルを作ったりするために、これらの値からわずかにずらす場合がある。
3．ガードルにわずかな厚みがあるのは、鋭い刃のような角ができるのを避けるため。

21　いたずら書きのしかた

私の持っている百科事典には、「いたずら書き《ドゥードル》とは、他の何かに注意が向いているあいだに行われる散漫な素描」とある。[1]もともとは、ちょっとばかだと思われている人を描写するやや失礼な表現だった。だからアメリカ独立以前のイギリス軍がアメリカ人兵士を見下して「ヤンキー・ドゥードル」を好んで歌っていたのだ。それでも、多くの人が創造性のある芸術家になれるとすれば、いちばん近いのはいたずら書きだ。ああいったあてのない殴り書きというのは、紙切れの上に自由にできて、立派な抽象画のようになっている。私は何度か、いたずら書きはそんなにあてのないものなのかと疑問に思ったことがあるし、自分の落書きと他の人たちの落書きに共通する特徴をいくつか見つけたことさえある。好まれるタイプのいたずら書きがあるのだろうか。自由形式で子犬だとか人の顔だとか特定のものを描きたいという気持ちに導かれていないのであれば、そういうものもあってもおかしくはないかなと思う。

アルブレヒト・デューラーは、フリーハンドで完璧な円を繰り返し描けたと伝えられている。たいていの人が描く円はぶかっこうになる。何でもいいいたずら書きをする場合、円を描こうとすることは少ない。あまりにも集中しなければならなくなってしまう。

涙滴形をした、閉じていない小さな輪《ループ》を描くほうが易しい。その形は、ジェットコースターのループや、高速道路から出るときにぐるりと回って上にある高速道路と交差するインターチェンジの道路に少し似ている。こういう即物的なたとえができるのは、どちらの場合も、エンジニアが安定した遠心力で

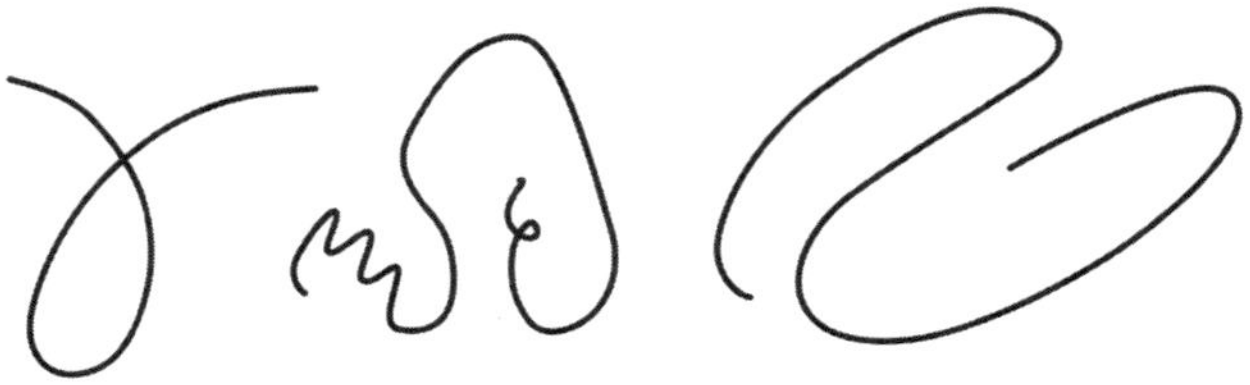

曲がれる最も滑らかな遷移曲線を求める場面にあるからだ。そうした場合に主に用いられる形が、曲率がカーブを進んだ距離に比例する「クロソイド」と呼ばれるものである。この形には、12章でジェットコースターの設計について論じたときにすでに出会っている。これはまた、車を一定の角速度でハンドルを切りながら一定の速度で走らせる場合にたどる経路でもある。高速道路から下りるときのカーブが円弧の形をしていたら、ハンドルを一定の角速度で回転させようとした場合、ずっと速度を調節していなければならず、乗り心地もぎくしゃくして一定しない。道路がクロソイドの形をしていたら、乗り心地は滑らかで均一になる。

いたずら書きのときも、これと同じようなことが作用しているのかもしれない。私たちは、鉛筆の先が進みながら一定の角速度で鉛筆の進む向きが変わるような弧を描きたくなる。これができるのはクロソイド状のらせんしかない。ただし、いたずら書きをする速度によって、形の異なるらせんがいくつも生まれる。だから落書きをすると、小さな涙のしずくの形をした閉じていないループがたくさんできるのだろう。これは、描く「感じ」が最善の曲線なのだ。コースから外れないように意識的にかける力が最小で、指にかかる変動する力が最小ですむ。

1. http://en.wikipedia.org/wiki/Doodle.

22　卵はなぜあの形なのか？

本物の卵はなぜ卵形《たまごがた》をしているのか。球形でもラグビーボールの形でもなく、楕円形のものもめったにない。卵は独特の「卵形《らんけい》」、つまり卵の形をしている。一方の端、すなわちお尻のほうが、もう一方のとがった端よりも平らで曲線がゆるやかだ。この非対称性にはある重要な帰結が伴う。平らな面に卵を置くと、とがった方の端が少しだけ下に向いた状態で釣り合って静止する。卵の質量中心が、幾何学的な中心にはなく、丸い方の側へとわずかにずれているからだ。卵が完璧な楕円形をしていたら、その質量中心は幾何学的中心と一致するために、置かれた面と長軸が平行になり静止するだろう。

ここで、卵が転がり始めるまで、卵形をした卵が載っている面をほんの数度だけ傾けよう（面は極端に滑らかであってはならない。さもなくば卵が転がらずに滑り落ちてしまったり、止まれなくなったりする。それにゆで卵は使わないこと。中身が固体だと液体のものとはふるまい方が違ってくるから。傾斜はきつすぎてはならず、三五度以下とする。それよりきついと卵は直滑降で下ってしまう）。次に起こることに大きな意味がある。卵は、球形や楕円形の卵の場合とは違い、斜面を転がり落ちたりはしない。卵は急カーブを描いて、回転するブーメランのようにぐるりと回って最初の地点の近くまで戻ってくるのだ。しかも、とがった端が斜面の上の方を向き、お尻のほうが斜面の下の方を向いている。円錐をゆるい斜面で転がしたときにも、これと同じふるまいが認められる。

卵形をした卵のこうした特殊なふるまいには重要な意味がある。もしもあなたが、岩だらけでごつご

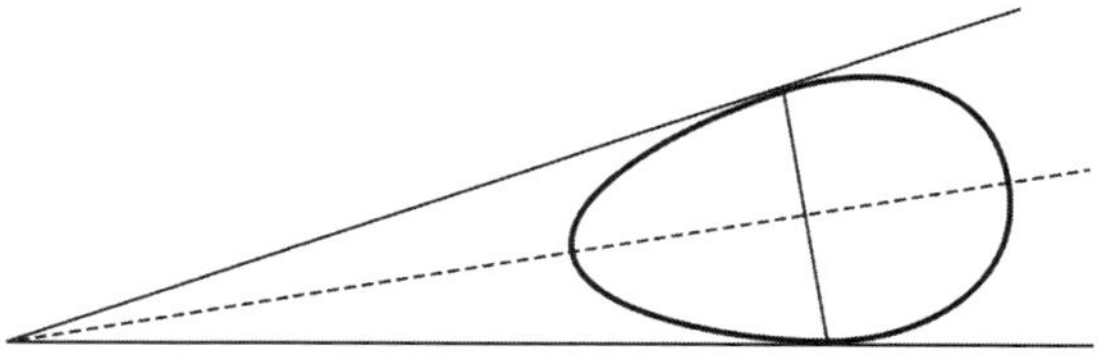

つした崖の縁で生んだ卵を世話している鳥であり、その卵が球形や楕円形をしていたら、子どもたちの未来は暗いだろう。卵を温めている途中に、卵の温度を均一に保とうとして、あるいは風や邪魔物から守ろうとして卵の向きを変えると、球形をした卵はバランスを崩し、斜面をどこまでも転がって崖から落ちるだろう。卵形をした卵なら、弧を描いて回転し、生き延びる可能性が高まる。[1]

すべての鳥の卵が卵形をしているわけではない。大きく分けると、横から見た断面図が円形、楕円形、鶏卵形、西洋梨の形という四種類になる。岩でこぼこした地面の上で鶏卵形と西洋梨の形をした卵を動かすと、卵は小さな円を描いて転がり、最初の地点に戻ってくる――この二つは卵形の範疇に入る。だが、円形や楕円形の卵はそうならない。岩がちの場所に卵を産む鳥は、鶏卵形や西洋梨の形をした卵を産む傾向にある。親鳥は卵がかえるまで、内部の温度を均等に保つために卵の向きをときどき変えなければならず、どれかひとつが遠くまで転がっていくと、他の卵をその場に残して取りに行かなければならなくなる。対照的に、深さのある巣や穴に卵を産むフクロウのような鳥の産む卵は、丸々していて、先もあまりとがっていない。いちばん頑丈なのは球形の卵だ。どこをとっても曲率が一定で、弱い箇所がない。

鳥の卵の形に影響する幾何学的因子は他にもある。ウミガラスのように、流線型の体をしていて高速で飛ぶ鳥は、細長い楕円形の卵を産む傾向がある。先端が細い卵は緊密に並べて間に冷気があまり入ら

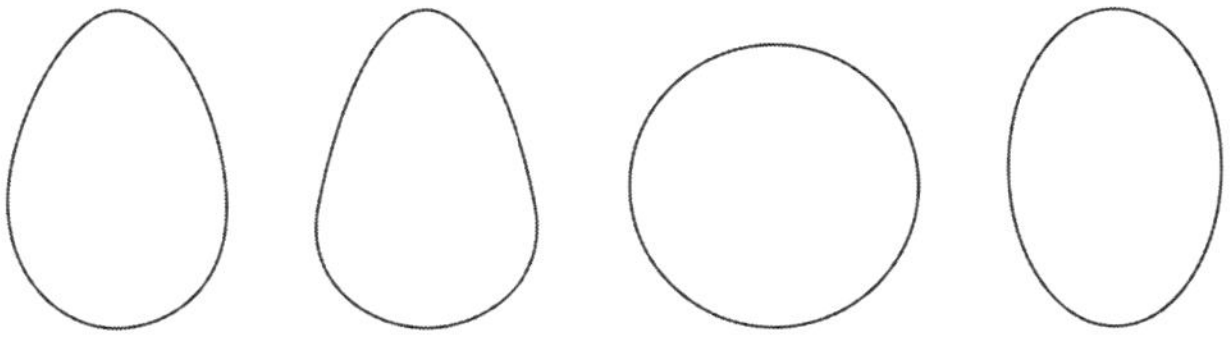

鶏卵形　西洋梨の形　円形　楕円形

ないようにすることができる。そのほうが、親鳥が抱卵の間、卵全体を覆って温かさを保ちやすい。

　産卵の過程で卵形の卵のほうが有利になることには解剖学的な理由もある。卵は外界に向かう旅を始めるとき、柔らかい殻をもった球形の状態で母鳥の卵管を下ってくる。そのとき、卵には収縮する力（後方で）と弛緩する力（前方で）が次々とかかる。収縮の作用により、卵の後方がとがった円錐形になり、弛緩によって卵の前方が球形に近くなる。これは、圧力をかけて何かを発射しやすい形だ。ブドウの種を指にはさんではじき飛ばしてみるとわかる。それを試してから、小さな立方体か凍らせたえんどう豆で同じことをしてみてもよい。最後に卵が外に出るときには、殻がすぐさま石灰化して形が定まる。後は自然選択にお任せだ。

1．西山豊氏に深く感謝する。二〇〇五年に大阪からケンブリッジに客員で来られていたときに、卵の形にまつわる数学について私に教えてくれた。

23　エル・グレコ効果

クレタ島出身の画家、ドメニコス・テオトコプーロスは一五一四年に生まれ一六一四年に没した。スペイン語の名前、エル・グレコ（「ギリシア人」の意味）と、印象的な彩色、さらには描かれた人物が奇妙に長く伸びていることで知られており、こうした作風が反宗教改革時代におけるスペイン人の心をとらえた。一九一三年、ある眼科医が、エル・グレコの描く人物が幾何学的に歪んでいるのは、乱視、すなわち眼球前面にある欠陥の影響によるものではないかと初めて指摘した。それが原因となり、ふつうに釣り合いの取れた人体でも、エル・グレコの歪んだ目には背が高く細い体に映り、それがふつうに見えたからそういうふうに描いたのではないかという。[1] ティツィアーノやホルバイン、モジリアーニなどの画家についても、その独特な人物像の背景には同じような原因があるのではないかと言われている。

この見解は、一九七九年にピーター・メダワーの著書『若き科学者へ』に一種の簡単な知能検査として取り上げられ、ふたたび世に出た。メダワーは、それまでにも多くの人々が気づいていたこと、すなわち、その眼科医の論理は簡単な論理テストに合格しないことを述べたのだ。その意味をいちばん理解しやすいのは、エル・グレコは、視覚に障害があるために、私たちには円と見えるものが楕円と見えていたと想像することだ。しかし、エル・グレコが、自身の目に映ったものを作品に忠実に描いたら、円を楕円として表現しただろうが、その絵は私たちの目には、やはり円に見えるだろう。つまり、論理的には、私たちの目にはエル・グレコの描く人物が歪んで見えるので、視覚に問題があることがその作風の理由にはなりえない。
実は、他の理由から、乱視がエル・グレコの作風の原因にはならないことは十分にわかっている。カンバスをX線で解析したところ、鉛筆での下絵が見えたが、その人物の体はふつうの比率になっていた。絵の具を塗る段階で縦に長く伸びたのだ。しかも、すべての人物が同じように長く伸びているわけではなく（人間よりも天使のほうがさらに長くなっている）、ビザンチン様式など、エル・グレコの作風がこうした方向に発展していったことの根拠となりうるような歴史上の様式もある。

こちらの証拠を一方の側に置いて、最近、アメリカ人心理学者のスチュアート・アンティスが、得るところの多い二つの実験を行った。[2] まず、五人の被験者を募り、各人の片方の目には目隠しをし、もう一方の目で特別に改造した望遠鏡をのぞかせた。その望遠鏡は、正方形を長方形に歪ませるように作られていた。被験者はそれから、記憶にある正方形を描くよう指示され、その後、アンティスが描いた本物の正方形を写すように言われた。

記憶にある正方形を描くように言われた場合、どの被験者も、望遠鏡によってわざと歪められた形に近い細長い長方形を描いた。こうしたフリーハンドの絵は、本人の網膜では正方形に映っていた図形を再現した結果と考えられる。しかし、アンティスの描いた正方形をまねて描いたときには、必ず正しい正方形になった。

アンティスはそれから、ひとりの被験者だけを対象に実験を続けた。視覚を歪ませる望遠鏡のレンズをその被験者の目に二日間当てたままにしたのだ。夜間にはレンズを外して目隠しをした。そうして、今度も記憶にある正方形を一日に四回、描くように指示した。すると驚くような結果になった。最初に

描いたものは、五人の被験者全員の場合と同じように、予測どおり正方形が歪んで長方形になってい
た。ところが、二回、三回と描くごとに、どんどんと正方形に近づいていった。毎日四個の正方形を二日間描いた後、被験者は、望遠鏡が生じさせる歪みに完全に適応し、正しい正方形を描いた。

つまりこの実験からも、エル・グレコの絵は、記憶を頼りに描くのであれ、モデルを見て描くのであれ、その作風を説明できるような歪みがいつも生じただろうと考える理由はどこにもないことがわかる。それは、意図的な芸術表現だったのだ。

1. P. D. Trevor-Roper, *The World Through Blunted Sight*, Thames & Hudson, London (2nd edn., 1988).
2. S. M. Antis, *Leonardo* 35 (2), 208 (2002).

24　ヘウレーカ

言い伝えによれば、偉大なシチリア人数学者、シラクサのアルキメデス〔紀元前二八七～二一二年〕が「ヘウレーカ〔英語読みでは「ユリイカ」〕」――「わかったぞ」――と叫びながら裸で通りを走ったとされているが、学校の歴史の授業で習った『一〇六六年その他諸々』〔歴史の教科書のパロディ本、イギリスで一九三〇年に刊行〕に収められた数々の逸話と同様に、そうなったいきさつまで知っている人は少ない。この話は、紀元前一世紀にローマ人建築家ウィトルウィウスによって記された。伝えられるところでは、シラクサの王、ヒエロン二世が金細工師に、寺院にまつられた神に捧げる儀式用の王冠を作らせたとある。そうした捧げ物としては通常、金製の花冠が作られて神の彫像の頭にかぶせることになっている。ヒエロン二世は疑り深い人間で、金細工師が、王冠の材料として与えられた金の一部を銀など質の劣る金属とすりかえて、「余った」金を着服したのではないかと怪しんだ。完成した冠を受け取った王は、さまざまな機械の発明と数学の発見によってギリシアとローマでは偉大なる人物として当時すでに有名になっていったアルキメデス――当時の科学者たちのあいだでは「アルファ」という短いあだ名で呼ばれていた〔アルキメデスの頭文字。ギリシア文字の第一の文字、第一位の意味〕――に、純金製であるかどうかを判定せよという課題を与えた。金細工師は、与えられた金とまったく同じ重さになるように気を配っていただろう。神聖な捧げ物を壊さずに純金かどうかを判定するには、どうすればよいのか。

アルキメデスは期待に応えた。伝えられている話では、湯槽につかっているときに水中に沈めた物体が水を押しのける現象を見て、その方法を思いついたとなっている。金は銀よりも密度が高く、密度は重さを金属の体積で割って求められるため、王冠を構成する合金（銀＋金）の体積は、同じ重さの純金よりも大きくなるだろう。したがって、王冠に銀が混じっていたとしたら、水中に沈めたとき、同じ重さの純金を沈めたときよりも多くの水を押しのけることになる。

王冠の重さが1kgで、金細工師が、与えられた金の半分を銀とすり替えたとしよう。銀と金の密度はそれぞれ10.5g/cm^{3}と19.3g/cm^{3}であり、純金1kgの体積は、1,000g/19.3g/cm^3＝51.8cm^{3}となる。銀と金が半分ずつの王冠の体積は、500/19.3＋500/10.5＝73.52cm^{3}となる。この21.72cm^{3}という違いが重要だ。ここで、純金1kgを、底面が15cm×15cm＝225cm^{2}の正方形の水槽に入れ、水を縁まで一杯に入れる。それから純金を引き揚げ、王冠を水中に入れる。水槽から水があふれ出せば、金細工師は困ったことになる！　余分の21.72cm^{3}の水によって水位が21.72/225＝0.0965cm――約1mm――上がるので、水はあふれ出るだろう。

ウィトルウィウスは、アルキメデスが王冠とそれと同じ重さの金を水槽に入れ、水があふれ出るかどうかを調べたと記している。アルキメデスは、物体を流体に浸したときの浮力を利用して解明する、さらに巧妙な手法を使ったとする意見もある。次の図のように、王冠と純金を天秤の両端にぶらさげる。二つが空中でぴったり釣り合いが取れるようにしておく。それから二つを水中に浸す。金と銀を混ぜて作った王冠のほうが体積が大きいため、純金よりも多くの水を押しのける。つまり、王冠のほうが浮力が大きくなるため、天秤の棒は、王冠の側が高くなり、同じ重さの純金のほうが低くなる。水の密度は1g/cm^{3}なので、体積の違いから、いんちきをして作った王冠が、純金と比べて21.72g大きい重さの

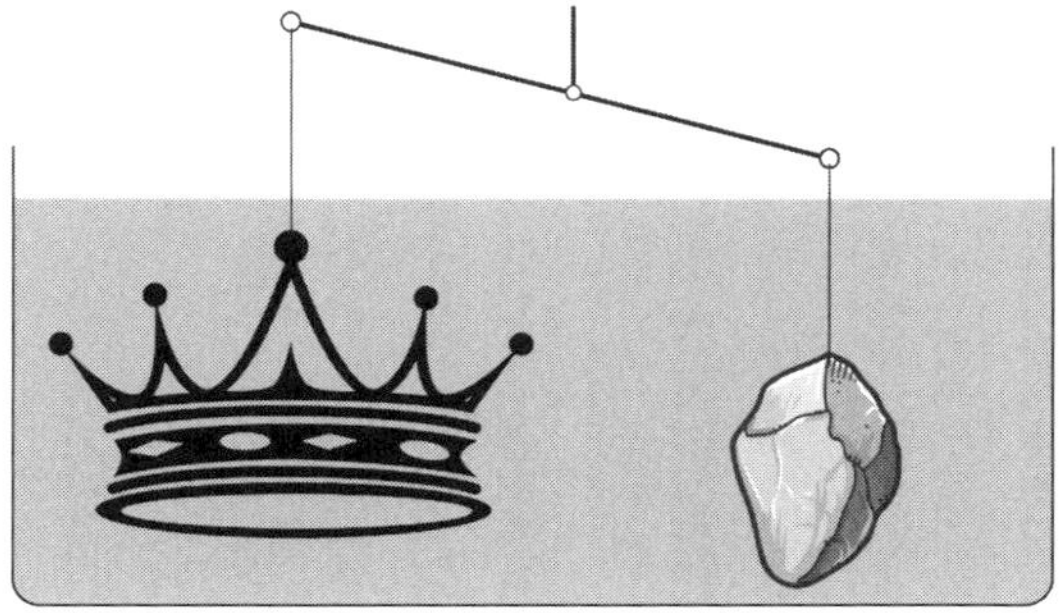

余分な力で押し上げられることになる。これだけ釣り合いが取れていなければ、見てすぐわかる。

25 目が脳に教えてくれること

人間の目はパターンを見るのが得意だ。実際、得意すぎて、パターンがないところにもパターンを見てしまうこともある。人は月面に顔を見たとか火星に運河を見たと言ってしまうのだ。また、古くから星座が擬人化されているが、これは生き生きとした想像力と、天界に道しるべを立てたいとする願いがもたらしたものである。

ある意味、複雑な場面の中に線やパターンを――たとえそういうものが存在しなくても――見る傾向はあながち慮外のこととは限らない。この性質があるおかげで、私たちは生き延びることができている。茂みのなかに虎を見つける人は、見つけられない人よりも、長生きをして栄え、子孫を残す傾向が強い。実際、茂みのなかに虎がいないのに虎の姿が見えても、家族から妄想癖を疑われるだけですむが、虎がいるのにその姿が見えない傾向があれば、自身の死を招くことになる。したがって、パターンを見て取る能力が強すぎることは、そうした能力が低いことよりも大目に見ることができるのだ。

この図にあるパターンは、同心円が集まってできている。各々の同心円は点線で描かれており、どの円にも同数の点が使われている。しかし、正面からこの図を見ると、別のことにも気づく。中心部に近いところでは同心円が見えるが、外側に目を向けると、三日月形の曲線のほうが優勢に見える。いったいどうなっているのか。円周へと近づくにつれ、なぜ三日月形の線が見えるのか。

目と脳が点の配列をとらえようとする手法のひとつに、点をつないで線にするというものがある。点

と点をつなぐ最も簡単な方法が、ある点と、それに最も近いところにある点とのあいだに頭のなかで線を引くことだ。同心円を点で表したものの中心部近くでは、各々の点に最も近い点は同じ円の上に認められるため、心の目がそれらの点をまとめあげ、円形のパターンを「見る」[1]。目を外側に向けるにつれ、同じ円上にある隣り合った点と点のあいだの距離が広がり、ついには、もうひとつ外側の円上にある近くの点とのあいだの距離よりも遠くなる。するととつぜん、最も近くにある点のパターンが変化する。今度は目が、別の円の上にある近くの点とのあいだに新たな曲線をたどり、三日月が見えてくるのだ。

本を手に持ち、今度は少し傾けてもう一度図を見ると、傾ける角度を大きくするにつれ見えるものが変わってくる。この場合、点を斜めから見ていて、最も近くの点との距離が変化しているのだ。すると目がこれまでとは違う線を「引き」、図の見え方がまたもや変わる。さらに、点の大きさがもう少し大きいあるいは小さいなど、図の印刷の仕方が少しでも違っていたら、目が最も近くの点を見つけやすかったり、見つけにくかったりして、それによる線の印象が生まれることになる。

こうした簡単な実験から、目と脳がパターンを認識する「ソフトウェア」にある一面が明らかになる。データが描く像に有意なパターンが本当に含まれているかどうかを評価するのが、いかに難しいかがわかるのだ。目は、ある特定の種類のパターンを見つけようとするし、実際にそれが得意でもある。

私がこの問題に出くわしたのは、一九八〇年代に天文学者たちが宇宙にある銀河の集り方を示す三次元地図を初めて作製したときのことだった。それまで、銀河の地球からの距離を測定するのは退屈で長い時間のかかる仕事であり、銀河の天空における位置が特定されているだけだった。新たな技術の登場で、突如として、そうした測定が容易かつ迅速にできるようになった。そうしてできた三次元地図は、実に驚くべきものだった。銀河は、空間充填をするようにランダムに集まっているのではなく、線や面に沿って並び、宇宙で巨大な蜘蛛の巣のパターンをなしているように見えたのだ。銀河の集まり具合を表す新たな尺度を考案しなければならなくなり、目が私たちを欺くトリックを自覚する必要もあった。[2]絵画の世界は、人間にはパターンを求める傾向があるという特徴を利用していて、興味深い例が、ジョルジュ・スーラなど一九世紀後半の画家が用いた「点描画法」とか「分割描法」と言われる手法に見られる。点描画法では、異なる色の絵の具を混ぜ合わせて連続した色合いを出すのではなく、主要な色をさまざまな大きさの別々の点に塗り、混ぜるのは見る人の目に行ってもらう。その結果、きめの細かさは失われるが、鮮やかな色が生まれる。

1. 半径がrとR（$R>r$）の二つの円を描き、各々の円周上にN個の点を等間隔に配置する。この二つの円それぞれの円周上の点の間隔は、それぞれ$2\pi r/N$と$2\pi R/N$となる。内側の円の点と点との間隔が外側の円の点とのあいだの距離よりも短い場合、だいたい$2\pi r/N<R-r$のときには、円のほうが見える。$2\pi r/N>R-r$のときには三日月が見える。
2. J. D. Barrow and S. P. Bhavsar, *Quarterly Journal of the Royal Astronomical Society* 28, 109-28 (1987).

26　ネパールの国旗はなぜ独特か

正方形（スイス国旗のような）でも長方形（イギリス国旗のような）でもない国旗はひとつしかない。立憲政体が確立した一九六二年に採択されたネパール国旗は、三角形を二つ重ねた形である。国を支配する二つの家系の三角旗を一九世紀に融合させてこうなった。この種の三角旗単体なら数百年前からこの地域に多くあった。ネパール国旗の色は、国花であり、戦争の勝利の象徴であるシャクナゲの深紅である。これに、平和を象徴する青の色で縁取りをしてバランスを取っている。さらに、天空の永続性を象徴するために、三日月と太陽を図案化したものが二つの三角形に描かれている。二〇〇七年に起こった王族の殺害と王制廃止以降、ネパール国会では、国の新たな出発を記念するために国旗を変更すべきかどうかについておおいに論じられたが、一般的な長方形の国旗に変更するという提案は却下された。

この独特な国旗のデザインにある最も顕著な点は、三角形の斜辺となる二本の斜めの線が平行になっていないところだ。一九六二年以前の国旗はもっと単純で、斜辺が平行であり、太陽と月にも素朴な顔が描かれていた。新しいほうの珍しい幾何学的構造には、国旗を正確に描くのを困難にするという意図があり、その構成は、ネパール憲法で幾何学的にこと細かに規定されている。次に、ネパール最高裁判所が発行したネパール連邦民主共和国憲法第五条一項の英訳（私が少々改訳した）を示す。そこには、24段階にわたる数学的な作図法が念入りに明記されている。[1] 自分で作図してみて、三角形の先端にある二つの角度を正しく作れるかどうか確めていただきたい。[2] ステップ6から24には、月と太陽を作図するための、ステップ5まではるかに長い作図法が記されている。

国旗

（A）縁取りのなかの形の作図法

（1）深紅色の布の下部に、必要な長さの線ABを左から右に引く。

（2）Aから、ABに垂直な線ACを、ACの長さがABにABの三分の一を加えたものと等しくなるように引く。AC上に、線ADが線ABに等しくなるような点Dをとる。BとDを結ぶ。

（3）線BD上に、BEがABと等しくなるような点Eをとる。

（4）Eを通り、ABと平行になるように、AC上の点Fから右へ線FGを引く。FGはABと等しくなるようにする。

（5）CとGを結ぶ。

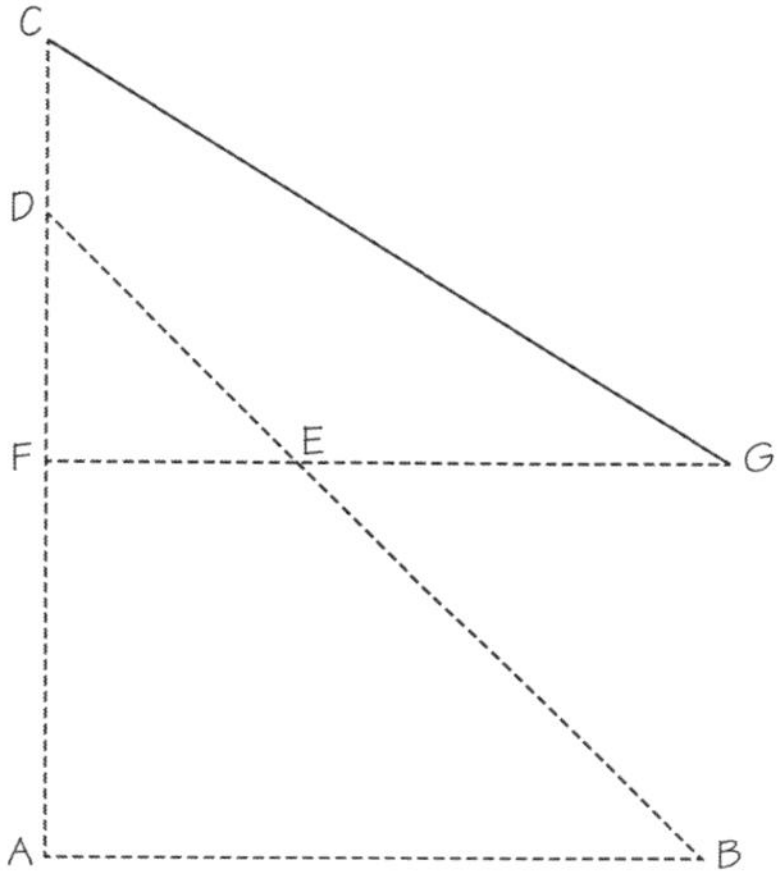

国旗の周囲は、C→G→E→B→A→Cを結ぶ直線でたどられる。おそらくネパールは、国民全員にある程度の幾何学についての理解を求める世界で唯一の国だろう。もちろんそれは、ちっとも悪いことではない。

1．http://www.supremecourt.gov.np/main.php?d=lawmaterial&f=constitution_schedule_i.〔翻訳時点では開けない。"constitution of Nepal 1990"といった検索語で探すと、旧憲法を載せたサイトが見つかる〕T. Ellingson, *Himalayan Research Bulletin* 21, Nos 1-3 (1991) も参照。

2．私の作図では、下の角度が45度きっかりで、上の角度はだいたい32度（タンジェントが$4/3-1/\sqrt{2}$）。

27　インドのロープ奇術

インドのロープ奇術は、難しく奇想天外な奇術の仕掛け、あるいは騙しのテクニックの代名詞になっている。[1] しかし一九世紀のプロの奇術師たちは、この技がインドで行われたという話はでっちあげにすぎないと見ていた。ぐるぐると巻いたロープを奇術師が上空へと伸ばし、少年にそのロープを登らせ、ついにはその姿が視界から消えた、と言われている（おそらくは、上方の突き出た枝を隠す低く垂れ込めた霧の中へと）。一九三〇年代、英国奇術協会は、この手品を検証可能な形で実演した者に相当額の賞金を与えることにしたが、この賞金が出されることはなかった。この手品のいくつかの変種の分析と、これを実行したというおそらくは不正な申し立ての記録が、つい最近の一九九六年、超常現象の研究に多大の労力を費やしてきた二人の著者の手でまとめられ、『ネイチャー』誌に掲載された。[2]

この手品には、数学でも対応しておもしろいところがある興味深い面がある。伝えられている「技」における驚くべき点は、上端に支えがなくても、ロープが安定して直立できるということだ。ぐにゃぐにゃしない棒を、時計の振り子を逆さまにしたように、下部の支持部で自由に回転させた場合、支持部を下にして棒を垂直に立てると、棒はすぐに倒れて、支持部から真下にぶらさがって止まることがわかる。最初の直立した位置が不安定なのだ。しかし、棒の支持部に非常に速い上下振動を加えると、基部が十分に高い振動数で上下に振動する限り、棒は、安定した姿勢で垂直に立ったままになる（棒を押して垂直の状態からわずかにずらしても、棒は戻ってくる！）。実際には、棒の支持部を電動鋸に取り付け、

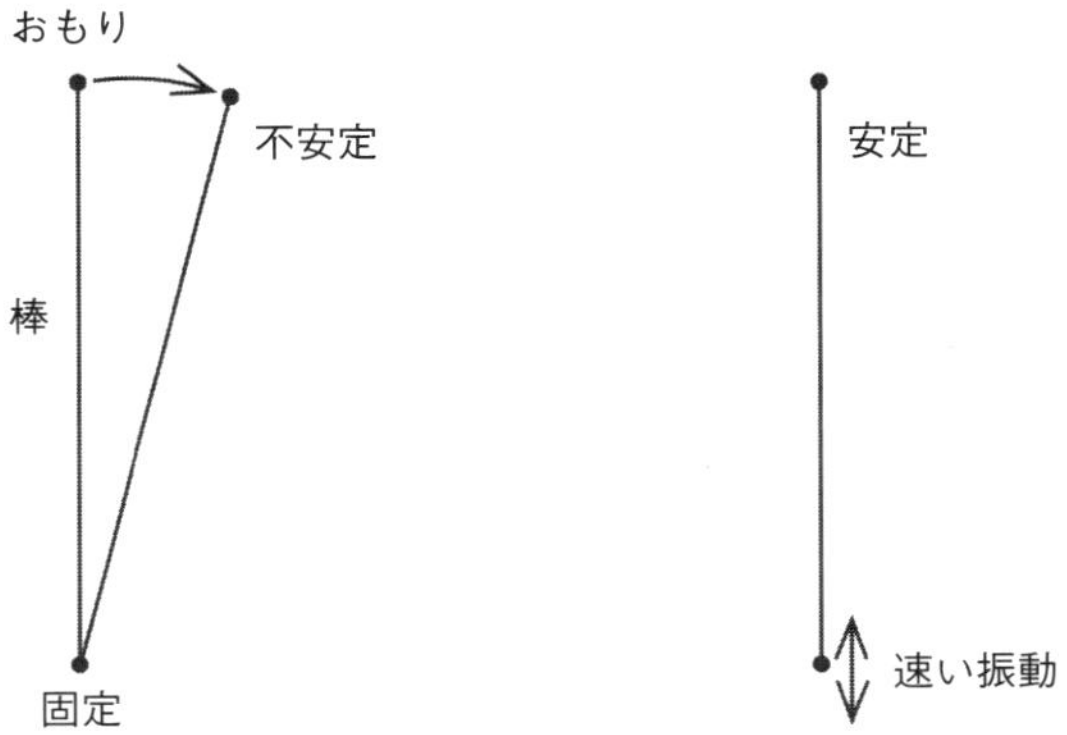

棒を垂直にして上下動させると設定できる。

なぜこんなことが起こるのか。棒の質量中心からまっすぐ下方に棒の重さmg（mは棒の質量で、g＝9.8m/s^2は地球の引力による加速度）の重力がかかり、さらには棒の縦方向につねに変化する上下方向の力がかかる。この二つの力の合力が、棒の中心を曲線をたどるように動かし、質量中心が、円運動のごく一部を行っているかのように、この曲線経路のわずかな部分を前後に振動する。したがって運動の中心点が、向心力によって、この運動の中心の方向へと動かされる。この力は、棒の長さを2Lとして、mv^2/Lとなる。この値はv^2、すなわち上下振動の速さの二乗の平均によって変わる。これが十分に大きければ、棒の重力中心を下に引き下ろそうとする重力mgを超える。したがって、v^2がgLを超えれば、棒は直立したままになる。

つまり、棒を直立させ、側方に押されてもその位置を保つことができるような状況が存在する。これが、インドのロープ奇術という趣向を実現するのに最も近い。棒がはしごだったら、それを登っていくこともできたかもしれない！　上下逆さまにした振り子の棒をランダムに上下動させたときの驚くべき性質は、一九五一年にノーベル賞を受賞した物理学者ピョートル・カピッツァによって最初に発見され、その後一九八七年に

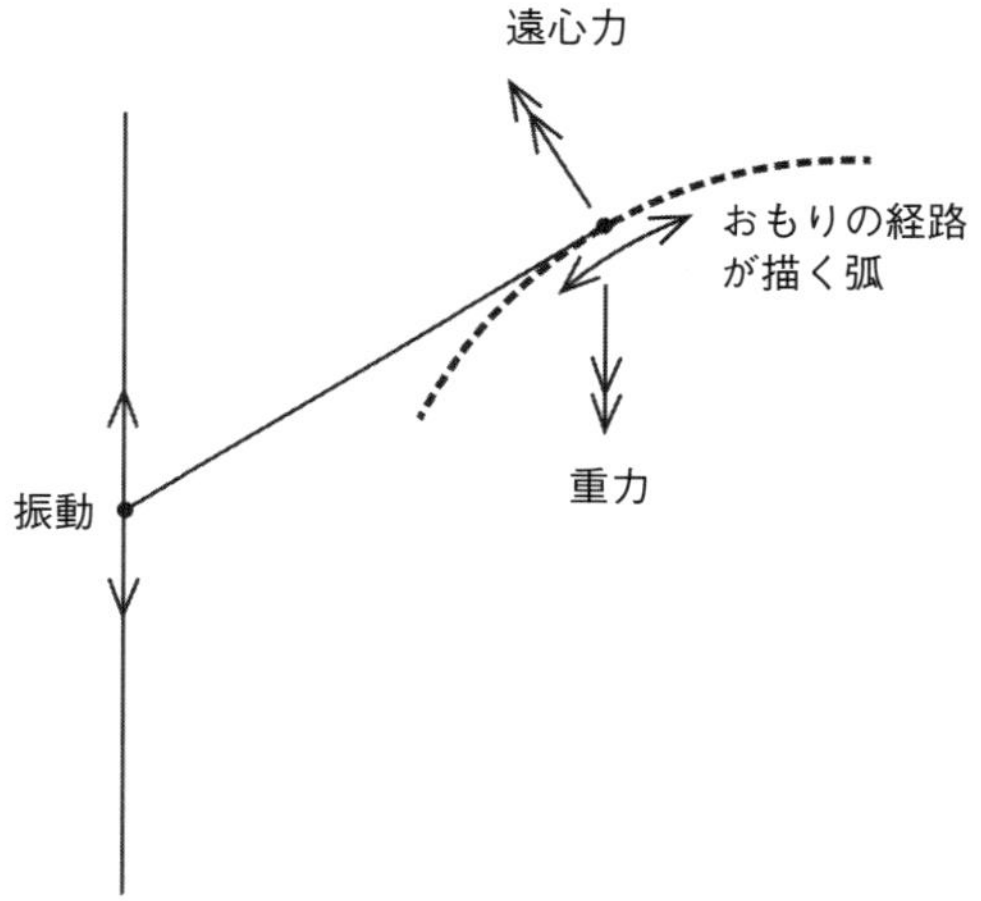

ブライアン・ピッパードが詳しく調べた。これはまさに世にも不思議な物語だ。[3]

1. P. Lamont, *The Rise of the Indian Rope Trick: How a Spectacular Hoax Became a History*, Abacus, New York (2005).
2. R. Wiseman, R. and P. Lamont, *Nature*, 383, 212 (1996).
3. ロシア語の原著を翻訳したP. L. Kapitsa, *Collected Papers by P. L. Kapitsa*, ed. D. ter Haar, Vol. 2, pp. 714-24, Pergamon Press, Oxford (1965) 所収のもの、およびA. B. Pippard, *European Journal of Physics* 8, 203-6 (1987) を参照。D. Acheson, *1089 and All That*, Oxford University Press, Oxford (2010)〔デイヴィッド・アチソン『数学はインドのロープ魔術を解く——楽しさ本位の数学世界ガイド』伊藤文英訳、早川書房、二〇〇四年〕に数学的な視点から、M. Levi, *Why Cats Land on Their Feet*, Princeton University Press, Princeton, NJ (2012)〔マーク・レヴィ『ひらめきの物理学——身近な物理現象を77のパズルとパラドックスで解き明かす』森田由子訳、ソフトバンククリエイティブ、二〇一三年〕に物理学者的な視点から見た興味深い解説がある。

28 目を打ち負かすイメージ

多くの古くからある文化で、完璧なまでの単純さ、あるいは対称の妙のせいで聖なるものを表すと信じられた幾何学的図形が人々をとりこにしてきた。こうしたパターンには何らかの固有の意味があり、そこに示されている幾何学と共鳴する、もっと奥にある現実へと瞑想を導く作用があると考えられていた。今日《こんにち》にいたっても、ニューエイジの著述家や神秘思想家が、かつてレオナルド・ダ・ヴィンチのような思想家や芸術家の心をとらえた古くからある図形のいくつかに引きつけられている。

ある注目すべき図形がある。白黒で描かれた場合、人間の視覚システムに重大な難題を突きつけることから、とても強い印象を与える。「生命の花」[1]というもので、この図は、一風変わった創発構造のように見える。一目で全体を見渡すこともできるが、そこにある円を数え上げようとして分析を試みると、目はその作業に集中していられなくなる。円や円弧が万華鏡のように交錯して圧倒されてしまうのだ。これは25章でも見たように、どれがいちばん近くにあるか、何を視覚的手がかりにするかの選択が混乱し、意図して描かれているパターンを上回ってしまうのだ。

生命の花は、古代エジプトやアッシリアの装飾に見られ、その名はそこに表れている花のようなパターンに由来する。図にあるように、大きな境界円の内側で、六個の円を並べたものを対称的に少しずつずらして重ねて並べることで作図される。六個一組の円は、外側の円の内側に輪をなして並んで接している。各々の円の中心は、その円を囲む直径が等しい六個の円の円周に位置する。大きな境界円の内部には、19個の円と36個の円弧がある。

この図形が完成した後に図案を作り上げている部品となる要素を数え上げるのはとても難しい。取りかかりやすいところが、境界円の内部で六つの円が交差する六個の円の接点である。これらすべての円がなす内側の境界の内部に、中心が境界円の中心と一致するもうひとつの同じ大きさの円がある。これらの円が互いに接する六つの点が、さらに六個の円の中心を定めている。内側の円が接する六つの地点がまた、さらに六個の円の中心を定めており、合計で円は6＋6＋6＋中心にある一個、すなわち19個となる。それぞれの六個の組の円の円周を別々の色でなぞって見分けがつくようにすれば、円を数えやすくなるだろう。

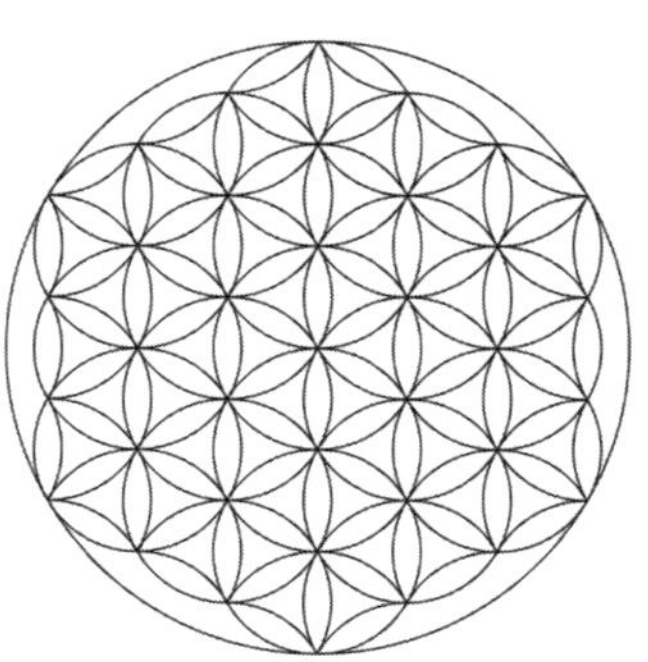

最後に、このページを傾けると、目が、まったく別の優勢なパターンを徐々にとらえるだろう。涙滴型でできた七本の平行線が見えてくる。ページを傾けたまま回転させると、こうした線が四組あることがわかる。この図を斜めから見ると、点と線とのあいだの見かけの距離が変化し、これまでとは異なる直近のものとの距離を目が追って「点と点を結」んでパターンを登録するため、こちらのパターンが円のパターンよりも完全に優位に立つ。グラスの側面のような曲面に沿わせて紙面を曲げると、また新しい優勢なパターンが見えてくる。それを斜めから見ると、線が扇形になり、V字に広がる楕円形になる。

こうした聖なる幾何学の形式を備え、キリスト教にも、それ以前からある異教においてもシンボルとして使われているさらに単純な形のものがボロメオの環であり、生命の三脚と呼ばれることもある。二

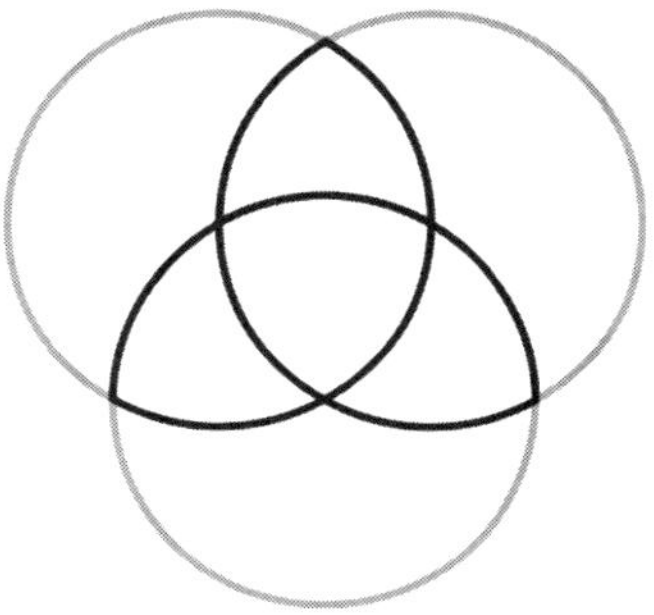

つの相等しい円の交点が、三つめのまったく同じ形の円の中心に使われる。

この意匠は、古代の仏教や北欧の絵画にも認められ、聖アウグスティヌスの時代以降、三位一体のシンボルとしてキリスト教の図像に用いられてきた。[2] しかしこの図は、一二世紀以前から続く北イタリアの貴族、ボロメオ家の紋章としてさらに有名になった。この家系は、カトリック教会の教皇や枢機卿、大司教を多数輩出しており、今日にいたってもその一員がアニェッリ財閥の後継者となっている。この紋章は一四四二年、フランチェスコ・スフォルツァが、一族がミラノを守護する役割を担っていることを念頭に置いて考案した。これは、それまでの絶え間ない争いに終止符を打ち、婚姻を通じて縁を結んだヴィスコンティ家、スフォルツァ家、ボロメオ家の団結を表す。この三つの家系の影響は、今でもミラノの町中ではっきり見える。その後、この三つの環の図は、連帯と団結のシンボルとしていっそう広まった。

1. この活力に満ちた響きをもつ、花という言葉の入った名前は、現代につけられたものである。ニューエージ作家のドランヴァロ・メルキゼデクが *The Ancient Secret of the Flower of Life*, Vols 1 and 2, Light Technology Publishing, Flagstaff AZ (1999) で造語した〔『フラワー・オブ・ライフ——古代神聖幾何学の秘密（全二巻）』脇坂りん、紫上はとる訳、ナチュラルスピリット、二〇〇一年、二〇〇五年〕。

2. 記録に残る最古の例は、シャルトル市立図書館に保管されていた一三世紀の手稿だったが、一九四四年に焼失した。さらに詳細な歴史については、http://www.liv.ac.uk/~spmr02/rings/trinity.html を参照〔翻訳時点では開けない〕。聖アウグスティヌスの記述では、環を描いてはいない。

29　またもや十三日の金曜日

トリスカイデカフォビア[1]、すなわち「13という数への恐怖心」は、西洋の伝統に深く根づいているらしい。私はこれまでに、家の番地を13ではなく$12\frac{1}{2}$とした古い通りや、13階のない高層ビルを目にしたことがある。この不運の烙印を捺された数は、これほどまでに回避すべきものなのだ。この数に対する偏見は、最後の晩餐に出席していた人数に由来すると信じている人々もいる。

さらに悪いことに、万が一、月の13番めの日が金曜日に当たれば、言葉としてはもっと言いにくいパラスケヴィデカトリアフォビア[2]、すなわち「13日の金曜日恐怖症」なるもののえじきとなる。これもまた、エデンの園においてイヴの犯した原罪、ソロモン神殿の破壊、キリストの死がすべて金曜日に起こったことであるという宗教的な言い伝えが集まっていることに根ざす。したがって13日の金曜日は、悲観主義者にとっては踏んだり蹴ったりの日と呼んでもいいかもしれない。そのため過去何世紀にもわたり、その日に航海に出たり、大事業に乗り出したりすると、パラスケヴィデカトリアフォビア的な運命の介入を招きはしないかという心配があった。今になっても迷信深い人たちは、13日が金曜日に当たるとそれに気づくし、暦のうえでこうなるのはまれで特別なことだと考えがちだ。残念ながら、そう思うのは正しくないし、実際、それは大間違い。月の13番めの日は、他の曜日よりも金曜日に当たる頻度が高いのだ。

過去何世紀もの間、数学者たちは、暦に関連する事柄を計算することをおおいに求められていた。ある特定の日が過去には何日であったか、将来には何日になるのかを調べるのだ。最も重要な日が復活祭の主日である。この日は、三月二一日の春分後の最初の満月の後にくる最初の日曜日と定められている。偉大なるドイツ人数学者で天文学者、物理学者でもあったカール・フリードリッヒ・ガウスは一八〇〇年に、グレゴリオ暦のどの日でも曜日を計算できる美しく簡単な公式を考案した。[3] ガウスは、曜日を表すために、月曜日はW＝1、火曜日は2というようにW＝7までの数を割り当てて、言葉をすべて単純な数にした。それから、D＝1, 2…31というように月の日を表し、M＝1を一月として、M＝1, 2…12というように年の月を表した。Yは年を2013のように四桁で示す。C＝⌊Y/100⌋は世紀を表すものであり、半括弧は、そのなかの量に等しいかそれより小さい最大の自然数を指す（したがって⌊2013/100⌋＝20）。よって世紀の中の第何年かを表すGは、G＝Y-100Cで求められ、0から99のどこかになる。量Fは、Cを4で割った余りと定義される。余りが0、1、2、3のどれかに等しいかによって、Fはそれぞれ0、5、3、1に等しいとする。最後に指標数Eがあり、これは12か月M＝1, 2…12の各月を(M,E)＝(1,0), (2,3), (3,2), (4,5), (5,0), (6,3), (7,5), (8,1), (9,4), (10,6), (11,2), (12,4)という対応で示す。

結局のところ、ガウスの「超高性能公式《スーパーフォーミュラ》」から、曜日の数Wは、N＝D＋E＋F＋G＋⌊G/4⌋を7で割ったときの余りであることがわかる。[4] それでは試してみよう。今日が二〇一三年三月二七日であれば、D＝27、E＝2、Y＝2013、C＝20、F＝0、G＝13となり、N＝27＋2＋0＋13＋3＝45となる。Nを7で割ると6が得られ、余りすなわちW＝3となる。この余りから、曜日が水曜日と正しく求められる。自分の生まれた日の曜日や、来年のクリスマスの曜日を計算することもできる。

この公式を用いて今度は各月の13日が各曜日になる頻度を求めることができる。この計算は四〇〇年間を対象とするだけでよい。なぜなら、四〇〇暦年には一四万六〇九七日あり、グレゴリオ暦は四〇〇年たつと最初に戻るからだ。[5] この数は7、すなわち一週間にある日数で割り切れる。どの四〇〇年間の周期にも400×12＝4800か月あり、各月の13日も同じ数だけある。これが金曜日に当たるのは688回と最多で、水曜日と日曜日は687回、月曜日と火曜日は685回、木曜日と土曜日は684回となる。結局、13日の金曜日はさほど特別ではない。

1. ギリシア語で「三」(*tris*)、「と」(*kai*)、「十」(*deka*)、「恐怖」(*phobia*)を表す語から。I. H. Coriat, *Abnormal Psychology*, 2, vi, 287, W. Rider & Son, London (1911) に紹介された〔コーリアット『変態心理学』佐藤亀太郎訳、大日本文明協会、一九一八年〕。
2. ギリシア語の「*paraskevi*」は金曜日。
3. 一五八二年にローマ教皇グレゴリウス十三世が教令によって、一〇月四日の翌日を一〇月一五日とすると定めた。これは、イタリア、ポーランド、ポルトガル、スペインではすぐに採用された。他の国は後に対応した。
4. B. Schwerdtfeger, http://berndt-schwerdtfeger.de/articles.html.〔このページは翻訳時点では開けないが、http://berndt-schwerdtfeger.de/wp-content/uploads/pdf/calj.pdf に計算法を記した文書がある。〕
5. グレゴリオ暦では、年数が１００で割り切れても４００で割り切れなければ閏年とはしないため、二一〇〇年は閏年ではない。グレゴリオ暦四〇〇年間にある日の数は、したがって、100(3×365＋366)−3＝146,097となる。J. Havil, *Nonplussed*, Princeton University Press, Princeton, NJ (2010)〔ジュリアン・ハヴィル『反直観の数学パズル――あなたの数学的思考力を試す14の難問』佐藤かおり他訳、白揚社、二〇一〇年〕. ハヴィルは、この問題をさらに詳しく論じている。

30 壁のフリーズ

小壁《フリーズ》は何千年にもわたり、建物内外の装飾に広く用いられてきた。今日では、今の伝統的な壁紙に調和するような様式や配色のフリーズが数多くあるが、カタログには一見すると多種多様な装飾が提示されていても実際の選択肢は非常に少ない。基本的には、フリーズで反復されるパターンは七つしかない。

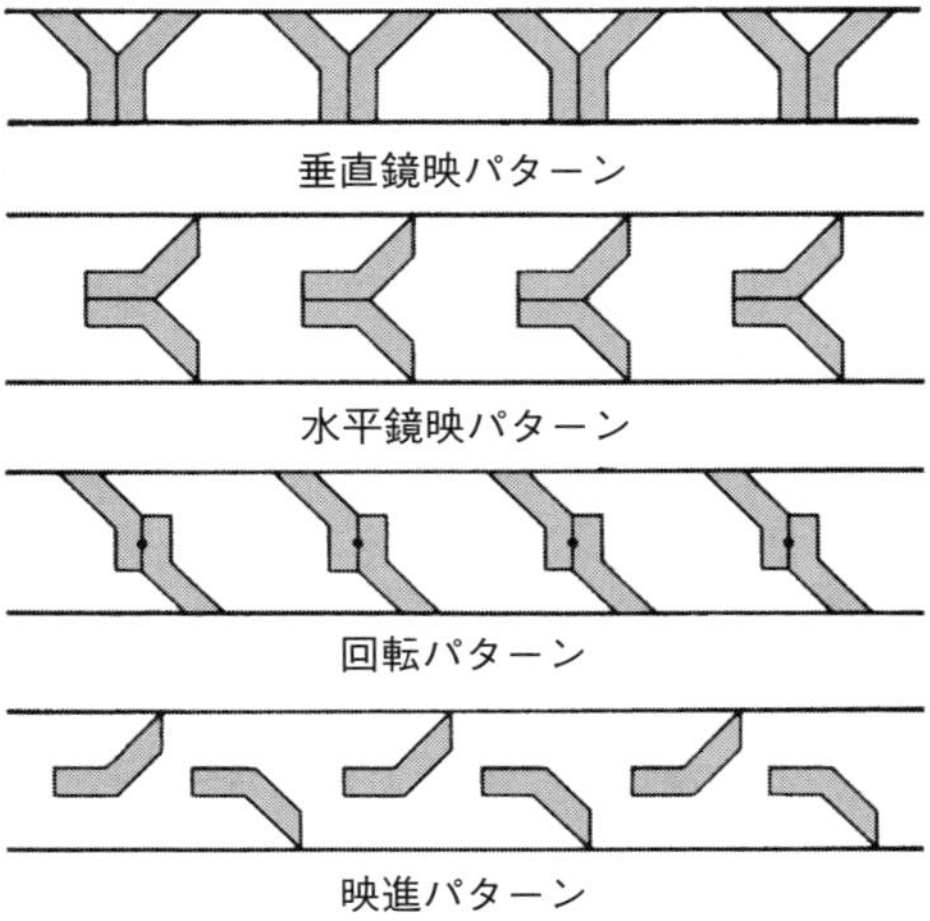

白い紙に黒いペンでフリーズの反復パターンを描く場合、最初の形を元にして反復するパターンにするために使える技は四つしかない。ひとつめは「平行移動」、すなわちパターンをひとまとまりに帯に沿って動かすだけ。二つめはパターンを垂直軸または水平軸を中心にして「鏡映」させる。三つめはパターンをある点を中心に一八〇度「回転」させる。四つめは、前方への平行移動に加えて、平行移動の方向に平行な線に対してパターンを鏡映させた「映進」。最後の動きからは、鏡映関係にあるパターンが上下に並ばず、少しずれたところにできる。図には、この四種類の基本動作が出発点となる図形にどう作用するかを示してある。

これらを組み合わせても、最初の形をもとにできる相異なる反復図案は七種類だけだ。最初の形に作用させることができるのは、(a)平行移動、(b)水平鏡映、(c)映進、(d)垂直鏡映、(e)180度の回転、(f)水平および垂直鏡映、(g)回転および垂直鏡映の七つで、その結果は図のようになる。

世界中の反復パターンと一色で描かれたフリーズはすべて、これら七つの基本的な型のどれかになるはずだ。図には、さまざまな文化的伝統からとったそれぞれの型の例を示す。七種類の作用のうちのどれかが施されるもともとの形が、さらに手の込んだものである場合ももちろんある。単純なVの形である場合もあれば、もっと凝った形の場合もある。

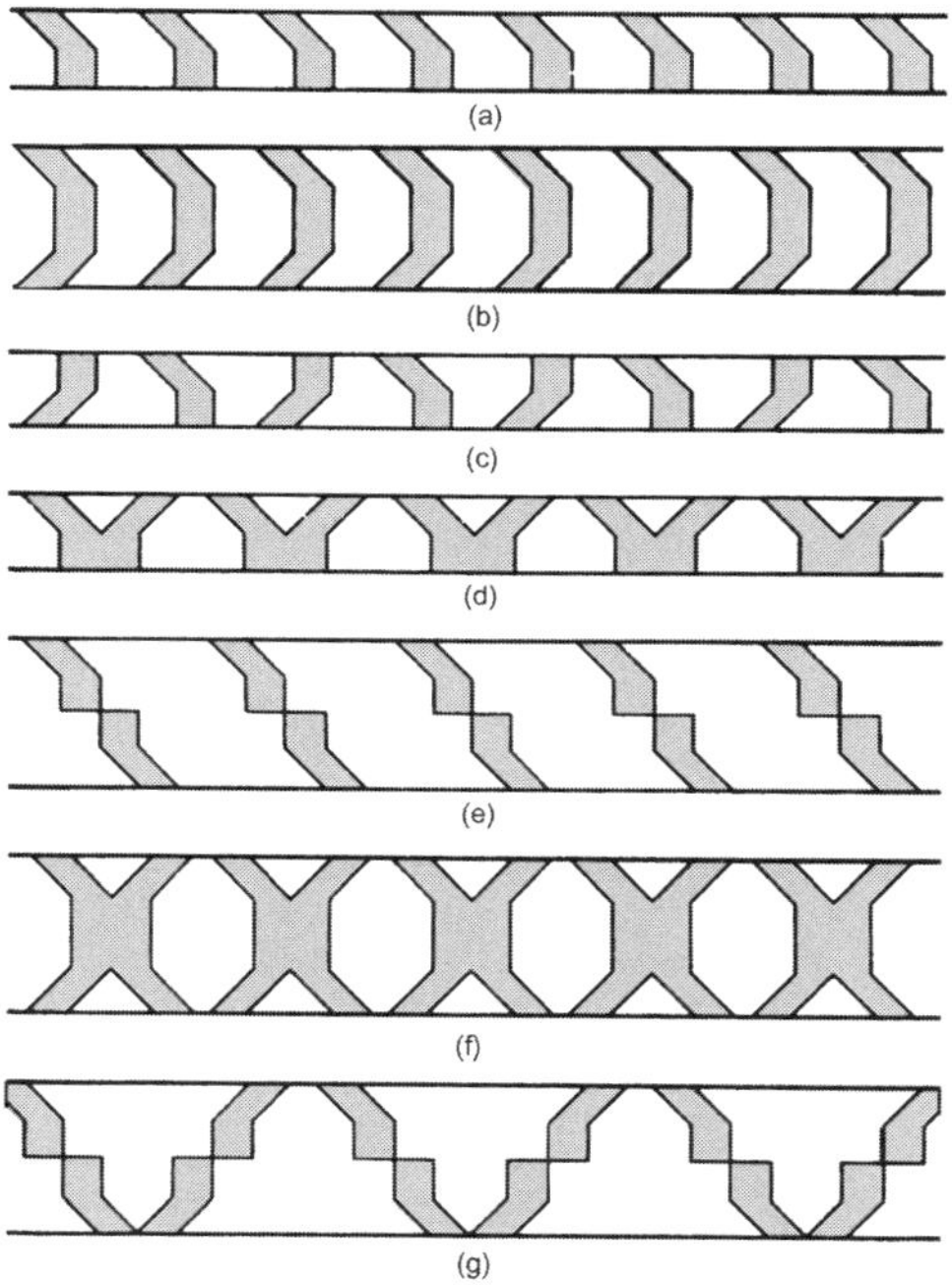

ここまで、一色のみの（白い紙に黒で描いた）フリーズだけに注目してきた。使う色を増やせば、可能性はもっと広がるだろう。色の数が奇数の場合（これまでの例のように黒一色だけの場合など）、別個のフリーズのパターンの数は7のまま変わらない。色の数が4で割り切れる場合、ありうるフリーズの数は19となるが、色の数を4で割ると余りが2となる（もしくはマイナ

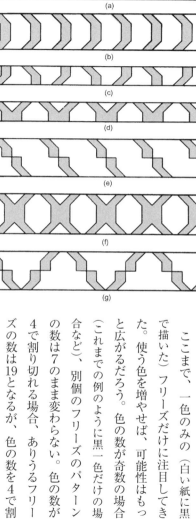

ス2）場合、相異なるフリーズの数は17に減る。

竜と不死鳥の絨毯、小アジア

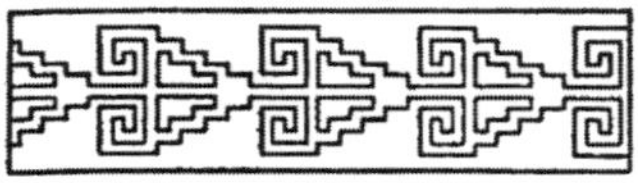

石造りの格子細工、メキシコ、ミルタにある寺院

壺型飾りのあるギリシアの格子細工

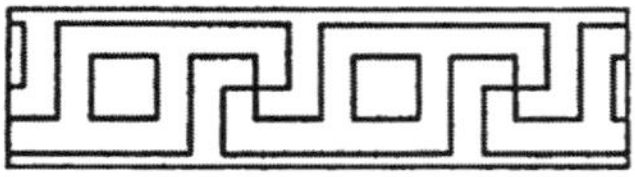

ギリシアの格子細工

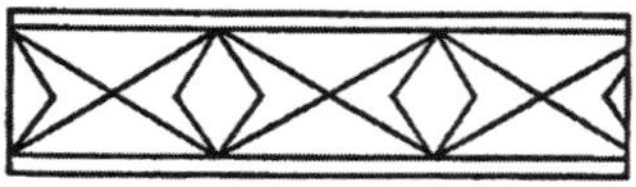

ポンペイ式のモザイク

磁器に描かれた中国の装飾

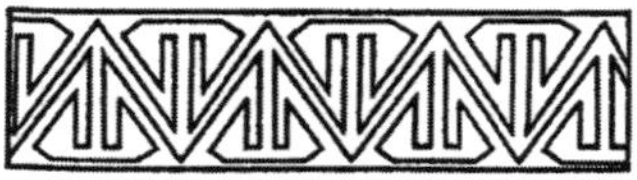

現代の敷物

31 ガーキン

ロンドンのシティにある最も斬新な現代建築と言えば、サーティ・セント・メアリー・アクスだ。かつてはスイス再保険ビルと呼ばれていたが、二〇〇六年に六億ポンドで売却され、今では松ぼっくりとか、単にガーキン〔ピクルスに使われる小さなキュウリ〕とかの名前で呼ばれている。チャールズ皇太子が見るところ、このビルは、目障りなタワーがロンドンの地に林立するという症状のひとつだという。設計を手がけたノーマン・フォスター・アンド・パートナーズ社は、現代を代表するビルだと宣言し、二〇〇四年には、この人目を引く作品のおかげで英国王立建築家協会（ＲＩＢＡ）スターリング賞を受賞した。ガーキンのおかげで、スイス再保険会社は世間の注目を浴び（しかもビルの売却益として三億ポンドを手にした）、シティの伝統ある景観にタワーがあるのは好ましいかどうかという論争が広く行われるきっかけとなった。残念ながら、ガーキンが美しい建物かどうかの論争には決着がついていないものの、確実に言えるのは、スイス再保険会社にとっては最初からいささか当てはずれになったことである。同社が占めるのは全34階のうちの地上15階までだったが、ビルの残り半分を他の企業に丸ごと貸すことができないでいたからだ。

ガーキンの言わずと知れた最大の特徴は、大きいという点にある。高さは何と180メートルもある。これほど大規模なタワーを建てると、構造上および環境上の問題が発生するが、その点は数学的なモデルで軽減できるようになっている。このビルの優雅な曲線の輪郭は、美しさの追求とか、あっと言わせて物議をかもしたいという、ガーキン好きの設計者の情熱だけでできあがったものではない。今日では、大きなビルの精巧なモデルをコンピュータで作成し、風や熱への反応や、外部からの風の取り込み、地上の通行人に与える影響などを調べることができる。二〇一三年九月二日、ロンドンのフェンチャーチ・ストリート20番地に新たに建築された高層ビル、通称ウォーキー・トーキー〔トランシーバー〕が太陽光を強烈に反射し、通りの向かい側に駐車していたジャガーの車体の一部を溶かしてしまった。[1] 設計のひとつの面を修正すると、他の多数の面に影響が及ぶ。たとえば、建物表面の光の反射に手を加えると、室温と空調の要件が変わってくるとか。そのすべての影響を、このビルの高性能なコンピュータシミュレーションを使えば一度に見ることができる。現代的なビルのような複雑な構造を設計するには、「一度にひとつのことをする」やり方ではだめで、たくさんのことを一度に片づけないといけないのだ。

1階が最も細く、17階で最も大きく膨れ、階を上がるにつれまた少しずつ細くなっていく先細の形は、このコンピュータモデルによる研究を受けて選ばれている。従来の高層ビルでは、地上のビル周辺にある狭い通り道に風が送り込まれる（ちょうど、庭のホースの口に指を少しかぶせるようなものだ――口が狭くなった分、圧力が高まり、水の流れが速くなる）。そのおかげで、通行人や、ビルの中の人たちがひどいめにあうことがある。まるで風洞にいるように感じるのだ。地上付近でビルを細くすると、風の通り道があまり妨げられなくなり、こうした望ましくない風の影響が減る。上半分を細くすることにも、重要な意味がある。従来どおり先細ではない背の高いビルの横に立って地上から仰ぎ見ると、ビルが大きくのしかかってきて、空の大部分が覆い隠される。先が細くなる設計だと見える空が広がり、ビルのすぐそばの地上から見ると最頂部は見えないから、建物に押しつぶされるような感覚が少なくなる。

このビルの外観のもうひとつの目立った特徴が、横から見た形が正方形や長方形ではなくて、丸いということだ。これもまた、ビルの周囲の空気の流れを遅くして一定させるのに都合がいい。またそのおかげで、通常以上に環境に配慮したビルにもなっている。外部から建物内部に通じる大きな三角形の開口部が各階に六個ずつ作られている。ここから建物の中央部にまで光が入り、自然の通気が確保され、従来ほど空調が必要でなくなり、同程度の規模の標準的なビルと比べてエネルギー効率が二倍に改善される。これらの開口部はすべての階で同じ面に縦にそろって設置されるのではなく、上下に少しずつずれて回転していくようになっている。このために、建物内部へ風が吸引される率が上がる。こうやって階ごとに六つの開口部を少しずつずらすことで、人の目をぱっと引く、あのらせん模様ができている。

遠くから丸い外観を眺めると、個々の壁面のパネルが湾曲しているという印象を受けるかもしれない——さぞ、建設が複雑で費用もかかるだろうと。だが実際には違う。曲がっているのがわかるほどの距離と比べれば、パネルはとても小さく、四角い平らなパネルをモザイク状に並べれば、十分に曲線に見える。パネルを小さくすればするほど、外観がなす曲線の良い近似になる。カーブをなす向きの変化は、パネルとパネルをつなぐ角のところで作られている。

1. http://www.bbc.co.uk/news/uk-england-london-23930675.

32　両方に賭ける

あるできごとの結果について異なる予想をしている二人以上の人と勝負をするとき、実際の結果がどうなっても差し引きすれば自分が儲かるように、各人と個別に賭けをすることが可能な場合がある。アントンはFAカップ決勝戦でユナイテッドが5／8の確率で勝つと考えていて、ベラはシティが3／4の確率で勝つと考えているとしよう。アントンとベラはどちらも、儲けの期待値がプラスになるような結果に賭けるだろう。

そこで、あなたがアントンに、ユナイテッドが勝ったらあなたが二ポンド払い、そうでなければアントンがあなたに三ポンド払うという賭けをもちかける。アントンはこの申し出を受け入れる。期待される利益が $2\times\frac{5}{8}-3\times\frac{3}{8}=0.125$ ポンドと、プラスの結果になるからだ。一方ベラには、シティが勝てばあなたが二ポンド払い、そうでなければベラが三ポンド払うという賭けをもちかける。ここでもベラはこの賭けに乗る。期待される儲けが、$2\times\frac{3}{4}-3\times\frac{1}{4}=0.75$ ポンドとプラスになるからだ。

この賭けであなたが負けることはありえない。カップ決勝戦でシティとユナイテッドのどちらが勝とうとも、アントンかベラのどちらかから三ポンド受け取り、残る一人に二ポンドだけ払うことになる。どうなっても必ず一ポンドが懐に入る。なぜなら、一方の賭けで損をしても、もう一方の賭けの結果で埋め合わせされるようなやり方で賭けを「保護《ヘッジ》」したからだ。[1] これがヘッジファンドの行う投資の基本にある。ただしこちらの投資ははるかに大規模で、コンピュータを操って複雑な手法を高速で駆使している。しかし根本的には、同じできごとについての期待値の差異を利用して、損するリスクがあっても、全体としては損が出ないようにヘッジをかけている。あいにく、この戦略が世間に露呈すると、不道徳きわまりないとまでは言われなくても、おおいに不満を抱かれるかもしれない。ゴールドマン・サックスは、顧客に対して、同社自身が回避しているほうのオプション――要するに損をするとふんでいるほう――に投資するよう勧めていることが暴露されて、まさしくそのことが露見した。

1．「賭けを分散《ヘッジ》する」という言い回しの起源は四〇〇年近く昔にある。どうやら、ある種の金融リスクや負債を有利な方の内部に完全に取り込むという考え方から派生したらしい。つまり、自分の土地の周囲に生け垣《ヘッジ》を巡らすように、リスクや負債を安全のためにヘッジで囲うのだ。

33　劇場での無限

　ある積極的な劇場が観客の数を増やすために、チケット一枚を購入するごとにクーポン一枚を進呈することにした。クーポンを二枚集めれば、どの演目も観られる無料のチケットが一枚もらえる。つまり、チケットを一枚買えば、その価値は実際にはチケット一枚半に相当することになるが、余分についてくるチケット二分の一枚は、もう一枚のチケットの一部として行使した場合、さらにクーポンを二分の一枚もらえることになるので、実際にはさらにチケット四分の一枚の価値があることになり、ということはさらにチケット八分の一枚の価値がある……と永遠に続く。この特別サービスでは、最初にもらうクーポンの価値が実のところクーポン$\frac{1}{2}+\frac{1}{4}+\frac{1}{8}+\frac{1}{16}+\frac{1}{32}+$……枚に相当することになる。この級数の項は果てしなく続く。各項の大きさは前の項の半分だ。この無限級数の和の行き着く先は、友人二人を連れてチケット売り場に行く以上の数学をしなくても導き出すことができる。

　友人二人を連れて劇場に行き、チケット二枚を買う。クーポンを二枚もらうが、これを使えばチケット二枚分のお金で三枚めのチケットを手にすることができる。つまり、クーポン二枚の価値がチケット一枚に相当するということであり、したがって、先ほどの無限級数の和は1にならざるをえない。ゆえに、チケット一枚分の価値は$\frac{1}{2}+\frac{1}{4}+\frac{1}{8}+\frac{1}{16}+\frac{1}{32}+$……となるしかない〔先頭の1／2が、最初の一枚のチケットによるクーポンの価値で、以降の部分が、それを行使したときに得られる余分のクーポンをチケット何枚分かで表した価値〕。

これを1×1の大きさの正方形の紙で具体的に考えることもできる。この紙の面積は1×1＝1。ここで紙を半分に切り、片方の半分をまた半分に切る。このように永遠に紙を半分にしていくとしてみよう。紙の総面積は、またもやあの$\frac{1}{2}+\frac{1}{4}+\frac{1}{8}+\frac{1}{16}+\frac{1}{32}+$……の級数になるため、正方形の面積である1になるしかない。

34 黄金比に（で）光を当てる

一本で100ワットの電球が姿を消したことは[1]、私のように読む量が多い人間にとって残念な知らせだった。これに代わるものとして、同じひとつの電球から別々の明るさを提供するフレキシブル電球がある。こうした電球は内部に、たとえば40ワットと60ワットのフィラメントを単独に、あるいは両者を組み合わせて動作する二本のフィラメントがある。これにより、二つのスイッチを同時に入れれば第三の明るさ60＋40＝100ワットが実現する。ここで大事な設計上のポイントは、三つの設定（強、中、弱）の明るさができるだけ違って見えるようにフィラメントのワット数を選択することだ。出力を100ワットと120ワットにしても、よいことはまったくない。この二つの違いはほとんど認識されないからだ。私がこれまでに見たことのある古いタイプの電球では、60ワットと100ワットのフィラメントをそれぞれ弱と中の明るさに用い、もうひとつの明るさ（強）を160ワットとするものがあった。フィラメントの電力の最適な選択肢は何なのか。

二本のフィラメントの出力をそれぞれA、B、A＋Bワットとしよう。明るさの間隔がきれいに均整の取れたものにするためには[2]、A＋BとBの比をBとAの比と同じにしたい。したがって、

$$(A+B)/B=B/A$$

となる。これはすなわち、

$$(A/B)^2+(A/B)-1=0$$

という意味である。この簡単な二次方程式を解いてA/Bの量を求めることができる。解は次のとおり。

$$A/B=\frac{1}{2}(\sqrt{5}-1)=0.62$$

この有名な無理数[3]、小数第二位までをとって$g-1=0.62$となるgは「黄金比」と呼ばれており、長く、ときにはとても謎めいた歴史がある。この数は、ここでの話にとっては、三段階調光機能付きの電球において、明確な差はありながら調和の取れた三段階の明るさを作るための理想的な比であるらしい。62ワットと100ワットの電球があれば、出力がちょうど62ワット、100ワット、162ワットという数列になる。実際には、62を60に丸めると、黄金比の系列のとてもよい近似になり、明るさの設定はそれぞれ60ワット、100ワット、160ワットとなる。

三つの異なる光の強さをもつ電球を使って五段階調光の電球を作ってみたいとしよう。同じ原則を用いて、基本となる電球を最適に選択できるだろうか。電球にA、B、Cという名前をつければ、A、B、C、A+B、B+Cの五つの値についての均整の取れた値の数列を探すことになる。$A=(g-1)B$にしたいことはすでにわかっているので、$B/C=(A+B)/(B+C)$となるように選択することで要件を満たすだけでよい。

こうなるにはB＝(g－1)²C＝0.38Cとなる必要があるため、新しい電球にはC＝263ワットを選ぶのがよく、五つの均整の取れた明るさの「黄金」数列はA＝62、B＝100、A＋B＝162、C＝263、B＋C＝425ワットとなる。それぞれは、その上の明るさの照明レベルに対して0.62倍になる。

ここで作用している原則は電球よりも広く、音楽や建築、絵画、デザインの多くの面にある調和の取れた作図のしかたを照らし出す。

1. 電球にワット数で印刷されている定格電力は、標準電圧（ふつうこれも電球に印刷されている）、イギリスなら二三〇ボルトに接続された場合に電球が使用するとされる電力である。定格電力は、電球を接続する電気回路とは関係なく、同一の定格電圧向けに製造された二つの電球があれば、抵抗が低い方の電球が使用電力が多くなる。

2. 出力は明るさと同じではない。私たちは明るさのほうを感じ取る。明るさは電力のワット数に比例して変化するため、最適な電力比は、最適な明るさの比と同一である。

3. これは果てしなく続く小数、0.6180339887…である。ここでは小数第二位に丸められ、1/gに等しい。

35 魔方陣

一五一四年、アルブレヒト・デューラーの有名な作品「メランコリアI」はヨーロッパで初めて、絵画に魔方陣《マジックスクエア》を登場させた。こうした「魔法の」作図は早くも紀元前七世紀の中国や今のイスラム圏にあった文化に見られ、初期のインドの芸術や宗教の伝統の中で複雑に発展していった。数の入った方陣とは、最初のn個の自然数を正方形に並べたものであり、$n=9=3^2$の場合、1から9までの数が3×3のマス目に並べられ、n=16の場合、1から始まる一六個の数が4×4のマス目に並べられるというように続いていく。正方形が「魔」方陣となるのは、すべての行、列、対角線上の数の和がどれも同じになるように数を配置できたときである。次に3×3の例を二つ挙げる。

4	9	2
3	5	7
8	1	6

2	7	6
9	5	1
4	3	8

二つの例のすべての行、列、対角線上の数の和がどれも15になることがわかる。実際、二つの方陣はまったく同じものだ。下の方陣は、上の方陣を反時計回りに九〇度回転させたものであり、区別できる3×3の魔方陣はこれしか存在しない。

n×nの魔方陣が作成できるとすれば、直線上にある数の和は次の「定和」に等しくなる。[1]

$$M(n)=\frac{1}{2}n(n^2+1)$$

先ほどの例にあったように、$n = 3$ の場合、この数は15になることがわかる。3×3の魔方陣はひとつしかないが、4×4の相異なる魔方陣は880種あり、5×5となると2億7530万5224種、6×6の場合には10^{19}を超える数がある。

4×4の方陣を作図しようとなるといっそう難しくなる。それでも複数の文化において、はるか昔に作られた例が見つかっている。インドのカジュラーホーにあるジャイナ教のパールシュバナータ寺院には一〇世紀に作られた有名な例がある。こうした方陣が存在するということは、調和が取れ、自己完結的に成り立つ数学的な対象について瞑想することに、宇宙的、宗教的な意義が付与されていたことの証しである。デューラーの作品「メランコリアI」に描かれた有名な魔方陣も4×4の方陣であり、[2] 定和（一列に並ぶ数の和）$M(4) = 34$ である。

16	3	2	13
5	10	11	8
9	6	7	12
4	15	14	1

この魔方陣には、もうひとつしゃれた細部もある。最下段の行の中央にある二つの数をつなげると作品が描かれた年、1514となり、外側の二つの数4と1をアルファベットの四番めの文字（D）と最初の文字（A）とみなすと作者の名前Dürer, Albrechtの頭文字になるのだ。

宗教絵画や象徴で魔方陣を崇めることは今日でも続いている。バルセロナにある有名な未完の大聖堂サグラダ・ファミリアの「受難」のファサードはジュセップ・スビラクスによる彫刻で飾られているが、そこには一見すると魔方陣のように見える部分がある。すべての行、列、対角線の数の和が33、すなわち、この門にある彫刻群で表現された受難の時期にイエス・キリストがそうであったと伝えられている年齢となっている。しかし、もう一度見直そう。これ

1	14	14	4
11	7	6	9
8	10	10	5
13	2	3	15

は魔方陣ではない（魔方陣だったら数の和は34になっていただろう）。12と16が見当たらない代わりに、10と14が二回使われている。

もっと違う作図をすれば、スビラクスは数の重複を避けることができただろう。たとえばQという同一の量を魔方陣のすべてのマス目に加えれば、行と列、対角線上の数の和はこれまでと同じく同一になるだろうが、方陣にある数はもはや、最初の連続したN個の自然数ではなくなる。3×3の魔方陣のすべてのマス目にQを加えれば、[3]新しい定和は15＋3Qとなり、Q＝6を選択すれば33に等しくなる。この新しい方陣では数の重複は避けられるが、Q＋1＝7で始まる九個の連続した数が使われる。117ページに挙げた最初の3×3の例にあるすべてのマス目に6を足してできた新しい方陣を次に示す。さらなる数秘学的な意味があるかどうかの推理は、読者の頭の体操のためにとっておこう。それはそれとして、今時の新聞で数独パズルを解いてみたら、魔方陣がいかに非常に多くの人々のあいだに浸透し、中毒作用を持つようになってきたらしいかがわかるだろう。

10	15	8
9	11	13
14	7	12

1. 最初のk個の自然数の和が $\frac{1}{2}k(k+1)$ であり、したがって、n×nの魔方陣のいずれの行、列、対角線上の数の和も、この公式で $k=n^2$ とし、結果をnで割ることで求められるから。
2. これを三次元に拡張して魔法立方体を作ることもできる。
3. これは4×4あるいは5×5の方陣ではできない。なぜなら、そうした場合には、$33=1/2n(n^2+1)+nQ$ の解となる自然数Qがないからである。Q＝6という選択は、n＝3の方陣の場合の解。

36 モンドリアンの黄金長方形

オランダ人画家のピエト・モンドリアン（あるいはモンドリアーン）[1]は一八七二年に生まれ、美術史上の大きな変化の時代を生き、足跡を残した。風景画家として出発した後、最初はキュビスム、フォービスム、点描画法などの抽象画のいくつかの形式に影響を受けたが、ほとんど公理というべき、あらかじめ定められた制約にのっとったような、図形や色の芸術的な扱い方を開拓した。それにもかかわらず、その作品は比較的単純だったため、二〇世紀後半に人気が高まり、パターンの構造に関心を抱く数学者の目を引くことが多かった。モンドリアンは他の芸術様式にも興味を抱いていたが、まもなくそれに代わって神智学に傾倒するようになった。そうしたさまざまな宗教的観念から一九一六年、モンドリアンらが「ザ・スタイル」（元のオランダ語では「デ・スティル」）と呼ぶひとつの芸術哲学が生まれた。モンドリアンは、デ・スティル式の作品の作り方についていくつかの美学的規則を設けた。以下の規則は非具象的美術形式の原則となり、モンドリアンはそれを新造形主義《ネオプラスティシズム》と呼んで、建築や家具の設計、さらには舞台装置の作製にも適用した。

1. 赤と青と黄色の原色、もしくは黒と灰色と白だけを使う。
2. 面と立体の形には長方形の面と角柱だけを使う。
3. 直線と長方形の面を使って構成する。

4. 対称性を避ける。

5. 対置を利用して美的バランスを取る。

6. 均整と適所を利用して釣り合いとリズム感を作る。

これらの原則が、純粋色で構成された純粋に幾何学的な芸術形式の探究へとつながった。第二次世界大戦初期の頃、ロンドンに二年間滞在してからマンハッタンに移り、画家としての最後の数年間を過ごし、一九四四年にその地で亡くなった。

モンドリアンの作品では、縦と横に引かれた太く黒い線が目立つ。線が交差することで長方形が生まれる。その網目に黄金比（34章を参照）が使われるところが、モンドリアン作品によく見られる趣向である。そこには多数の黄金長方形が含まれており、その縦横は有名な黄金比 $\frac{1}{2}(1+\sqrt{5})=1.618$ に近い。

先の図を見れば、黄金長方形に近いものを探すことができる。こうした長方形の辺の比は、果てしなく続くフィボナッチ数列

1, 1, 2, 3, 5, 8, 13, 21, 34, 55, 89, 144, 233, 377…

の隣り合う数どうしの比となっている。このフィボナッチ数列にある二番め以降のそれぞれの数は、直前にある二つの数の和となっている。こうした隣り合う数の比は、数列を先に

進むにつれ、黄金比に近づいていく（たとえば、3/2＝1.5、21/13＝1.615、377/233＝1.628）。したがって実際には、描かれた線に幅はあるが、フィボナッチ数列の隣り合う数を使って長方形の辺の長さを決めたなら、モンドリアンの長方形のほぼすべてが黄金長方形のようになる。そのうえ、フィボナッチ数列に見られるこの特徴は、さらに一般的な性質の特殊な例にすぎない。フィボナッチ数列において距離D（たとえば隣り合う数を選ぶことは、D＝1とすることに他ならない）だけ離れている数の比を見ると、数列を先に進むにつれ、その比は急速に黄金比のD乗、1.618^D に向かっていく。[2]

この知識を利用してモンドリアンの作品にある長方形を細かく調べ、紙やディスプレイ上で自分独自の作品を作ることができる。子どもにはうってつけの遊びだろう！　モンドリアンは長方形に色を塗る場合もあるが、ほとんどは白の地を残している。色を塗る場合には、釣り合いの原則を適用しなければならない。視線をカンバスの一部に集中させるために、異なる色は一か所に集めず、対置する。その結果、数秘術の縛りがかかった創造性の興味深い組み合わせとなる。

1．国際的に知名度が高まっていった初期の頃、モンドリアンは自分の姓を、もとのオランダ語らしい綴りMondriaanから、今日知られているMondrianへ変えた。

2．比 F_{n+D}/F_n の極限は、nが大きくなるにつれ G^D に近づく。F_n はn番めのフィボナッチ数、Gは黄金比、Dは任意の自然数。

37 タイルでモンキーパズル

浴室や庭のパティオの床や壁に貼られる種類のタイルは誰でもよく知っている。そうしたタイルは一般的に正方形や長方形をしており、たいして雑作なく並べられる。ただし、絵柄が印刷されていて、隣り合うタイルの柄とぴったり合わせなくてはならないような場合は別だ。昔の子ども向けパズルの場合がそうで、この平面的なパズルがルービック・キューブへ、さらには現代のコンピュータを使ったパズルへと発展した。

「モンキーパズル」とは、猿の体の半分が、体の向きが2通りありうるようにして、それぞれに異なる色で四つ印刷された正方形のカード9枚からなる。

猿の体の半分と半分をぴったり合わせ、全身が同色の猿ができるように正方形を並べるというゲームだ。たいていは少し試行錯誤をすればこの問題が解けるが、初心者ではかなり長い時間がかかる場合もある。どれだけの可能性を扱わなければならないか、考えてみよう。最初のカードを選ぶには9通りあり、それぞれの選択に対して2枚めのカードを選ぶには8通りあり、3枚目のカードを選ぶには7通りあり、というようになる。ところが、それぞれのカードを選んだ後に置く向きは、四通りある中のひとつになる。つまり、最初のカードがどのように見えるかは9×4＝36通りある。すべてひっくるめると、カードを3×3のマス目に並べるには、9×4×8×4×7×4×6×4×5×4×4×4×3×4×2×4×1×4＝362,880×4^9＝362,880×262,144＝95126814720（950億以上）通りがありうることになる。[1]

こうした数から、この種の問題を解こうとする（そして結構成功する）場合、950億以上の可能性を全部きちんと調べて、そのうちのどの選択肢において、すべての猿の体が同色でぴったりつながるかを見つけるという方法を取っていないことがわかる。私たちはまず、最初のカードを置き、それに他のカードをつなげてみる。先に進むにつれ、ときには前に戻り、以前の段階で選んだカードを外し、次の段階でも絵柄がぴたりと合うように工夫する。つまり、各段階で少しずつ学習をしているのであって、すべての可能性の中からランダムに探索しているだけではないのだ。

この単純なパズルから生じる可能性の数はまさに天文学的で、銀河系にある星の数に近い。5×5のマス目に25枚のカードを並べるこれより大きなパズルをするとしたら、世界最速のコンピュータを使っても、選択肢をひとつずつ調べるには宇宙の年齢の何十億倍もの時間がかかるだろう。

タイルを並べるパターンにおいてありうる順列を調べて何かを装飾するあれこれの方針は、同様に巨大な数の可能性が利用できる。それは、他の色を加えるとか模様を考えるとかいったことをしなくても、人間の頭にとっては、実際的にはどこから見てもきりがない。しかし、たいしたことのなさそうなものでも、計算にはとても長い時間がかかる、あるいは困難になりうることも示している。段階をどれだけ踏んでも、新しいことはまず出てこない。そういうものの中で何より興味深いのは、いったんモンキーパズルの正解に気づいてしまえば、一瞬にしてそれが解であることが確認できるということだ。

1. N枚の小さい正方形があり、それぞれが四つの向きをとりうる場合、ありうるパズルの配置例は$N! \times 4^N$ということになる。ここではN＝9の場合について計算している。ただし、最終的な四つの解は実際には同一であることに注意。なぜなら、パズル全体を90度、180度、270度、360度回転させることに相当するからである。これは、異なる方向からパズルを見ることに相当する。

38 快い音

人が音の何を好むかを初めて数量的に理解したのはギリシア人だとされている。弦楽器を使ったあれこれの実際の経験から、弦の長さを半分にしてかき鳴らすといわゆる「オクターブ」という魅力的な音程が生まれることがわかった。この場合の音波の周波数の比は2対1である。弦の長さのうち$1/3$を取り去れば、「完全五度」と呼ばれるこれもまた魅力的な音程が生まれる。こちらの音の周波数比は3対2だ。

ピュタゴラス派という哲学と数学の一派の数の扱い方は今の数学者とは違っていた。数それぞれに、それぞれ固有の意味が備わっていると考えていたのだ。たとえば、七らしさとされる意味があり、自然界にあるすべての七が含まれる量はその意味によって結びつけられている、というように。音楽の音に数が深く埋め込まれているという発見は、ピュタゴラス派の人々にとって深遠なる真実だった。周波数比3対2を単純に繰り返し用いることで、完全五度の音のみからオクターブにあるすべての音を作ることはできないかと考えるのは、ピュタゴラス派の人々にとっては自然なことだった。これは、2の累乗からなる自然数は、$3/2$の累乗からなる自然数と等しくなりうるかと問うことに等しい。すなわち、次の方程式の解となるような正の整数pとqがあるかどうかである。

$$(3/2)^p = 2^q$$

残念ながらこれを解くことはできない。なぜなら、2^{p+q}（必ず偶数になる）のような2の累乗が、3^p（必ず奇数になる）のような3の累乗に等しくなることはないからだ。しかし、この方程式にぴったりの解はなくても、非常に精度の高い近似の解はありうるため、波形の等号を書いてこの近似を示す。

$$(3/2)^p \approx 2^q \quad (*)$$

ピュタゴラス派は特に、$p=12$ および $q=7$ を選択すると、$2^7=128$ および $(3/2)^{12}=129.746$ となるため、非常に優れた「惜しい解」が求められ、これらがほぼ等しいと仮定することで生じる誤差は1.4パーセント未満であることに気がついた。7と12を選ぶと、素敵なことに、公約数がない（1を除く）ために、因数$3/2$を掛ける操作を繰り返しても、12回掛けた後にいわゆる「五度圏」が閉じるまでのあいだ、それまでに得られた周波数と同じ周波数が生じない。$3/2$を掛けてできる12の異なる周波数はどれもみな、$1:2^{1/12}$ によって求められる基本周波数——すなわち「半音」——の比の累乗になる。五番めの周波数は $2^{7/12}=1.498\approx 3/2$ となり、およそ半音7個分の間隔に等しい。1.5と1.498 のあいだのわずかな違いは「ピタゴラスの音程差《コンマ》」と呼ばれている。

$p=12$ と $q=7$ を選ぶことで得られる近似はまぐれ当たりのようにも見えるが、無理数の分数の近似を次々と正確にすることによって見当がだんだん良くなっていく規則正しい手法がある。[1] 先ほどのpとqの方程式（*）は、（対数をとると）次と同じである。

$$(q+p)/p = \log 3/\log 2$$

log3/log2を連分数として展開すれば、果てしなく続いていく。展開の最初の八段は次のようになる。

$$1+\cfrac{1}{1+\cfrac{1}{1+\cfrac{1}{2+\cfrac{1}{2+\cfrac{1}{3+\cfrac{1}{1+\cfrac{1}{5+}}}}}}}$$

どの時点でも数の階段を終わらせて、一個の分数にきれいにまとめることができる。この有理近似は、展開に多くの項があればあるほど正確になる。五つめの項で終わりにすれば、次の値が得られる。[2]

$$19/12 \approx \log 3/\log 2$$

これはつまり、(q+p)/p=19/12を選択する必要があるため、求められる選択肢はp=12とq=7となるということだ。六つめの項で終わりにして次に正確に近い有理近似を求めれば、(q+p)/p=65/41となり、p=41とq=24を選べばうまくいく。さらに進めることもでき、連分数の項の数を増やしてから一個の分数にまとめれば、pとqのさらに良い近似が得られる。

1. πの近似22/7は学校で習ってなじみのある例だろうが、これよりも355/113のほうがさらに近い。
2. 連分数に展開したものを、最初のひとつ、その次まで……と続け、得られる有理数近似を並べると、1, 2, 3/2, 8/5, 19/12, 65/41, 84/53……となる。

39 古いタイルから新しいタイルを作る

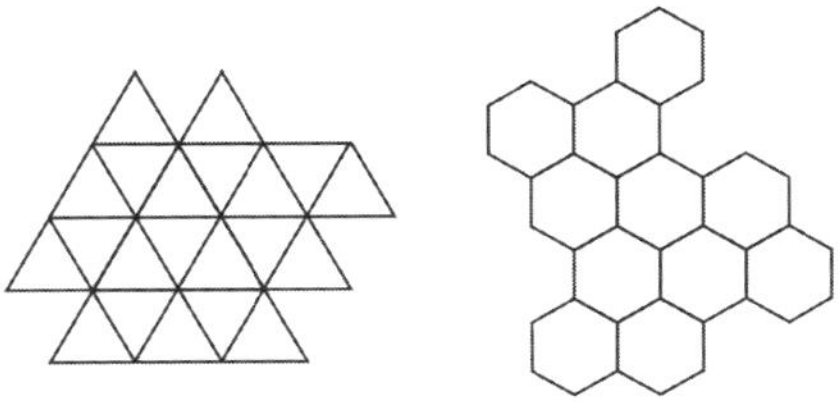

ときどき、複雑な問題について、既知の解をもっと簡単にするだけで、いっそう興味深い解が見つかることがある。平らな面（パティオの壁や床）に同一のタイルを格子状に配置して敷き詰める問題について考えてみよう。正方形や長方形のタイルならうまくできるが、あまりおもしろくない。それよりもう少し冒険ができるのは、正三角形や六角形のタイルで敷き詰める場合だろう。

タイルを回転させることが許されれば、別の敷き詰め方もできる。たとえば正方形や長方形のタイルを斜めに切れば、三角形のタイルとして敷き詰めたことになる。斜めに切る線の向きを変えることで、もっと変化を出すこともできる。私はこの種の模様が、ネイティブ・アメリカン文化の一部における布地のデザインによく見られることに気づいたことがある。

単純な正方形や長方形のタイルから移行するもっと珍しい別の方法がある。この場合、一定の制約を守る限り、どのような形のタイルを使ってもよい。まずは長方形のタイルから始める（正方形は特定の形の長方形、すなわち四つの等しい辺をもつ長方形にすぎない）。下のほうから何らかの形を切り取り、それを上にくっつける。同様に左側から何らかの形を切り取り、それを右側にくっつけ

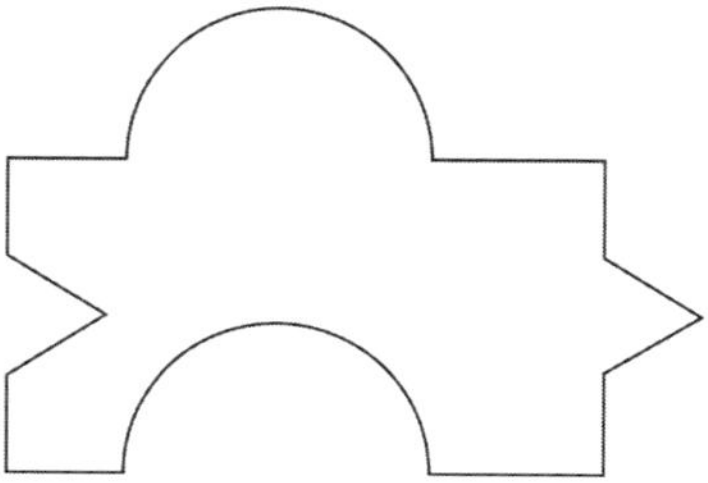

る。上の図が一例である。

この奇妙な形をしたタイル一式はつねにぴったりとはまり、どのような平面にでも、どこまでも敷き詰められる。配置を終えるときにだけ、困難が生じる。縁をまっすぐにしたいなら、これらのタイルのひとつの上部または横の部分を切り取るか埋めるかすることで簡単に縁を直線にでき、そうすれば全体の配置がきれいに完了する。

単純なタイルを複雑なタイルに変える、この非常にわかりやすい手法は、マウリッツ・エッシャーがいくつかのモザイク模様の作品で見事に用いたものだ。たとえば「黒と白の騎士」の図案では、馬に乗った騎士の形をしたタイルが、一行おきに白い騎士は左から右に、黒い騎士は右から左へというように進んでいる。かみあったタイルの形は実際にはひとつしかない。

40　９度の解決策

単純な幾何学が美しい図案《デザイン》を生むこともあるが、やっかいな設計《デザイン》の問題に思わぬすっきりとした解決策をもたらすこともある。単純なアイデアが思わぬところで使われる興味深い例が、航空母艦の飛行甲板の設計である。一九一〇年から一九一七年にかけてアメリカ海軍とイギリス海軍が停止中または移動中の艦船から飛行機を発着させようとするアイデアを初めて試した。それはかなり危険な試みだった。移動中の船に設置した甲板に飛行機を初めて着陸させた最初の人物は、同じ日のうちに、着艦事故で死亡した最初の人物となった。一九一七年には、イギリス海軍の「アーガス」のような大型艦はいずれにも、上部に全長を覆う平らな屋根のような飛行甲板が設置されていた。これが徐々に進化して、第二次世界大戦時のすべての航空母艦では、もっとおなじみの海に浮かぶ滑走路のような形態のものが標準となった。こうした航空母艦にはどれも滑走路が一本しかなく、それが発着両方に使われていたため、一度に発艦か着艦のいずれかしか行えなかった。直面した最大の問題は、着艦してくる飛行機を、発艦のために待機している機体の列に衝突しないように速やかに停止させるというものだった。最初は甲板員が駆けつけて、着陸した機体の各部をつかんで減速させていた。これが実際に行えるのは、機体が低速で軽量な場合に限られる。機体がどんどん重く高速になると、機体を捕らえるための金網が甲板に広げられた。最終的には、複数のワイヤー（一般的に6メートル間隔で4本）を使って飛行機の車輪を引っかけて、急速に減速させる方式が取られた。残念なことに、それでも大事故は頻繁に起こった。着艦する

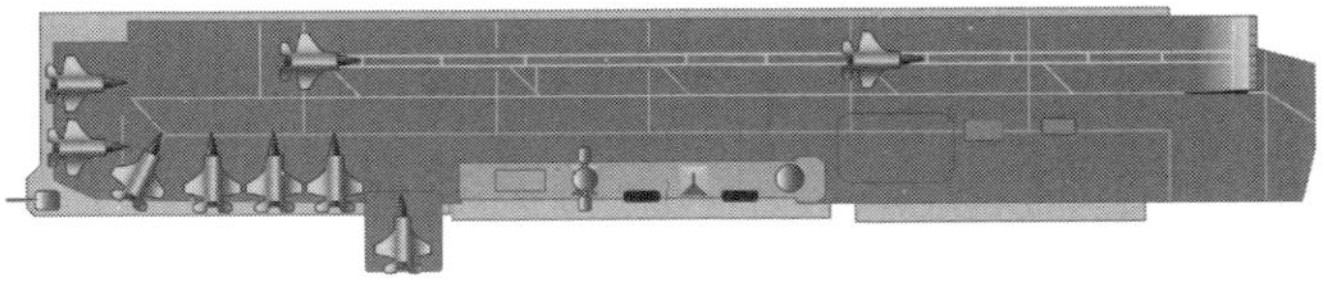

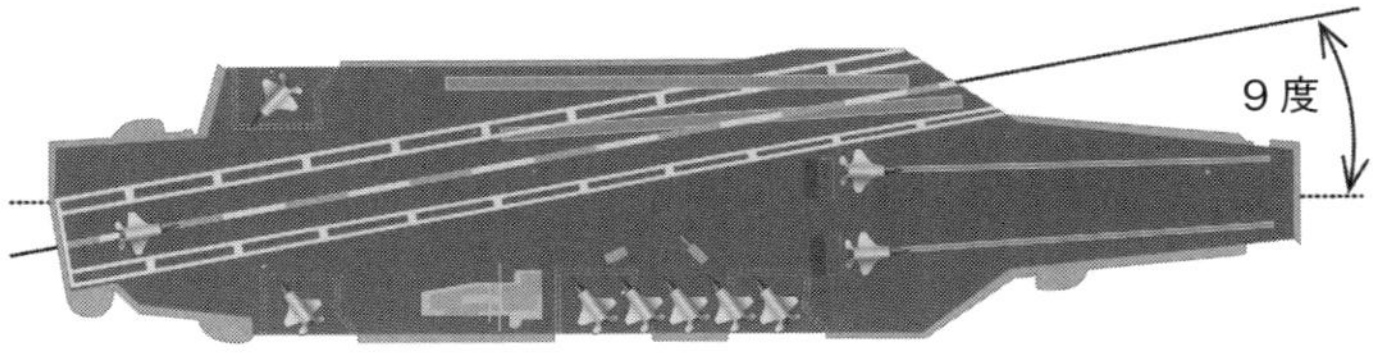

機体がワイヤー——さらには金網にも——に引っかかって跳ね上がり、停止している機体と衝突する場合があったからだ。さらに悪いことに、飛行機のパワーがさらに上がり、停止に必要な距離も長くなっていた。衝突の危険性は憂慮すべきほどに高くなり、金網自体もしょっちゅう機体による損傷を受けていた。

答えはいたって単純だった。一九五一年八月七日、イギリス海軍大佐（後の少将）デニス・キャンベルが、飛行甲板を船首に対して斜めにして（最も一般的な角度は9度）発艦待機中の機体を危険に巻き込まずに滑走路を端から端まで使って着艦できるようにするというアイデアを思いついたのだ。

これはじつに優れたアイデアだった。これで発艦と着艦が同時にできるようになった。着陸を試みている操縦士が滑走路を飛び出してしまいそうだと思ったら、ただ加速して再発進することができ、何かとぶつからなくてすんだ。一方、艦首近くの甲板の形状を変えることで対称性が加わり、離陸待機中の飛行機のための余分なスペースが生まれた。キャンベルがこれを思いついたのは、航空母艦着艦の安全性を議論する委員会の会合が始まるのを待っているときだった。後に、この新しいアイデアのささやかでも熱のこもった発表を準備したことを回想してこう言っている。「その発表をしたときは少々これみよがしだったのは認めるが、期待したような息を呑んで驚嘆し、喜ぶといった反応が返ってこなかったので少しむっとした。実際、委員たちの態度には無関心と軽い嘲笑が入り交じっていた」。幸い、王立航空機関から参加していた技術専門官のルイス・ボディントンがただちにキャンベルのアイデアの重要性を認め、まもなくこれが海軍の計画に採り入れられた。

一九五二年から一九五三年にかけて、多数の航空母艦が改装され、この角度をつけた甲板《アングルド・デッキ》が装備された。一九五五年にキャンベル自身の指揮で、初めてこの設計に沿って建造された空母が「アークロイヤル」であり、当初の角度は5度だったが、後に10度に変更された。

さらにもうひとつ、幾何学的な仕掛けが加わることになる。イギリス海軍は、離陸甲板の端に上方へと湾曲する部分を付け加えたのだ。標準的な角度はおよそ12度から15度。ふつうなら上昇速度が最小になる離陸の瞬間に揚力を増すことを目的としていた。この、オリンピックのスキージャンプ滑走路の最下部にある上向きの曲線に似ていることから「スキージャンプ」式と呼ばれる設計のおかげで、以前より重い機体でも滑走路を短くして離陸できるようになり、ジェット機が航空母艦から飛び立つために必要とされる滑走路の長さがほぼ半分になっている。

41　紙のサイズと手に持った本

9章で昔の写本における文章のレイアウトや紙面デザインの規範を見たなかで、中世において好まれていた縦横比Rが3|2であったことに触れた。後に製紙業者が紙面を製作したとき、これとは別の比R＝4/3が好まれた。一枚の紙を半分に折《フォールド》ってできたものは「フォリオ〔二折り判〕」と呼ばれる。

紙を折ってできた（上部）半分の長辺にあたる縦が3、横が2となるため、R＝3/2であることがわかる。これをまた折るか切るかすると（点線で）、そうしてできたページの縦が2、横が3|2になるため、またもやR＝4/3に戻る。紙を折り続けると、次々とできるページのRの値は、R＝3/2もしくはR＝4/3と交替し続ける。

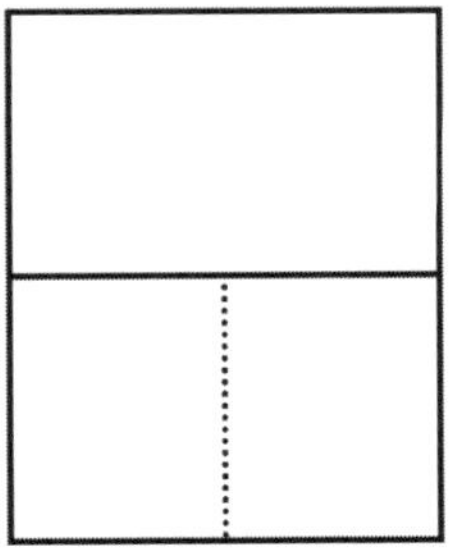

今日のRの値はこれとは異なり$R=\sqrt{2}=1.41$という、ある意味最適な選択がなされている。こうして2の平方根を用いた場合、縦横比が$\sqrt{2}$の紙を用意して半分に折ると、必ず同じRの値をもつ新しいページが得られる。紙を何回半分に折ろうとも、この整った性質は失われず、縦横比はつねに$\sqrt{2}$となる。これが当てはまる紙のサイズの比としては、この選択しかない。[1] たとえば、最初に横を1、縦をh、つまりはR＝hを選択したとする。ページを半分に切ると、縦が1、横がh/2、R＝2/hの新しいページができる。これがR＝hになるのは、2/h＝h、すなわち$h^2=2$の場合に限られる。

今や世界中（アメリカを除く）で国際的な標準となっている、おなじみのＡ判の紙のサイズは、面積が一平方メートル（m^2）に等しく、したがって縦が$2^{1/4}$m、横が$1/2^{1/4}$mとなるＡ０サイズから始まる。Ａ１、Ａ２、Ａ３、Ａ４、Ａ５と続く紙のサイズはどれも、縦横比が同じ$R=\sqrt{2}$となり、図のようになる。

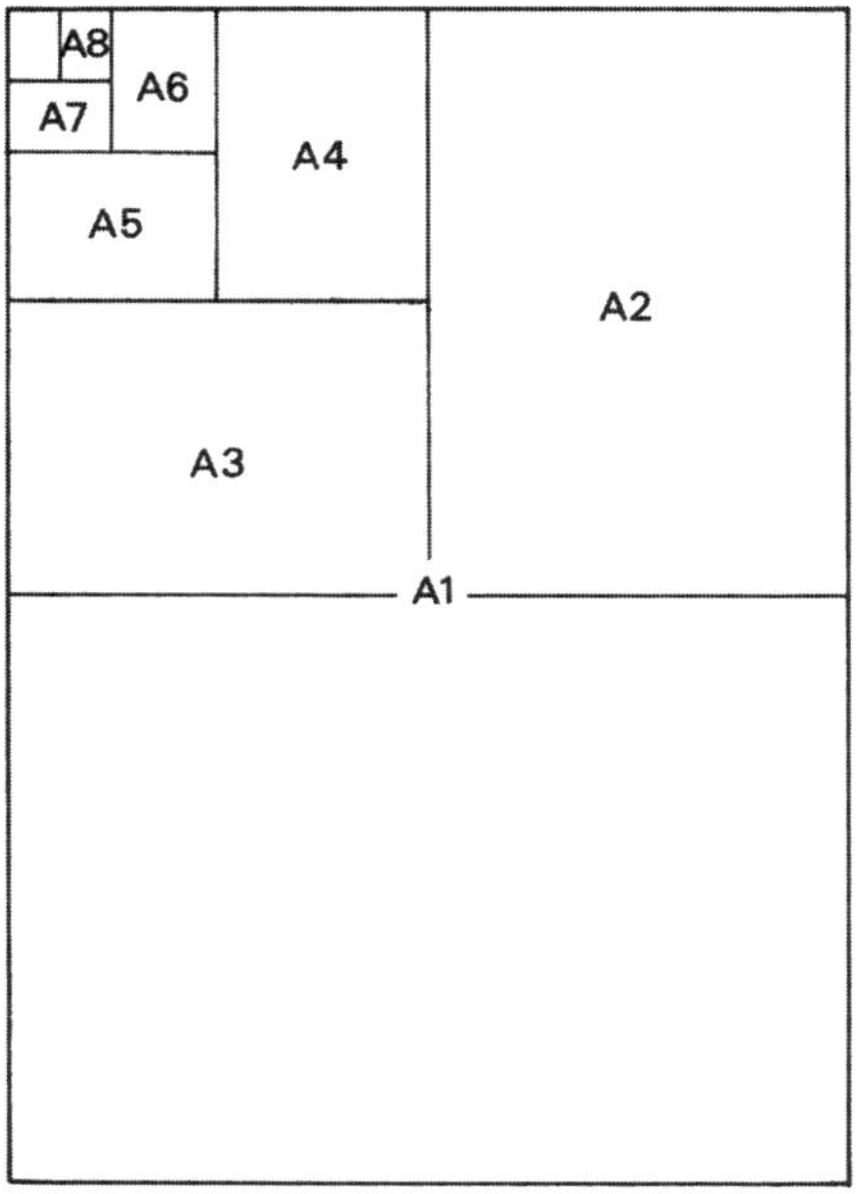

これが本になると、好まれる縦横比がまた変わる。インターネットからダウンロードしたり、ワープロで作成した原稿を通常のプリンタ（アメリカ以外では必ずＡ判の紙を使う）[2]で打ち出したりして自費出版した本を除き、Ａ判のページは本の場合にはふつう見られない。

検討すべき状況は二つある。本をつねにテーブルや書見台の上に広げて置いて読む場合――$R<1$の分厚い参考図書や教会にある大きな聖書、百科事典、横長の絵本の場合がそう――Ｒの比がどのようなものであっても扱いやすい。しかし、本を手に持った状態で読むなら、軽いほうが好ましい。また、ページの縦が横よりも長い（$R>1$）ほうがよい。さもなければ、指と手首がすぐに疲れてしまう。負担を軽減するために持つ手を絶えず変えたとしても。R＝1.5、あるいは有名な「黄金比」[3] R＝34/21、およそ1.62を選択すると、どちらの場合でも、横幅が長すぎるために生じるやっかいなトルクがかからずに、手のなかで容易にバランスを取れる本ができる。[4]

1．ページを二等分ではなく三等分したい場合、三等分した後は R＝3/h となり、これが最初のRの値に等しくなるのは $R=\sqrt{3}$ の場合に限られる。
2．こうすると、コピー機でA４の文書を縮小コピーしても紙のトレイを入れ替える必要が生じない。コピー機が提示する縮小率はふつう70パーセントで、これはおよそ $0.71=1/\sqrt{2}$ の率である。拡大する場合には140パーセントが提示され、これはおよそ $1.41=\sqrt{2}$ である。A４のページ二枚を $1/\sqrt{2}$ 倍のA５に縮小すれば、元の二枚はA４の紙に横に並んで印刷される。USのレターサイズには、この合理的な性質がない。
3．黄金比の正確な値は $g=\frac{1}{2}(1+\sqrt{5})=1.618\cdots$。分数34/21は、この無理数のとても優れた有理数近似である。G＝A/B＝(A＋B)/Aであれば、量AとBは黄金比の関係にある。すると $G^2-G=1=0$ となり、したがってGの解が得られる。
4．ごく小さい本になると、$R=\sqrt{3}=1.73$ あるいは 5/3＝1.67 が最も一般的な縦横比となる。

42 ペニー・ブラックとペニー・レッド

一八四〇年にローランド・ヒルが世に送り出したのり付きの郵便切手は、後から見れば、他にどうしようがあるのかと思うほど当然に思える驚くほどにシンプルなアイデアのひとつである。しかし実際には、昔は事情が違っていた。イギリスにおけるそれまでの郵便サービスは、不満だらけの非効率なものだった。金持ちや特権階級の人々はお金を払わずに手紙を手渡しで配達してもらっていたが、一般大衆は暴利をむさぼられていた。一八三七年、ヒルは、郵便事業の改善を目指す提案を「郵便改革、その重要性と実用性」と題した小冊子に記し、ロンドンからエジンバラまで手紙を送るために現在では送り主が1シリングと1½ペンスを払っているが、郵便局がそれを配達する費用は1／4ペンスもかかっていないと指摘した。[1] 原価の54倍にもなる！

郵便料金は、送る便箋の枚数で決められた。封筒も枚数に入るためあまり使われていなかった。郵便料金は受取人が支払うことになっており、手紙の受け取りを拒否した場合、お金は一切支払われなかった。この制度は簡単に不正ができた。手紙を送った相手が受け取りを拒否して料金を支払わなくても伝えたいことがわかるように、手紙のおもてに印や符号（大きさや色や形で識別する）を描くという不届きな送り主もいた。手紙が届いたということだけで、意図が十分に伝わる場合もあったかもしれない。

これらの問題を解決するためにヒルが提示した新しい案は、単純ではありながらそれまでなかったものだった。「模様を印刷できる大きさの紙の裏に粘着剤を塗り、少し水気を加えれば手紙の裏面に貼付できるもの」。つまりヒルが思いついたのは、のり付きの郵便切手というアイデアだったのだ。切手の代金は送り主が払い、イギリス諸島内であれば、どこからどこへ送っても手紙の配達料金は、二分の一オンス当たりわずか1ペニーだった。それでも、この前払い制と郵便利用の増加により、配達方式を不正にただで利用できなくなることと相まって、十分に利益が上がった。さらにもう一つの名案は、配達の効率性を高めるために玄関に郵便受を設置することだった。「郵便料金を集金するために各戸に立ち寄る必要がなくなるばかりか、玄関の扉が開くのを待つことさえまもなく不要になるだろう。各戸に郵便受が設置されれば、そこに配達人が手紙を差し入れ、ノックで合図さえすれば、すぐに次の家に向かうようになるだろうから」

高額な料金設定によって得ていた不当に高い収益を失うことを恐れた郵便局長と、無料のサービスを失うことを恐れた貴族たちから当初は反対されたが、ヒルの提案は広く大衆に支持された。反対していた人々は考えをしぶしぶ改めることを迫られ、一八三九年八月一七日、郵便料金法案が女王の裁可を受けて公布された。

新しい1ペニー切手の最適な図案を決定するコンテストが大蔵省によって開催された。何か月かのうちに図案が選ばれ、紙とインクとのりが定められ、標準となるペニー・ブラック切手のデザインが完成した〔背景色が黒だったことからこの通称となった〕。切手は一八四〇年五月一日に発売され、使用できるのは五月六日からだったにもかかわらず、その日だけで60万枚も販売された。[2]

当初、切手には目打ちがされておらず、240枚の切手が印刷された大きなシートから手で切り抜かなければならなかった（昔は1ポンドが240ペニーだった）。この紙には切手が横20行、縦12列に並んでおり、それぞれの切手には、シート上の位置を示す検査用文字が二つ印刷されていた。左下の文字は上から何行めかを、右下の文字は左から何列めかを示していた。

当局は不正使用を警戒していた。切手の再利用を防ぐために、切手が使用された際に消印を押す必要があった。残念ながら、黒い切手はこの点では最適な色ではなかった。黒いインクでは消印が見えにくく、切手が再度使われる恐れがあったからだ。この問題を解決するための一案として、マルタ十字の形をした赤茶色の消印が押されたが、赤いインクは容易に消したり見えにくくしたりできた。次に登場した二番めの切手、1/2オンス超の手紙用の2ペンス・ブルー切手のほうが黒い消印に適していた。後に一八四一年になり、1ペニー・ブラックの後継として1ペニー・レッドが発行された。こちらは、ふつうの黒い消印を押しても容易に読み取れた。

当局は別の種類の不正利用に頭を悩ませた。消印が切手の一部にしかかかっていなければ、しつこい犯罪者なら、使用済みの切手を大量に集め、水に浸して封筒からはがし、消印のついた部分を切り取って、別の切手の消印のついていない箇所と貼り合わせることができるのではないか――そして実際にそういう手口が発生した！　貼り合わせた切手にのりをつけ、新しい封筒に貼られたのだ。同様に懸念されていたのが、簡易な溶剤を使えば、切手の表面をほとんどはがさずに消印を消せるかもしれないということだ。ヒルは、消印に使う最適のインクを探すための実験に熱中した。

ひとつの簡単な解決策は、切手のほぼ全体を覆う大きな消印を押すことだった。もうひとつの解決案は、さらにすっきりしたものだった。

紙の上での位置を示す文字を切手の下の二つの隅にだけ印刷するという当初の制度（上の二つの隅に

は装飾目的の印が印刷された）が一八五八年に変更された。不必要なまでに複雑な提案がいくつかなされた後、ウィリアム・ボーケナムとトーマス・バウチャーが、上の二つの隅に文字を印刷し、それと同じ文字を左右入れ替えて下にも印刷するという、すっきりと単純な案にたどりついた。。したがって、上の左と右の隅にAとBと印刷した場合（Aはシートの上の最上段であることを示し、Bは最上行における二番めの切手であることを示すというように）、下の隅にはB、Aという順序で印刷する。

　これは優れた仕掛けだった。詐欺師が消印の押された二枚の切手のきれいな部分を単に貼り合わせて新しい切手に見せかけることができなくなったからだ。二つの切れ端をつなぎ合わせても、隅の文字が対にならない。上と下の隅に同じ対の文字がある切手を別々のシートから探してこられる可能性に備えて、シートの番号が、切手の両側の真ん中あたりに控えめに印刷された。この手法の組み合わせが、紙幣の通し番号、国民保険の番号、航空券の予約参照番号など、偽造されたり単に間違ってタイプされたりする恐れのある公的な「番号」が本物であることを示すために用いられる現在の検査用番号方式の先駆けとなった。チケットの番号にある数字どうしで簡単な検査をすること――たとえば、ある数をそれぞれの数に掛けた結果を足し合わせる、9で割った余りがつねに同じ数になるようにするなど――で、多くの間違いや偽造を予防することができる。

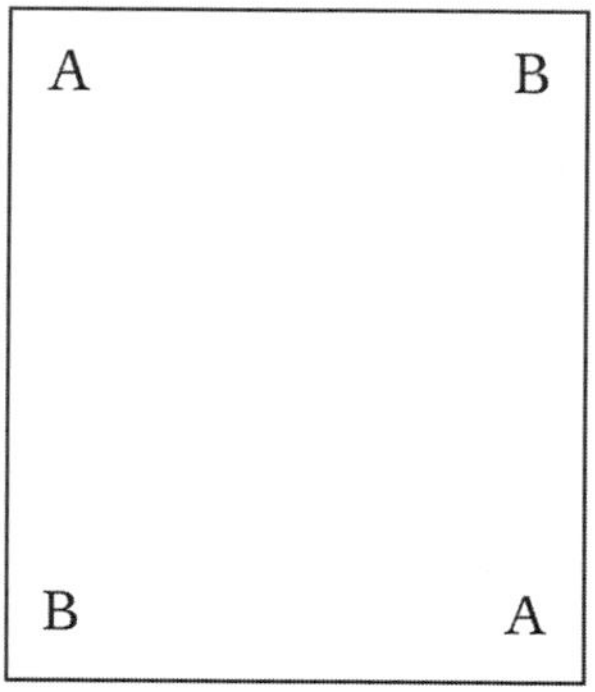

　切手用の新たな検査文字手法が簡易であり、ローランド・ヒル卿の承認をすぐに得られたとはいえ、1ペニー切手の新しい印刷

原版の製作は大変な仕事だった。切手の多大な需要に対応するために、各版で何百万枚もの切手を印刷してもなお、大量の版（合計で225枚）が必要となったからだ。その結果、新しい1ペニー・レッド切手はようやく一八六四年になって発売された。それほど使用されない2ペンス・ブルー切手は、わずか15枚の版で印刷できたため、最初の八枚の費用が出されて製作された後、一八五八年六月には印刷を開始することができた。その後、一八六四年以降、ヴィクトリア朝のすべての切手に新たな検査文字手法が採用された。実際、その遺産は今日まで残っている。イギリスの郵便切手を専門に収集する人たちが、各種切手のさまざまな版の番号を探し、さらには文字のパターンを手がかりに240枚の切手が印刷されていた紙全体を復元しようとしているのだ。なかでも最も珍しい——未使用が4枚と使用済みが5枚だけ知られている、[3] 77番の原版の1ペニー・レッドを、別のありふれた4ペニー切手と1枚の封筒に貼った使用済みの例——が最近、スタンレー・ギボンズ社のウェブサイトで宣伝され、55万ポンドで売りに出されていた。1枚の切手としてはこれまでに同社が販売したなかで最も高価なものであると同社は述べている。まだ偽造が行われていればおそらく、177番の版で印刷されたペニー・レッド切手から「1」の文字を消すのにかかりきりになるだろう！

1．かつては1シリングが旧12ペンス、1ペニーが4ファーシング（1/4ペニーずつ）に相当した。
2．五月二日と五日の二つの使用例が存在し、とても貴重なものとなっている。五月五日の封筒は「王室切手コレクション」に入っている。
3．最初に印刷された切手は目打ちの問題があり回収されたが、少数の切手が公共の場に流出したらしい。問題の版は、すぐに傷がついて使用が停止された。発見された未使用の四枚の切手のうちの一枚は「王室切手コレクション」に収められ、もう一枚が英国図書館のタプリング・コレクションにあり、三枚目は一九六五年にラファエル・コレクションから盗まれ、四枚目（本物かどうかは怪しい）はフェラーリ・コレクションとともに一九二〇年代に販売された。三枚目と四枚目についてはそれ以降、消息が知られていない。

43　素数の時間周期

多くの祭典やスポーツ大会が数年周期で開催される。オリンピックやワールドカップなどの大きな国際スポーツ大会がわかりやすい例だが、会議やコンサート、芸術祭、展覧会なども同じだ。こうした定期開催のイベントの運営に関わっていれば、一回限りのイベントでは生じない特殊な問題があることに気づくだろう。同じような周期で開かれる他の大きなイベントとぶつかったとしても、それに構わず周期を守らなくてはならない。たとえば二〇一二年には、ヨーロッパ陸上競技選手権大会が二年周期に変更された影響を目の当たりにした。陸上選手権がオリンピックのわずか数週間前に開催され、両方に出場した選手はごくわずかだった。

イベントがかち合う場合の問題一般は単純なものだ。あるイベントがC年（あるいは月や日）ごとに開かれる場合、周期が数Cの因数であるイベントとぶつかる恐れがある。したがって、C＝4の場合、周期が1年または2年のイベントと同じ年に開かれることになるだろう。C＝100の場合、2、4、5、10、20、25、50の周期のものとかち合うことを心配する必要がある。つまり、かち合うことを避ける秘訣は、周期に素数を選ぶことになる。素数には（1以外の）約数がないので、かち合う可能性が最小限に抑えられる。奇妙なことに、周期的に開催されるイベントでこの策を講じているものはほとんど見かけない。オリンピックやコモンウェルズゲームズ（英連邦に属する国が参加して開かれるスポーツ大会）、ワールドカップなど有名な競技大会はC＝4を選択しており、C＝5ではない。

生物の世界にもこれと同等の興味深い例がある。バッタに似た小さな昆虫であるセミは、樹液や木の葉を食べる。セミは一生のほとんどを地中で暮らし、数週間だけ地上に出て、交尾し、鳴き、そして死ぬ。アメリカにいるマギキカダ（*Magicicada*）属の二種類が、寿命として特筆すべき周期をとっている。合衆国南部に生息するセミは13年間地中にいる。一方、東部に生息するセミは17年間地中にいる。どちらも卵を木に産み付け、卵が地上に落ちると孵化したばかりの幼虫が地中にもぐり、木の根に付着する。それから13年もしくは17年後、面積200～300平方キロメートルの地表に、わずか数日という短い期間内に大量のセミが一斉に姿を現す。

この驚くべき行動から多数の疑問が生まれる。13年または17年という珍しい周期は、どちらも素数であるという点で独特だ。これはつまり、それより短いライフサイクルをもつ寄生生物や捕食者（多くは2年～5年の周期）がセミと足並みをそろえて成長し、セミを全滅させることができないということだ。14年の周期をもつセミがいれば、2年や7年のライフサイクルをもつ捕食者の餌食になるだろう。

13よりも小さい素数はどうなったのか。生物学者は、生殖がこれほどまれにしか行われない傾向は、生息地によく降りる厳しい霜に対する方策であると考えている。繁殖の頻度を減らすことは、危険な環境に生きることへの反応なのだ。また、セミが13年あるいは17年ごとにしか出現しないのであれば、一般的な捕食者、とりわけ鳥が、餌をセミだけに依存することができなくなる。

最後に、なぜセミはわずか数日内に一斉に姿を現すのか。これもまた、長い時をかけて獲得した戦略かもしれない。こうするセミは、そうでないセミよりも、生き延びる確率が大きくなるからだ。何百万匹ものセミが長い期間をかけて徐々に発生したら、鳥が喜んで毎日少しずつセミを食べるだろう。その結果、セミは食べつくされてしまうだろう。しかし、セミがごく短期間に一斉に出現すれば、鳥はすぐに飽食する。捕食者が満腹になり、それ以上食べられなくなるため、大量のセミが生き延びる。[1] 進化は明らかに、試行錯誤を通じて素数の存在を発見したのだ。それに加えて、人間を謎解きに夢中にさせておくという利点もある。

1．同じ繁殖地の雌ウサギは同時に妊娠する傾向がある。これもまた、同時に多数の子ウサギが生まれ、キツネなどの捕食者がたらふく食べても食べきれないという結果になる。

44 測れないとしたら、なぜ測れないのか

政治家や社会科学者、医学研究者、技術者、管理職はみな、ものごとの効果を測定することが大好きらしい。その目的は称賛に値する。数字の得点をつけて、悪いものを取り除き、良いものを促進することで、ものごとを改善したいのだ。しかし私たちは直観的に、美しさや不幸せなど、一つの数字だけで表されるのに適さないものがあることも知っている。なぜそうなのかを理解する方法はあるだろうか。

アメリカ人論理学者のジョン・マイヒルは、この疑問について考える有用な方法を示した。[1] 世界のうち、最も単純な部分は、「計算可能性」という属性をもつものである。ということは、何かがこの属性をもつかどうかを決定する機械的な手順があるということだ。奇数であること、電気の伝導体であること、三角形であることはどれもみな、この意味における計算可能な性質である。

ものごとにはこれよりもわかりにくい性質もある。「真実」や「天才である」などのおなじみの性質は、計算可能な性質よりもとらえにくく、列挙することしかできない。「列挙可能性」とは、求める性質をもつすべての場合を一定の方法に沿って列挙するための手順を構築できるという意味だ（例の数にきりがなければ、列挙を終えるまでに無限の時間がかかるかもしれないが）。しかし、求める属性をもたないすべての場合を列挙することはできない。そちらもできるなら、その属性は計算可能ということになる。特定の性質をもたないものを列挙することが非常に困難であることは、容易にわかる——宇宙の中でバナナではないものをすべて列挙することについて考えてみれば。そうしたものが何であるかを知る

のは、かなりの難題だ。

もの(や人)にある多くの性質は列挙可能だが計算可能ではない。[2] マイヒルは次に、列挙可能でも計算可能でもないものという属性に気づいた。マイヒルはこれを「ありそうな《プロスペクティブ》」性質と名づけた。そうした性質は、有限回の演繹ステップを踏んで認識することも、作り出すことも、計測することもできない。規則やコンピュータのプリントアウト、分類方法、表計算プログラムなどの有限の集まりでは、完全にはとらえられないものなのだ。単純さ、美しさ、情報、天才はどれも、ありそうな性質の例である。すなわち、これらの属性を示すすべてのありうる例を作り出したりその集合に入れたりする魔法の公式は存在しえないということだ。どんなコンピュータのプログラムでも、芸術的な美しさの例をすべて作り出すことはできず、どんなプログラムでも、そうした例が見せられたときにそれをすべてそうだと認識することはできない。ありそうなという性質についてせいぜいできることと言えば、計算や列挙のできる少数の特定の性質を使って近似を見出すことくらいだ。たとえば美しさの場合なら、顔や体のある種の対称性が存在することを探そうとするかもしれない。「天才」の場合なら、IQのような知能を測る尺度に目をつけるかもしれない。個々の特色の選び方が違えば、結果も別のものになる。定義上、これらすべてのありうる下位区分の性質の特色を明らかにしたり、認識したりすることすらできない。だからこそ、複雑系の科学は、人間を対象にしたものも含めて、あれほど難しいのだ。どんな「万物理論」も、シェイクスピアの作品を説明したり予測したりはしない。なにごともすべてをそろえることはできない。

1. J. Myhill, *Review of Metaphysics* 6, 165 (1952).
2. ゲーデルの不完全性定理が存在しない世界では、すべての算術の陳述は数え上げ可能だろう。

45 星雲のアート

光沢紙を使った天文学の雑誌や図鑑で主力となる画像は、恒星でも銀河でもなく星雲だ。星雲とは、爆発した星がエネルギーを周囲に放射しているものである。その結果は壮観だ。放射がガスや塵《ちり》の雲と作用し合い、とりどりの色が生まれ、ありとあらゆる謎のできごとが宇宙に起きていることがうかがわれる。光を遮る塵からなる黒い雲が、私たちが想像力を働かせて自分の見たいものの形が見えるような、はっきりとした黒い境界線を形作り、見えるものが増える――まるで、宇宙規模の意味ありげなロールシャッハテストのようだ。こうした星雲から連想されて付いた名前を見てみよう。タランチュラ星雲、馬頭星雲、卵星雲、北アメリカ星雲、首飾り星雲、三裂星雲、亜鈴状星雲、キャッツアイ星雲、パックマン星雲、りんごの芯星雲、炎星雲、ハート・アンド・ソウル星雲、蝶星雲、わし星雲、かに星雲。ありとあらゆる想像力が発揮されている。

こうした現代の天文画像には魅力的な言外の意味が隠れており、現在はスタンフォード大学に所属する美術史家のエリザベス・ケスラーがこれに気づいた。天文学者の目ではなく美術史家の目でハッブル宇宙望遠鏡がとらえた星雲の画像を眺めたケスラーは、アルバート・ビアスタットやトーマス・モランといった画家たちが昔のアメリカ西部を描いた、一九世紀ロマン主義の優れた絵画に似たところをそこに認めた。これらの画家は、立ちはだかる未開の土地に最初に入植し、探検をした者たちの開拓者精神を呼び覚ました雄大な風景を表現した。グランドキャニオンやモニュメントバレーのような土地の像から風景画のロマン主義的な伝統が生まれ、これが、人間の精神のなかにある重要な心理学的なひっかかりどころを刺激した。画家たちは西部に向かう文字通り地を拓くような探検隊に同行し、未開地の自然の驚異をとらえ、旅から帰ると人々に冒険の旅の意義と素晴らしさを実感させた。この立派な伝統は、今日でも戦争画家や写真家に受け継がれている。

いったいどういうことかと問われるだろうか。もちろん、天文写真は天文写真だ。ただし絶対にそうかと言うとそうではない。望遠鏡のカメラで集めた生データは、波長と密度をデジタル化した情報だ。収集された波長が、人間の目の感度の範疇外にある場合もしばしばある。できあがり実際に目にする写真には、カラースケールをどのように設定し、画像の全体的な「見え方」をどのように作り出すかについての選択がかかわっている。異なる色帯の画像が組み合わさっている場合もある。昔の風景画家がしたように、さまざまな美的観点からの選択がなされている。これらの特別な高品質の写真は、科学的な分析のためでなく、人々に見てもらうために作成されているからだ。

一般的に、ハッブル宇宙望遠鏡を使って観測する場合、生の画像データをさまざまな色帯でとらえた三つの異なるフィルター処理をしたバージョンを使い、欠陥や好ましくない歪みを除去し、写真表現のために選んだ色を加えてから、すべてを四角いきれいな画像に帰着させる。これには技術と審美的な判断が必要とされる。わし星雲をハッブル宇宙望遠鏡で撮影した写真は有名だ。[1] これが有名になる理由は二つある。石筍《せきじゅん》のように宇宙空間の上方へと伸びていくガスと塵でできた大きな柱は、ガスと塵を材料にして新たな恒星が形成されている場所である。ここでケスラーは、一八九三年から一九〇一年にかけて描かれ、現在はアメリカ美術国立美術館にあるトーマス・モラン作「ワイオミング準州、コロラド川上流の絶壁」[2]を連想する。わし星雲の画像は、どちらを「上」や「下」にしても問題ない。こういう形で画像を作成し、こうした色を使ったことで、モランの作品にあるような西部の未開拓地の壮大な風景が思い起こされ、見る人の目は光り輝く堂々とした頂へと引き寄せられる。ガスでできた大きな柱は、宇宙の風景の中にあるモニュメントバレーのようだ。過度に露光され前景できらきら光る星は、偶然にも太陽の代わりとなっている。

実際、この方向でケスラーよりも先へ踏み込むこともできる。風景画のなかでも、ある特定の型の絵が高く評価され、伝統的な西洋絵画の陳列室の多くを占めている。人はその型に魅力を感じ、鑑賞用の庭や公園を造るときの参考にもする。そういう絵では、私たちの意識の根底にある、安全な環境を敏感に察知しこれを求める気持ちが大切にされている。何百万年も前、私たちの祖先が現在の私たちへと続く進化の旅を始めようとしていたとき、もっと安全で、もっと生きやすい環境を好んだほうが、その逆を目指すよりも、生き延びる確率が増す傾向にあった。ここから進化した心理が、人からは見られずに周囲を見ることのできる風景を好む傾向に認められる。したがって、こうした環境は「見晴らしと隠れ家」的風景と呼ばれる。そうした環境では、観察者は安全で安心な見晴らしのきく地点から周囲を広く見渡すことができる。[3]私たちが魅力的に感じる風景画の大半にはこのモチーフが使われている。実際、このイメージは具象画以外にも浸透している。『大草原の小さな家』に描かれた炉辺や丸太小屋、「ちとせの岩よ」〔賛美歌、古い岩(神の象徴)に囲まれ守られるという歌詞〕を思わせるものはどれも、見晴らしと隠れ家の具体的な例である。これは、人類初期の祖先たちが何百万年もかけて進化し生き抜いてきたアフリカのサバンナにある環境の特色なのだ。広く開けた草原に小さな木立が点在する土地——ちょうど現代の公園のよう――でなら、誰からも見られることなく周囲を見ることができる。
対照的に、暗く深い森のなかに、曲がりくねった小道と、どんな危険が潜んでいるかわからない恐ろしい曲がり角があるという光景は、これとは正反対のものであり、進む気の起こらない通路や暗い階段のある一九六〇年代の高層アパートと似ている。こうした環境は、人を引きつける環境ではない。見晴らしと隠れ家的な環境であればこそ、その中に足を踏み入れたくなろうというものだ。これを、現代建築のあらゆる例に当てはめてみることができる。ハッブル宇宙望遠鏡によって美しく作成された天文写真群は、この見晴らしと隠れ家の規範にのっとっていない。おそらくは、未知の世界を探検したいという人間の欲求と別の形で響き合って生まれたものなのだろう。

1. http://hubblesite.org/gallery/showcase/nebulae/n6.shtml を参照。
2. E. Kessler in R. W. Smith and D. H. De Vorkin, 'The Hubble Space Telescope: Imaging the Universe,' *National Geographic* (2004) および E. Kessler, *Picturing the Cosmos: Hubble Space Telescope Images and the Astronomical Sublime*, University of Minnesota Press, MN (2012).
3. J. D. Barrow, *The Artful Universe Expanded*, Oxford University Press, Oxford (2005)〔初版の邦訳は『宇宙のたくらみ』〕

46 逆オークション――クリスマスを買うための逆算

オークションは奇妙なイベントだ。経済学者や美術品の競売会社、数学者は、誰もが合理的に行動するという仮定のもとにオークションを論理的に分析する傾向がある。実際にはこの仮定はあまり正しくなく、私たちも、リスクに対する自身の態度が非対称的であることを知っている。1000ポンドを得るよりも同じ額を失うことのほうを心配するのだ。トレーダーは、取引が順調にいっているときに儲けを増やそうとするときのリスクよりも、損が出るのを避けようとするときのリスクのほうをずっと大きいと思うものだ。リスクを嫌う生来の性質によって、オークションでは高値を付けすぎてしまう傾向にある。品物を獲得し損ねるリスクを冒すよりも、むしろ金を払いすぎるのだ。多数の競り手がこのように高値を付けようとする気持ちになると、値段がどんどんつり上がっていく。別の状況でなら、この非論理的なリスク嫌悪は社会にとって有益だ。駐車場の管理人がチケットを提示していない車がどのくらい止まっているかを調べにくる回数が格段に少なくなっても、ほとんど全員が機械でチケットを買うだろう。

オークションの競りの場合、主体的な選択を題材とした多数の統計結果があるにもかかわらず、自分は何らかの形で他の誰とも「違う」――他の人は誰も自分ほどの高値あるいは安値を付けない――と考える傾向がある。興味深い例として、買おうとする人が品物に価格を示して入札するよう指示され、他の誰も付けていない最安値を出した人が勝つように設定した逆オークションがある。

どう考えればよいか。最善の選択は、おそらく0か1を付けることだろう。しかし、それでは誰もが同じように考えてしまうからと考えて、それを選択しないかもしれない。「だったらこちらは裏をかいて、とにかくこれでいこう!」これは、自分が特別な人間であり、他の人たちと同じようには考えないと仮定する考え方の典型的な例である。「小さめ」の数を選ぶべきだとする別の考え方もあるかもしれない。非常に小さい数を選ぶのは、あまりにもわかりやすく、独自性がないように思われるから、誰もそんな数は選ばないはず。とても大きい数を選ぶのは、最小の付け値になる可能性はまずないから、誰もそんな数は選ばないはず。したがって実際には、競りに参加する人数にもよるが、たとえば8から19などのように数の範囲がきわめて狭くなる。これならただひとつの最安値になる可能性は十分あるように思われる。論理的には、選択しうる付け値の額は無数にあるが、実際には、どの人の選択の範囲にも有限の境界があることがわかっている。

入札すべき最適額を教えてくれるような最善の戦略はあるだろうか。仮にそうしたものがあるとして、それが、参加者の人数を考慮に入れて13と入札するものだとしよう。しかし、最善の戦略は、競争相手の入札者全員にとっても最善の戦略となる。だが、他の人たちも13と入札したら、全員が負ける。したがって、この種の最善の戦略は存在しえない。

入札に費用がかかるというオークションも興味深い。これらは「オールペイ」オークションと呼ばれる。負けた人々が、競り負けた値のうちの最高額(あるいは特定の割合の額)を払わなければならないこともあれば高いほうから上位二人だけが払う場合もある。確かにこの方式では競りが継続されやすくなり、高値を付ければ付けるほど、途中でやめれば高い額をもっていかれる。こんなオークションはまともではないように思われる。しかしほんの少し姿を変えた形で私たちの周囲にたくさんある。宝くじはこれに似ている。全員がくじを買うが、当たるのはひとりだけ。アメリカの大統領選もそうだ。事実上、候補者は大統領になるために入札《ビッド》している（立候補することもビッドと言う）。その入札代金を払うために多額の金を投資する。選挙に負ければ、その金をすべて失う。同様に、動物界ではどこでも、雌と交尾する、あるいは群れの集団を支配する権利をかけて雄どうしが戦っている。雄のカバや雄シカどうしが戦うとき、「入札」に失敗して負けたほうが支払う健康という代償は非常に高くつくだろう。

47 神に捧げる儀式の幾何学

幾何学と宗教儀式には古代からつながりがある。どちらも対称性と秩序、型を重んじる。こうしたつながりのうち最も大がかりなものが、シュルバ・スートラ（「紐の書」）という古代ヒンズー教の手引き書に認められる。サンスクリット語の名前は、測量技師が杭に結んでつなげた縄を使って地面の上に直線を引く手法に由来する。今日でもれんが職人が、まっすぐな壁を建てるときにこの手法を実践している。

シュルバ・スートラは紀元前五〇〇年から紀元前二〇〇年のあいだに記されたものであり、儀式用の祭壇を作るために必要とされる幾何学的な作図のための細かい指示が書かれている。祭壇は民家の中に作られ、ふつうのれんがを並べたものや、地面につけた印にすぎない場合もあった。共同で使う祭壇には、もっと手の込んだ構造が用いられた。祭壇そのものが、できごとを良い方向にも悪い方向にも変える力をもつとみなされ、適切なやり方で敬われ、鎮められなければならなかった。

こうした手引き書から、エウクレイデス〔ユークリッド〕による有名なギリシア幾何学が初期インド文明の社会においてかなり理解されていたことが明らかにわかる。儀式用の祭壇を作成する指示を書くには、三平方の定理やそれと同様の考え方が必要であることは間違いなかった。

祭壇の製作にかかわる最も興味深く、幾何学的には難問となったのは、自分や家族、村に良くないことが起こったとしたら、それは、自分の人生が邪悪な力によって支配されるようになったことの表れであり、悪に打ち勝つための対策を講じなければならないという信仰だった。そのために求められたのが、祭壇のサイズを大きくすることだった。「サイズ」とは面積のことで、この要件は「シュルバ・スートラ」の執筆者にややこしい幾何学の難問を突きつけた。

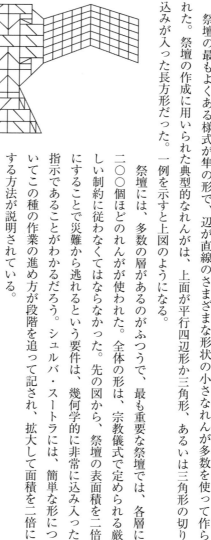

祭壇の最もよくある様式が隼《はやぶさ》の形で、辺が直線のさまざまな形状の小さなれんがが多数を使って作られた。祭壇の作成に用いられた典型的なれんがは、上面が平行四辺形か三角形、あるいは三角形の切込みが入った長方形だった。一例を示すと上図のようになる。

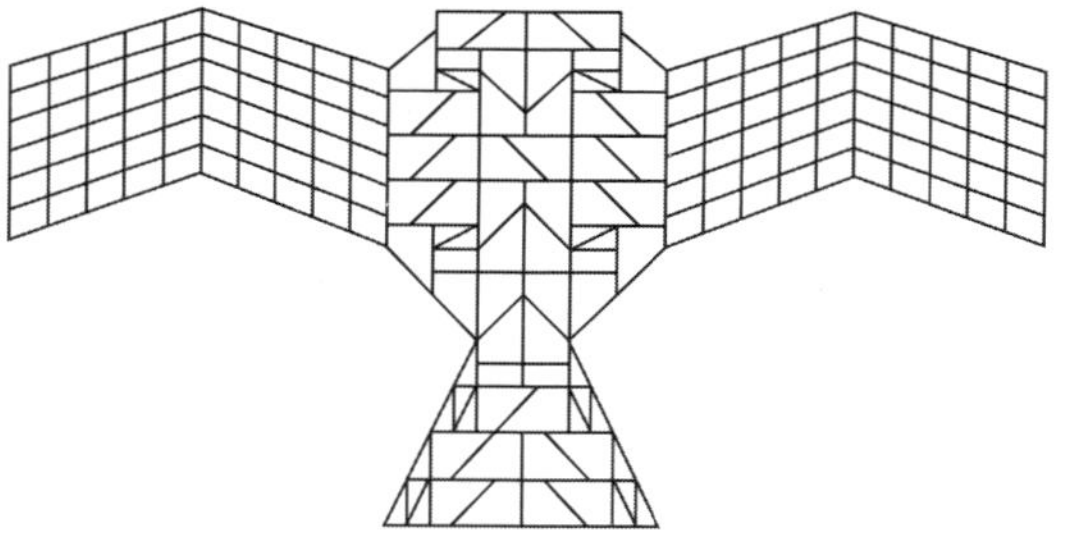

祭壇には、多数の層があるのがふつうで、最も重要な祭壇では、各層に二〇〇個ほどのれんがが使われた。全体の形は、宗教儀式で定められる厳しい制約に従わなくてはならなかった。先の図から、祭壇の表面積を二倍にすることで災難から逃れるという要件は、幾何学的に非常に込み入った指示であることがわかるだろう。シュルバ・スートラには、簡単な形についてこの種の作業の進め方が段階を追って記され、拡大して面積を二倍にする方法が説明されている。

ごく簡単な例として、辺が1単位の正方形のれんががあり、これを二倍にする必要があるとしてみよう。最初の面積は1×1＝1単位面積である。これを2単位面積に拡大するには、易しい方法と難しい方法がある。易しい方法は、辺の長さが1と2の長方形に形を変えることだ。難しい方法は、形は正方形のまま、各辺を2の平方根、およそ1.41に等しくすることだ。隼の翼を形作る小さな平行四辺形は、れんがが30個で全体の大きな平方四辺形を作っているが、こちらのほうは案外簡単に対処できる。平方四辺形の斜めの線をまっすぐにすることを想像すれば、平行四辺形の面積は、ただ底辺に高さを掛けたものに他ならない。これを二倍にするのは、長方形の面積を二倍にするのと同じく簡単だ。中央下にはまた別の形が見える。これは台形だ。

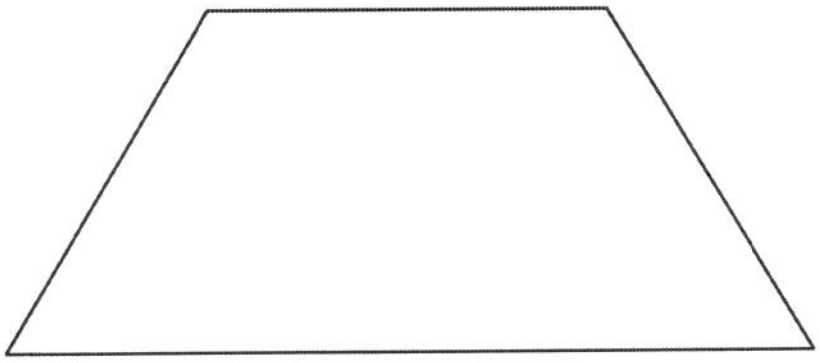

高さがh、底辺がb、上辺の長さがaの場合、面積は$\frac{1}{2}(a+b)\times h$に等しくなる。つまりこの面積は、上下の辺の平均に高さを掛けた値となる。

こうした種類の推論は、地方の農村の住民にはかなり高度なものであり、聖職者や、幾何学的な手法を解釈する人々の地位を高めることになった。きっと便利で具体的な手法も考案されただろうが、この種の儀式用の幾何学に後押しされて、インドでは算術と幾何学が驚くほど早期に発展した。今日、世界中で使われている0、1、2、3……9という数字もインドで誕生した。その後、アラビア世界の学問の中心地を経由してヨーロッパに広まり、そのうちこれが便利だということが理解され、一一世紀には商業や科学に取り入られるようになった。

48　素晴らしいロゼット

レオナルド・ダ・ヴィンチは特別な種類の対称性に興味を抱き、設計する教会にもそのことが反映された。単なる美的観点だけでなく多くの理由から、あらゆる種類の対称性を非常に重んじ、アルコーブや礼拝堂、壁龕《へきがん》を付け足すという実際的な必要性に迫られたときでさえ、教会の構造が対称的になるように心がけた。その際に直面した基本的な問題は、教会建物の外周をぐるりと一巡したときに対称性が保たれるような付け足し方はどうすればよいかということだった。これは、花びら模様《ロゼット》、風車の翼、プロペラにはどのような対称的なパターンがありうるかと問うようなものだ。これらはすべて、基本的なデザインを、軸を中心にして同じ角度ずつ繰り返してずらしてできるパターンの例である。図に示すのは、90度ずつずらす、ごく単純な例。

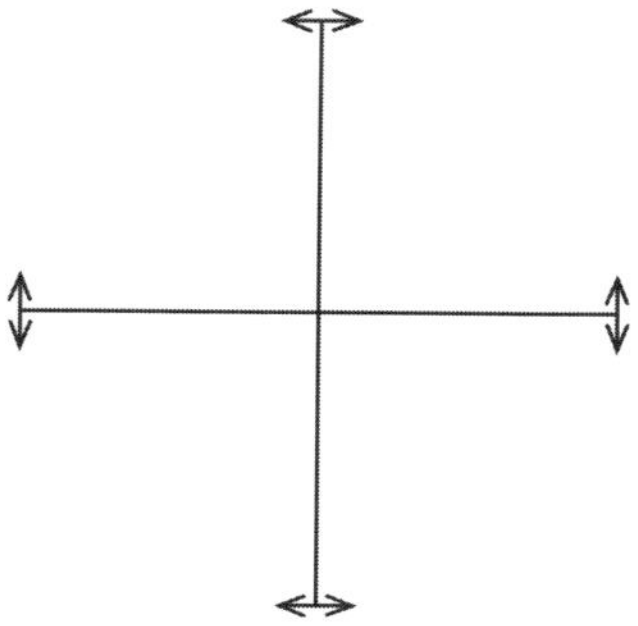

二つの矢じりで表したモチーフは、どの腕の端でも同じものでなくてはならない。さらに、中心線に対して対称的に配置されている。しかし、この二つの矢じりは、次頁の図のような、半分にしたもので代替することもできるだろう。

これを反復してできるパターンは、子ども用の風車《かざぐるま》の形に似ており、出発点となる図のパターン全体は、この形を中心点を軸に90度回転させると再現される。

ダ・ヴィンチは、対称的なロゼットの型を作りうるのは、この対称的、非対称的な二つの図案だけであることを認識していた。もちろん、腕の数を図にあるような4本よりももっと増やすことはできるが、対称性を保つには、腕と腕の間隔は等しくなくてはならない。たとえば、風車に腕が36本あるとしたら、その間隔はどこをとっても360÷36＝10度でなくてはならない。これでダ・ヴィンチは、中心となる建物の周囲に、礼拝堂や壁龕を風車の腕のように加えることができた。

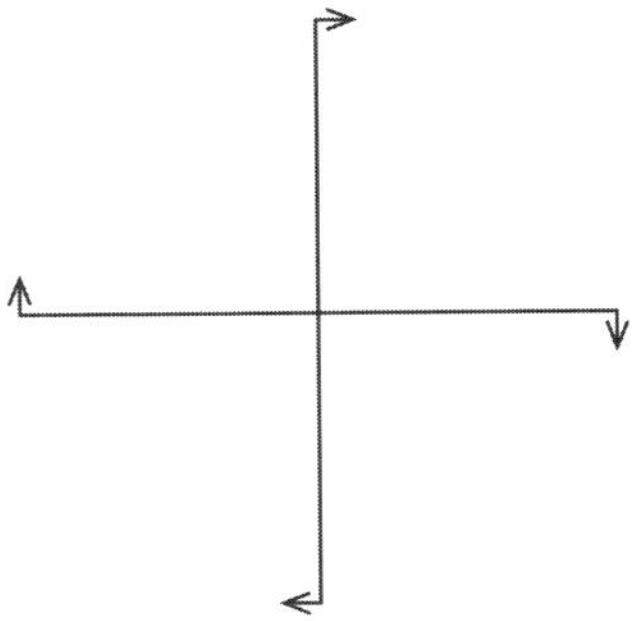

自然界にも、この種のパターンが頻繁に見られる。ひな菊の花は、黄色の中心部から白い花びらが広がっていて、対称的なロゼットに近い。非対称的なロゼットの形をもつ、人間の作った実用性のある物は、船のプロペラや、車のタイヤにあるホイールキャップのデザイン、マン島の三脚巴《さんきゃくともえ》のような国章に認められる。対称的な形状は、企業のロゴや、多くのネイティブ・アメリカン文化にある伝統的な模様に多い。こちらの人々は、布や陶器に回転対称図形を描くことが特に好みだったらしい。[1]

1. ロゼット形の対称性を始め、自然にある対称性、人間の作った対称性の写真については、I. and M. Hargittai, *Symmetry: a unifying concept*, Shelter Publications, Bolinas, CA (1994) を参照。

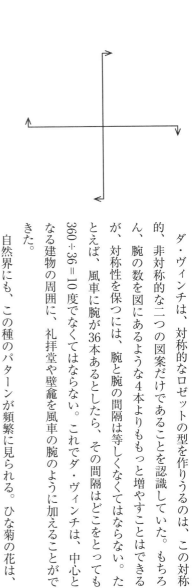

49 水上の音楽を操る――シャワーで歌えば

多くの人は私のように歌がからきしだめだ。大きなホールや屋外で歌うとなると、十分な声量が出ない。声域が狭く、正しい旋律で歌えない。もっとも、ポピュラー音楽の結構有名な歌手には、やはり正しい旋律では歌えない人もいるという事実に私の心は慰められてはいる（5章を参照）。しかし、誰でも経験から知っているように、シャワー室で歌を歌うと結果ははるかにましだ――うまいと言ってもいいことさえある。あの小さな部屋がなぜ、歌声をそれほど変容させる音響要素となるのか。

シャワー室で見事な声量が出るのは、シャワー室の硬いタイルの壁とガラスのドアに助けられている。音がこうした壁やドアに当たると、ほぼ減衰せずに跳ね返るのだ。外に出てハイドパークで歌ったら、音はほとんど跳ね返らず、遠くに伝わるにつれ音は弱くなる。大きな部屋で歌えば、音の一部は跳ね返ってくるが、相当の量が家具や服を着た人（聴衆）、カーペットなど、音を減衰させて吸収する傾向をもつものによって吸い取られる。学校や大学の食堂の床が堅く、天井が低く、窓がガラスで、テーブルの上面が堅い木材製でクロスがかかっていないなら、大人数が一斉にしゃべると会話の内容が聞こえにくくなるが、コンサートを開けば大成功になるだろう。

貧弱な声を助ける次の利点は、音波がシャワー室の壁と壁のあいだで何度も跳ね返ることにより高い水準の残響が生じることだ。そうなるのは、多数の異なる時間に発生した音波が、自分の耳にほぼ同時に届くことによる。したがって、自分の歌う一音一音が、ごくわずかに異なる時間に自分の耳に別々に戻ってくる音によって引き延ばされて聞こえる。これにより、音は滑らかに長く伸び、絶対音感を（あるいは平均的な音感でさえも）もっていないという事実は隠され、結果として豊かで深い音に聞こえる。また、湯気の立つ湿度の高い空気のおかげで声帯がゆるみ、さほどがんばらなくてもいつもより滑らかに振動できる。

シャワー室による最後のそして最強の効果が、共鳴を生むことだ。シャワー室で直交する三方の壁、ドア、床、天井に囲まれた空気中の音波には、多くの固有振動数がある。歌うことでこれと共鳴できる。これらの固有振動数の多くが、人間の歌声の周波数帯域内にある、ごく狭い範囲に収まっている。このような波が二つ加わると、大きく「共鳴」して音量が増大する。標準的なシャワー室における共鳴周波数は100ヘルツに近く、この周波数の倍数、すなわち200ヘルツ、300ヘルツ、400ヘルツなどで高音の共鳴が生じる。人間の歌声の周波数は、約80ヘルツから数千ヘルツという非常に高い周波数まで幅があるが、共鳴しやすく、音の深さが増して大きく聞こえるのは、最も低い音域の80ヘルツから100ヘルツあたりの周波数になる。[1]

これらの因子が最適に組み合わさるのは、シャワー室のような、硬い物に囲まれた狭い場所だ。車の室内でもこの条件は部分的に実現する。ただし、コンバーティブル車の場合は屋根を閉じておくこと。

1．シャワー室を、高さ $H=2.45m$ の直立した管に近似するなら、垂直な定常波の周波数は $f=V/2H=343/4.9=70Hz$ の倍数になる。このVは、$V=343m/s$ というシャワー室の温度における音速である。ここから、生じる周波数は、f、2f、3f、4f などとすることで求められ、特に500Hzより低いものを挙げれば70Hz、140Hz、210Hz、280Hz、350Hz、420Hz、490Hzとなる。

50　絵の大きさを測る

絵を見に行ったとき、思っていたよりもかなり大きかったり小さかったりして、あるいは、本に掲載されたカラー図版を見たときよりも全然印象に残らなくて驚いた経験があるだろうか。ゴッホの「星月夜」はがっかりするほど小さく、ジョージア・オキーフの一部の作品は大きすぎて、それをもっと縮小した複製よりも印象が薄く感じられる。このことが興味深い問いのきっかけになる。話を単純にするために抽象画に限定した場合、個々の絵には最適な大きさというものがあるのか。それに関連して、画家がその最適な大きさを選んでいるかどうかと問うこともできる。

絵の大きさを測ることにかかわるすべての議論は、いくらで売れるか、小さくて安い絵のほうが需要が大きいか、保管しやすいか、大きな作品を壁にかけるスペースがあるかなどという非常に実際的な問いに縛られている。こうした問いは、画家が生計を立てられるかどうかを決めるものだから重要な因子ではあるが、ここで私たちが関心を寄せていることとはまったく違う。

私の疑問に答えようとするよりも、ジャクソン・ポロックの作品についてこの文脈に沿って考えるほうがためになる。ポロックは、抽象表現主義的な後期の作品になると、アトリエの床にカンバスを置き、絵の具を投げたり垂らしたりして非常に複雑な絵を制作した。大小さまざまな作品を対象として、絵の具の色や種類ごとにカンバスがどのように覆われているかを統計的分布を用いて調べた複数の研究[1]から、ポロックの作品には有意なフラクタル構造[2]があることが明らかになっている（この主張を支持する、あるいはこれに反する証拠を94章で検討する）。

フラクタル構造に近いものは自然界の多くに見られる。木の枝の分岐や、カリフラワーの花の部分など、表面積を増やす必要があるが、それに応じていくらでも重量や体積を大きくするわけではないところにある。フラクタルを作成するこつは、同一のパターンをもつ型を、スケールをどんどん小さくしながら何度も反復させることだ。左の図に、正三角形の各辺の中央三分の一のところから小さい正三角形をひとつずつ突き出すという手順を繰り返すやり方を示す。この手順は一九〇四年にスウェーデン人数学者ヘルゲ・コッホが考案した。[3]

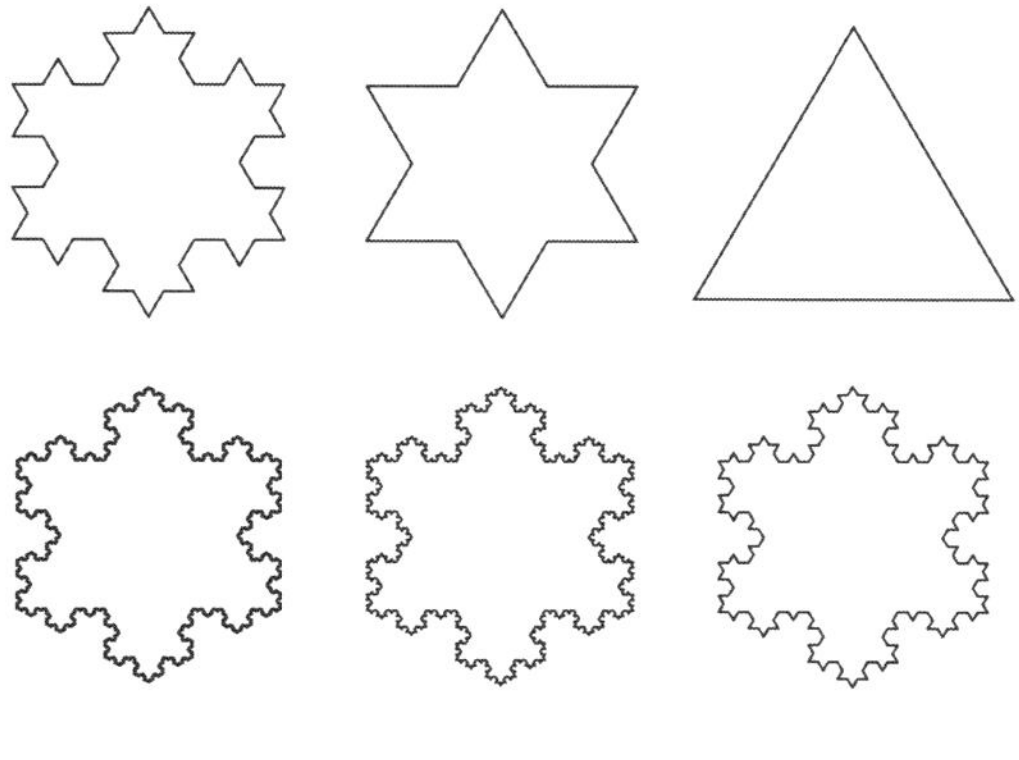

このプロセスを繰り返し、厖大な数の三角形を突き出させると、特別に他よりも優位に立つスケールが存在しないように見える物ができあがる。拡大鏡で見ると、同じ構造パターンが見える。レンズの倍率を上げても、そのパターンは変わらない。これは「スケール不変」と言われる。

ポロックの作品は、この突き出る三角形のような単純なアルゴリズムを適用して制作されたわけではない。しかしポロックは、たゆまぬ実践と経験をつうじて、適切なスケール不変の統計的なパターンで、カンバスに絵の具を散らす方法を直観的に会得した。その結果、ポロックの作品はたいてい、基底にある構造のス

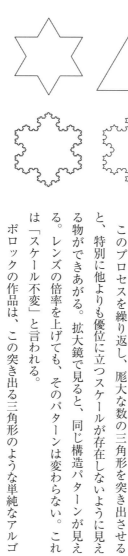

ケールのうちどれかが優位に見えることがなく、美術館の壁にかかった巨大な原画でも、展示会の図録に掲載された小さな複製画でも、同じように素晴らしく見える。

ポロックは、筆を置いてさっさと署名するのを嫌い、構造をいじったり重ねて描いたりすることを好んでいた。そうしても、何気なく絵を見る人には違いが見分けられないのだが。画家本人の目は明らかに、さまざまな距離を置いていろいろな大きさにして眺めたときに、作品の視覚的な効果がどうなるかをとても敏感に感じ取っていた。

ポロックの絵画がほぼスケール不変であるという発見から引き出される、気がかりな結論がひとつある。ポロックの大判の作品を所有していたら、それを四等分して三つを売っても美的な効果は減少しない！（銀行口座の残高は大いに増えるだろうが）ただの冗談だけど。

1. R. P. Taylor, A. P. Micolich and D. Jonas, *Nature* 399, 422 (1999); & *Journal of Consciousness Studies* 7, 137 (2000); J. D. Barrow, *The Artful Universe Expanded*, Oxford University Press, Oxford (2005); その後 J. R. Mureika, C. C. Dyer and G. C. Cupchik, *Physical Review* E 72, 046101 (2005) でも取り上げられた。
2. 「フラクタル」という用語がブノワ・マンデルブロによって作られたのは一九七二年になってからのことであり、ポロックはこの数学的な概念のことは知らなかっただろう。
3. H. Koch, *Arkiv f. Matematik*, 1 (1904).

51 トリケトラ

角が三つあるのは三角形だけではない。ケルトの美しい組紐模様や、さまざまな宗教的象徴を表したものには、トリケトラと呼ばれる角が三つある対称的な結び目模様が使われている。これは伝統的に、アーモンドの形を三つ重ね合わせて作られている。それぞれのアーモンドは、図にあるような、半径が同じ二つの円が、それぞれの円の中心が相手の円周上にあるように交差してできている。

アーモンドの形をした交差部分は、ウェシカ・ピスキスとも呼ばれた。ラテン語で「魚の浮き袋」という意味だ。魚はキリスト教初期の時代から宗教的なシンボルとなっていた。魚を指すギリシア語(ichthys〔イクテュス〕)が、新約聖書で用いられた「イエス・キリスト、神の子、救世主」を意味するギリシア語の頭文字をつなげたものだったからだ。このシンボルは、キリスト教世界で今なお広く使われている。一九七〇年代初頭、アメリカとヨーロッパで起きた反体制文化運動の一環でふたたび世に出てからは、とりわけ車のバンパー・ステッカーに描かれている。魚のシンボルは、キリスト教以前の多くの宗教や、ヨーロッパ以外の伝統文化にも見られる。紀元前五〇〇年あたりの地中海地域において、北緯30度から34度の範囲内(おそらくバビロニア)に住んでいた天文学者たちによって作成された黄道十二宮や古代の星座図に魚がいることを思うと、それも意外

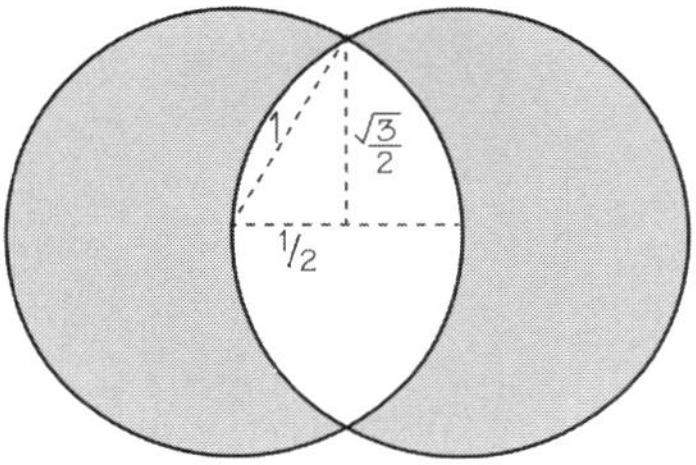

なことではない。[1]

ウェシカ・ピスキスには単純な数学的性質がある。二つの円の半径が1の場合、二つの円の中心間の距離もまた1である。これがウェシカ・ピスキスの幅となる。高さを求めるには、点線で示した直角三角形について三平方の定理を用いる。したがって、円と円が交差した二つの点を結ぶ垂直の高さは$2\times\sqrt{1^2-(1/2)^2}=\sqrt{3}$となる。よって、ウェシカ・ピスキスの幅と高さの比は、相等しい二つの円の大きさとは関係なく、つねに3の平方根になる。

トリケトラは、三つつながったウェシカ・ピスキスが、上からと下からを交替しながら交差して三つ葉模様《トレフォイル》と呼ばれる結び目となることで作られる。

この結び目は、さまざまなケルトの文物に見ることができる。「ケルズの書」に施された見事な飾り文字から、糸や木材、ステンドグラス、鉄などで作られた作品にいたるまで。この模様が神聖ローマ帝国の領域内で広く使われているのは、三位一体《ホーリー・トリニティ》、すなわち三者が別々の存在でありながらひとつに結ばれていることを示すシンボルとして用いられたからだ。今でもトリニティの結び目と呼ばれることもある。

結び目を研究し、複雑さに応じてこれを分類する数学者たちは、トレフォイルがあらゆる結び目のなかで最も単純なものであることを知っている。[2] 二つの結び目を伸ばして（切断はしない）もう一方の形に変えることができるなら、その二つは同等とみなされる。トレフォイルは、両端がつながっていない一本のリボンを三回上下を入れ替えて重ね、それから両端をつなげれば作

ることができる。これは、どこかを切らない限り、結び目をほどいて単純な円にすることはできない。ついでに言うと、これを鏡に映してみると、利き手が逆の人が結んだような、もうひとつの異なるトレフォイルが見えるという事実を知れば、そのことについてあれこれ考えてみたくなるかもしれない。

1．ブラッドリー・シェイファーによるこの推論の道筋が、J. D. Barrow, *Cosmic Imagery*, Bodley Head, London (2008), pp. 11-19 に説明されている。〔ジョン・D・バロウ『美しい科学（全二巻）』桃井緑美子訳、青土社、二〇一〇年〕

2．座標（x, y, z）をもつ三次元空間にトレフォイルの結び目を作ることは、トレフォイルを表す三つ一組の媒介変数方程式、$x = \sin(u) + 2\sin(2u)$、$y = \cos(u) - 2\cos(2u)$、$z = -3\sin(u)$ において媒介変数の u を変化させることで達成される。

52 雪やこんこ

雪の結晶は、自然が生み出す素敵な芸術作品だ。これにまつわる神話がいくつもある。一八五六年、ヘンリー・ソローは、「こんなものができるとは、空気はなんと創造の才に満ちていることか！　本物の星が落ちてきて外套についたとしても、これほどまでには感嘆しないことだろう」と断言している。[1] 雪の結晶は、一つしかないところと多岐に分かれるところが絡み合う美しい例である。雪の結晶には同じ形のものは二つとなく、なおかつどれにも同じ形をした六本の枝があるという話を誰もが聞いたことがある。しかし残念ながら、これから見るように、これは真実ではない。

雪の結晶がもつ特殊な対称性を解明することに魅了された最初の大科学者は、ヨハネス・ケプラーだった。一六〇九年から一六一九年にかけて、太陽系内の惑星の軌道にある数学的な規則性を支配する法則を発見した人物だ。ケプラーはまた、数学においても重要な貢献をした。新型の正多面体を考えたし、同じ形をした球形の玉を、玉と玉の隙間の体積が最小になるようにかごの中に詰める最適な方法を定めるという数学の大問題のひとつを立てたのだ（「ケプラーの球充填予想」[2]）。

一六一一年、有名な充填予想を立てたその年に、ケプラーはまた、パトロンであった神聖ローマ帝国皇帝ルドルフ二世への新年の贈り物として「六角の雪の結晶について」という小著を書いた。そこで、雪の結晶に枝が六本ある理由を説明しようとして（後から見れば）失敗したが、自然には、この特色を固定する必然の法則があるかどうかについて、つまり、そうではなくてこの六本腕の形が将来の何かの目的のために作られたのかを論じた。「この規則正しい型が雪の結晶に無作為にできるとは思わない」と書いている。[3]

今日では、私たちの知識も増えた。雪の結晶は、大気中を落ちてくる小さな塵《ちり》を中心にして水が凍って形成される。六本の枝がある型は、水分子が対称的な六角形に並び、六角形のタイルを積み重ねたような格子をなすことに由来する。氷が水晶のように硬いわけは、この格子構造にある。大気の上層で水分が凍って付着していくことで雪の結晶が成長していく。そのときにできる型は、雪の結晶が地上に降りてくるまでの経緯によって違ってくる。

大気の湿度や温度、気圧の状況は場所によって異なる。降ってくるそれぞれの雪の結晶は、氷が付着するときにくぐり抜ける条件が違うことから、どれも少しずつ違った形になる。実際、注意深く観察すれば、ひとつの雪の結晶の中でさえ違いのあることがわかるだろう。枝はどれも少しずつ違い、完璧に対称的ではないのだ。これは、雪の結晶が通過してきた大気の条件が変動し、湿度と温度が少しずつ違っていたことの表れだ。雪の結晶が地上に到達するまでの時間が長いほど、氷が付着して枝が着実に成長し、枝にできるぎざぎざ模様がいっそう細かく多種多様になる余地が大きくなる。成長する雪の結晶のそれぞれの型の元には厖大な数の水分子があるので、まったく同じ結晶が二つ見つかる確率をそれなりに高くするには、一兆個以上の分子を調べなければならない。

よくある六角形の雪の結晶に私たちがとらわれているのは興味深い。雪の結晶はどれもみな同じではないのに、クリスマスのカードや装飾に使われるような美しい六角形は、最も頻繁に撮影され本や雑誌にも掲載されているようなものになりがちだ。[4] 実は雪の結晶は、結晶が形成される空気の温度や湿度によっておよそ80種類に分かれる。ウインタースポーツ場では降雪機で人工的に雪を作るが、これは単純に、高圧で空気を圧縮し、ノズルから細かい水滴を吹き出す。圧力が下がるときに温度が下がって凍るが、自然にできた雪の結晶にある枝や型が一切ない、おもしろみのない形になる。同様に、空気中の湿度が低い場合、凍って付着することで枝を成長させていく湿気が足りないために、棒状もしくは平面状で、複雑な構造をもたない雪の結晶ができる。温度が約マイナス20度より下がると、枝がなく、短い柱や平面状の氷だけになる。このことから、ある条件においては、雪だるまを作れない理由がわかる。雪の結晶に枝がないと、雪どうしがくっつかないのだ。棒状や平面状や柱状の氷は、互いにすり抜けてしまい、くっつかない。これは雪崩が起きる条件が、雪の性質や雪片の構造とともに大きく変わる理由でもある。

1. H. D. Thoreau, *The Journal of Henry David Thoreau*, eds B. Torrey and F. Allen, Houghton Mifflin, Boston (1906) および Peregrine Smith Books, Salt Lake City (1984), Vol. 8, 87-8.
2. ケプラーは最適な配列を予想したが、ピッツバーグ大学のトーマス・ヘイルズによってそれが正しいことが証明されたのはようやく一九九八年になってからのことだった。その証明は250ページもの文章におよび、さらには、反例になりうる特定の場合を調べるための大量のコンピュータプログラミングも用いられた。答えは、八百屋が市場の台にオレンジ（ケプラーの時代には砲弾だったかも）を積み上げるのによく使うピラミッドの形をした山である。それぞれのオレンジは、その下にある3個のオレンジが作る隙間の上に乗っている。こうしたオレンジは、空間の７４・０４８パーセントを埋める。残りは空のままだ。他のどのような配列でも、隙間は増える。
3. J. Kepler, *On the Six-Cornered Snowflake*. Prague (1611), ed. And trans. C. Hardie, p. 33, Oxford University Press, Oxford (1966).
4. 雪の結晶の構造についてのカラーの画像や研究を集めた最も美しいものとして、http://www.its.caltech.edu/~atomic/snowcrystals にあるケネス・リブレクトの研究と雪の結晶の画像を掲載した多数の著書を参照。

53 図の危ないところ

数学専攻の学生が入学してまず教わることのひとつにこんなことがある。図を描くだけでは何かを証明することはできない。図は、正しそうなことを示し、その証明にどう手をつけるかを見る助けにはなるが、図に見えているのは、当の絵の平面幾何学的な特殊事情なのかもしれない。不幸なことながら、この考え方には一九三五年以来の歴史がある。この年、フランス人数学者による影響力ある集団が、表面的には異なる領域において共通する構造を見出すことを目的として、いくつかの公理から演繹して数学のすべてを形式化することにした。

この集団は、ブルバキというペンネームを使い、その名義で書くときは図の使用を避け、刊行物には図が一切なかった。もっぱら厳密な論理と一般的な数学的構造に重点が置かれ、個別の問題でも、その他のタイプでも、「応用」される数学は避けられた。この姿勢は、数学のごちゃごちゃした部分を厳密に整理し、共通項を明らかにすることに役立った。このことはまた間接的に、学校における数学教育に不運な影響を及ぼし、多くの国でいわゆる「新数学」という教科内容が組まれるようになった。それは、現実世界での応用や具体例の理解を犠牲にして、子どもに数学的な構造を教えようとするものだった。ブルバキと新数学は、いろいろな形で激しい論争の的となったが、そのどちらも今や忘れられて久しい。しかし、ブルバキが図による証明を嫌ったことには実質を伴った理由がある。おもしろい例を見てみよう。

一九一二年に得られたヘリーの定理と呼ばれる数学の定理がある。[1] 考案者のエードゥアルト・ヘリーの名がついたこの定理は、（ここで言うよりはるかに一般的な状況で）一枚の紙に、それぞれ集合A、B、C、Dを表す四つの円を描いたら、[2] AとBとC、BとCとD、CとDとAという三つが重なった交わりがそれぞれ空でない場合、AとBとCとDという四つ重なった交わりが空になることはないことを明らかにする。このことは、次の図を見れば明白のように思われる。AとBとCとDの交わりとは、四つの曲線の辺をもつ中央部の領域である。

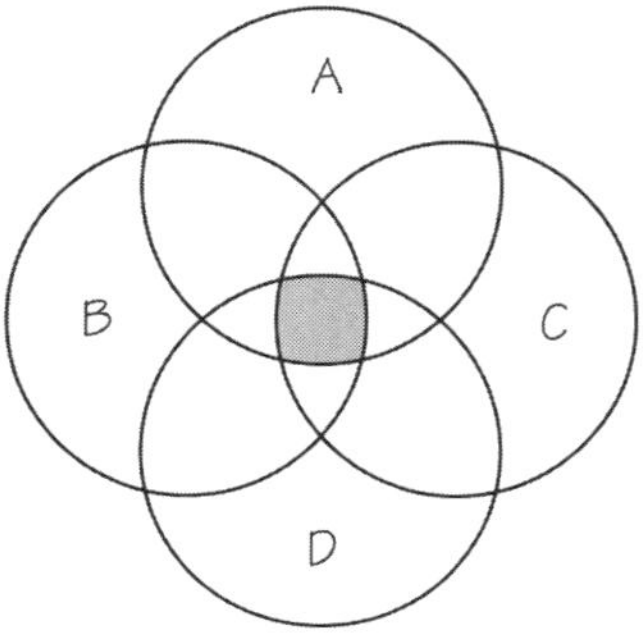

この種の図は、ビジネスや経営の世界ではおなじみのものであり、そこでは、円が表す市場や製品の特性、地理的な領域などさまざまなものの交わりを示すベン図として登場するだろう。しかし、AとBとCとDが物の集まり（「集合」）である場合、ヘリーの定理という幾何学の帰結は必ずしも成り立たない。たとえば、AとBとCとDがピラミッドの四つの面（底面も含む）のような関係にあれば、どの面も残る三つの面と交差するが、四つの面すべてが交差する場所はない。

もうひとつ、人にかかわる例として、アレックスとボブ、クリス、デーヴの四人の友人を要素とするものを挙げよう。｛アレックス、ボブ、クリス｝、｛アレックス、ボブ、デーヴ｝、｛ボブ、クリス、デーヴ｝、｛クリス、デーヴ、アレックス｝というように、三人の友人からなる四つの異なる部分集合を作ることができる。これらの部分集合のうちどの二つをとっても、どちらにも存在する人がひとりはいるが、四つの部分集合すべてに存在する人はひとりもいないのは明らかだ。AとBとCとDの幾何学的な交わりを示す図を二次元の紙に描くことで何かの関係がもつ特性を推論することには、危険がつきまとう。

このような図の機能のしかたを理解することは、図を曖昧なところを残さず認識、操作、考案できる使える状態の人工知能を作ろうという探求の一部をなしている。[3]

1. ヘリーの定理は、N≧n＋1として、n次元空間にN個の凸領域があり、凸領域の集合から任意のn＋1個の領域を選択しても空でない交わりがある場合、N個の凸領域の集合には空でない交わりがあることを言う。本文では、n＝2およびN＝4の場合について考えている。

2. 結果は、凸領域に当てはまる。凸領域とは、その内部にある任意の二点を結ぶ直線を描いた場合、線が内部に収まるものである。これは円Oの場合には明らかにそうだが、文字Sのような形をした領域では言えないことになる。

3. O. Lemon and I. Pratt, *Notre Dame Journal of Logic* 39, 573 (1998). 情報を図に描くことの問題点に対する哲学者の取り組み方としては、C. Peacocke, *Philosophical Review* 96, 383 (1987) を参照。

54　ソクラテスと水を飲む

二つの大きな数についての古くからの推定があり、これは必ず驚かれる結論になる。意外な確率マニアでも驚く。コップに海水を汲めば、コップの中の水を構成する分子のうち、ソクラテスやアリストテレス、あるいはその弟子だったアレクサンダー大王〔アレクサンドロス三世〕が口をゆすぐのに使った水の分子の期待値は何個になるだろう。口をゆすいでもらう人が有名かどうか関係ない。答えは事実上ゼロになるしかないと思われるかもしれない。それにまさか、これらの著名な人物の原子のうちの一個すら、再利用する機会があろうとは、と思ってはいまいか。残念ながら、そう思うのは完全な間違いだ。地球の海にある水の総量は約10^{18}トン、すなわち約10^{24}グラムだ。水分子1の質量は約3×10^{-23}グラムなので、海には約3×10^{46}個の水分子があることになる。塩など、海水の他の構成要素は無視してよい。こうして簡素化したり、概数を使ったりすることは、考えている数が膨大であることから正当とされる。[2]

次は、コップ一杯の水に何個の分子があるかを考える。標準的なコップ一杯分の質量は250グラムなので、そこにある分子はおよそ8.3×10^{24}個。したがって、海にはコップにおよそ$(3\times10^{46})/(8.3\times10^{24})=3.6\times10^{21}$杯分の水があることがわかる。これは、コップ一杯の水にある分子の数よりはるかに少ない。となると、海の水が完全にかき混ぜられ、そこから今日、無作為にコップ一杯の水を汲んだら、紀元前四〇〇年にソクラテスが口をゆすいだ水の分子が約$(8.3\times10^{24})/(3.6\times10^{21})=2300$個入っていると予測できるだろう。さらに驚くべきことに、私たち一人ひとりの体には、ソクラテスの体を構成していた原子と分子のうちの相当な数があることも予測できるだろう。大きな数にはこれほど長もちする威力があるのだ。

1. 水分子は、それぞれの原子核に陽子が一個ずつある水素原子二個と、原子核に、ほぼ同質量の陽子と中性子が八個ずつある酸素原子一個からできている。原子核の周囲を回る電子一個分の質量（9.1×10^{-28}グラム）は、原子核にある陽子一個分の質量（1.67×10^{-24}グラム）や中性子一個分の質量と比較すると無視できる（1/1836しかない）。

2. 水の全質量（あるいは体積）の推定にはいろいろあって、淡水と凍結水を含めるかどうかによって値がわずかに異なる。いろいろな値を使っても最終的な数はほとんど違わず、議論の趣旨が変わらないことを自身で確認してみるといいかもしれない。

55 奇妙な公式

数学がかなりのステータスシンボルになっているために、適切かどうかを考えずに性急に数学が使われてしまう世界がある。ある文を記号で表すことができるからそうするというだけでは、必ずしも知識は増えない。「三匹の子豚」と言うほうが、すべての豚の集合と、すべての三つ組の集合、すべての小さな動物の集合を定義して、三つの集合すべてに共通する交わりを取り出すよりもずっと使いやすい。記号化の方向への興味深い試みが、一七二五年、スコットランド人哲学者のフランシス・ハチソンによって初めて行われ、この研究のおかげで本人はグラスゴー大学の哲学教授に出世した。その試みで計算しようとしたのは、個々の行動の道徳的な善度だった。ここには、物理的な世界を数学で記述することに成功したニュートンの衝撃の名残が見てとれる。ハチソンの方法論は、他の専門領域のさまざまな手法を模倣して称賛するというようなものだった。それで唱えられたのは、私たちの行為の美徳度、すなわち善行の程度を評価する普遍的な公式だった。

美徳＝（公共の善±個人の利害）／（善を行う本能）

ハチソンの「道徳算術」公式には、多くの好ましい特徴がある。二人の人が善を行う本能を同じ分量もっている場合、自分の個人的な利益を犠牲にして公共の善をできるだけ大きくする人のほうが徳が高いことになる。同様に二人の人が、個人的な利益は同程度ながら同程度の公共の善をなす場合、生来の能力の低いほうが徳が高いことになる。

ハチソンの公式に三番めに出てくる項「個人の利害」は、プラスにもマイナスにも寄与しうる（±）。ある人の行為が公共には益となるが、その人自身には損となるなら（たとえば、報酬のある職に就かず、報酬のない慈善活動をする）、「公共の善＋個人の利害」となり、美徳度が増す。しかし、そうした行為が公共の役に立つとともに悪人の役にも立つ場合（たとえば、当人の財産とともに隣人の財産も損なうような景観によくない開発計画を中止させようとする運動）、その行為の美徳度は、「公共の益－個人の利害」の項の分だけ減少する。

ハチソンは、公式内の量に数値を入れはしなかったが、必要とあれば数値を入れるつもりはあった。道徳の公式は実際にはあまり役に立たない。新しいことを何も明らかにしないからだ。公式にあるすべての情報は、そもそも公式を作るためにはめ込まれたものだ。「美徳」、「個人の利害」、「生来の能力」の測定単位を調整しようとどう試みても、それはまったく主観的なものであり、測定可能な予測はひとつもできないだろう。それにもかかわらず、この公式は、多くの言葉を費す代わりの便利な短縮表現ではある。

ハチソンが抱いた一連の合理主義的空想をいささか奇妙にも彷彿させるものが、二〇〇年後の一九三三年、著名なアメリカ人数学者ジョージ・バーコフが完成させた魅力的な研究に登場した。バーコフは、美の理解を数量化するという問題に取り憑かれていて、研究者人生の多くを、音楽や絵画やデザインの中の、人の心に訴えかける成分を数量化する方法を探すことに捧げていた。研究には多数の文化における事例が集められ、今なお読んでいておもしろい。そうしてなんとバーコフは、それらすべてをハチソンの公式を思わせるひとつの公式にまとめた。美の質は、秩序と複雑さの比によって決まる尺度で求められると考えたのだ。

美の尺度＝秩序／複雑さ

個別の型や形の「秩序」と「複雑さ」に客観的に数を割り当てる方法を考案しようとし、その方法を、花瓶の形やタイルの型、小壁、デザインなどあらゆる種類のものに当てはめようとした。もちろん、どんな美の評価でもそうだが、花瓶と絵画を比べることには意味がない。意味をもたせるためには、特定の媒体や形式に限定する必要がある。多角形の場合、バーコフの公式にある「秩序」の尺度は、四つの異なる対称性があるかどうかの点数を加え、一定の不十分な因子（たとえば、頂点間の距離が短すぎる、内角が〇度か一八〇度に近すぎる、対称性がないなど）の分を減点する（1点か2点）。そうして得られる数は7を超えることがない。「複雑さ」は、当の多角形の少なくとも一辺が乗る直線の数で定義される。よって、正方形の場合これは4になるが、ローマ十字の場合は8となる（水平の線が4、垂直の線が4）。

バーコフの公式には、美的要素を採点するために実際の数を用

いるという長所があるが、残念ながら美的な複雑さは多様すぎて、そのような単純な公式では囲いきれない。ハチソンのもっと未熟な試みと同様に、バーコフの公式でも、多数の人が同意するような尺度を作り出すことができなかった。この公式に魅力を感じる人が多く（数学者に限らず）、パターンが繰り返されながらスケールがどんどん小さくなっていく現代的なフラクタル・パターン（たとえば58章や94章を参照）に当てはめれば、秩序の点数は最大で7にしかならないが、パターンのスケールがどんどん小さくなるにつれ、複雑さの点数はどんどん大きくなり、「美の尺度」は急速にゼロに近づいていく。

56 筆致の計量――数学が波を判定する

絵画の鑑賞、評価、鑑定には多くの人がかかわっている。美術史家は、画家の筆遣いが象徴するものや、細部に表れるその画家らしさを知っている。修復家は、絵の具や顔料、それを塗る画面の材質の性質を知っている。時系列を立てて、歴史的な整合性を確かめることもできる。数学者は今や、こうした従来の専門家に加わり、真偽を見きわめるという難題に取り組むために新たな手法を加えている。

5章では、音にあるパターンをさまざまな周波数の正弦波の集まりとしてモデル化することで、パターンを高い精度で記述し再現できることを見た。一八〇七年にジョゼフ・フーリエが初めて取り入れたこの古い手法は、通常はとても効果的だが、どうしても限界があり、ところどころで急激に上下する信号には適さない。また、信号を上手に記述するには膨大な数の波を組み合わせることが必要となり、そうすると計算コストが高くなることがある。

これに対して数学者は、タイプが異なるいくつかの波の類（「小波《ウェーブレット》」）を新たに用いることで、パターン解析のための、フーリエと似てはいてももっと強力な現代的手法を開発した。フーリエの場合とは違って、ウェーブレットを用いれば、いろいろな周波数の正弦波と余弦波を足し合わせてできるよりも、個々のパターンの違いをよく出せる。振幅や時間の幅が増えることで突然に変化する信号でももっと細かく記述できるようになり、組み合わせるウェーブレットの数が少なくなり、計算が速くなりコストも低くなる。

近年、絵画の研究に、画家のスタイルを数学的にとらえ、疑わしい作品の真偽判定をいっそう確実に行うことを目指してウェーブレット解析を用いる有望な使い方がいくつか出てきた。オランダのテレビ番組「NOVA」が、二〇〇五年に「絵画調査のための画像処理」をテーマにアムステルダムで開催された学会の出席者たちに難題を突きつけ、この手法は相当の注目を浴びた。その難題とは、熟練の修復師で数々の復元に携わってきたシャーロット・キャスパースによるゴッホの模写五点と、本物のゴッホの作品とを見分けるというものだった。[1] ウェーブレット解析を用いて絵画を分析したチームが三つあったが、そこはどれも、模写を正確に見分けた。

三つのチームがそれぞれに取った戦略は、模写よりも原画のほうがすばやい筆さばきをさっさと繰り返して描かれているとする予測に注目していた。模写をする側は、特に細かい描写がされている箇所では原作者と同じ回数だけ筆を走らせ、顔料やその厚みを正確に一致させるなどして、絵をぴったり同じに再現することに集中するものだ。そうすると、原画が描かれたときよりも時間がかかる。さらに課題が出され、数学者は他の有名な画家の作品について、偽物と本物を見分けようとした。じつに興味深いことに、キャスパース自ら、本人が描いた精緻な鳥の絵を、その作品を本人が模写したものとを区別するという課題を出した。この課題から、筆遣いの滑らかさに注目するという単純な考え方では、特定の種類の筆が使われた場合や、解析に用いるスキャンの解像度が十分に高くない場合には、模写を見分けることができないことが明らかになった。こうした発見は、掌握すべき新たな変数を明らかにした。

このゴッホの課題から、キャスパースのような絵画の専門家と、ウェーブレットを扱う数学者たちとのあいだに、現在進行中の実り豊かな共同研究が生まれた。実際にまず行ったのは、非常に高い解像度で絵をスキャンすることだった。それから、絵にあるパターンや色について、非常に細かい区画にいたるまでウェーブレットによる記述をとった。これは要するに、きめ細かい情報をすべて、つまりどの色がどの色の隣にあるか、表面の凹凸や色がどのように変化するか、いろいろな属性にどんな集中具合やパターンが存在しているかなどを、数多くの変数について繰り返し、数値で表すということだ。その結果、筆の毛一本一本に画家がつけた絵の具といった規模にいたるまで分解された絵の指紋を多次元で取ってデジタル化したようなものができあがる。画家の動作や構成過程についてのマップができ、そこから、繰り返し使われているパターンがひとつひとつ明らかになり、画家のスタイルを特定する手助けとなる。原画と、同じ作家による模写とを調べることにより、原画と模写それぞれができあがる過程の違いを見分けることができる、はるかに強力な解析が可能になる。さらに、作品のさまざまな箇所で用いられているタッチの凹凸や、模写に熟練した者が、細かい部分を単に再現するだけでなく、絵全体の雰囲気をとらえようとする様子など、じつに細かいところでの作用にも光が当てられる。

画家のスタイルを細かい区画にいたるまで詳細に解析するこの種の手法は、こんなところにも取り入れられている。時の経過によって損なわれたり劣化したりした原画を復元するという問題だ。この手法を用いれば、退色したり損傷を受けたりした原画がもともとはどのように見えていたのか、あるいはさらに、レオナルド・ダ・ヴィンチの「最後の晩餐」のような作品が現在描かれたとして、それが今後劣化していくにつれ、見た目がどのようになっていくのかを示すことで、納得の得られる修復ができる。

この種の解析は、美術史家や修復家が直感的に見抜いていることを補完するものだ。画家のごく細かいところにあるスタイルの様相、画家自身でさえも気づいていないかもしれないような様相を分類整理する新しい再現可能な方法を与えてくれる。数学は、高速のコンピュータをとことん利用して、人間の画家がしていることをますます細かく再現する。たぶんいつの日か、コンピュータを使って、独特なスタイルの絵画作品が生み出されるだろう。

1. http://www.charlottecaspers.nl/experience/reconstruction.

57　みんなそろって

講堂で机の前に座った聴衆に向かって講演をするなら、みんなの助けを借りてあっと驚くようなことができる。聴衆に、指でそれぞれの前にある机を好き勝手にたたき続けてくださいと頼むのだ。何秒かは、全体としてまとまった音のパターンはまったく聞こえず、てんでばらばらのうるさい音がするだけだ。ところがこうした状況は一〇秒ほどもしないうちにがらりと変わる。テーブルをたたくばらばらの音が同期し始め、ほとんど全員がそろってたたくようになってくるのだ。聴衆が手をたたく場合にも、同じ現象がしばしば見られる。一人ひとりがばらばらに手をたたく音が、同期したパターンへと「収まる」傾向があるのだ。

この音の同期に似たものは、他の感覚、すなわち聴覚だけでなく視覚にも見られる。小さな区域にいる大量の蛍は同時に発光する傾向にある。ただし、少し離れたところにいる別の蛍の集団が一斉に発光する周期とは異なる。

三つめの例としては、大人数が橋を渡っていたり、ボートに立っていたりして、その橋やボートが左右にわずかに振動している場合、その上にいる人たちの体がやがてそろって左右に揺れるようになることがわかっている。小さなボートや可動橋（最初に開通したときのロンドンのミレニアムブリッジがそう）では、錘やバラストを利用して揺れを適切に減衰しなければ惨事につながる恐れがある。

どうしてこういうことになるのだろう。指でテーブルをたたく人や光を点滅させる蛍はそれぞれに、確かに独立してふるまっている。誰も、同時にたたくように指導したりしていない。直近の人以外の誰からも、完全に独立しているように思われる。しかも、たとえもっぱら隣をまねしようとしても、まねし続けるのは難しく、リズムをとりきれなくなる。

どの例においても、周期的なできごとがたくさん起こっている（指でたたく、蛍が発光する、歩行者の体が揺れる）。こういう動作をするものを数学者は「振動子」と呼ぶ。しかし、どんなものを考えたとしても、振動子は互いに完全に独立しているわけではない。指でテーブルをたたいているそれぞれの人の耳には、周囲でテーブルをたたいている人々全員を平均した結果が入ってくる。個々の人が指でたたく頻度とタイミングは、多くの指から発生するこの平均の背景音に反応している。誰もが、すべての指を平均した同じ背景雑音を聞いているため、それぞれの人のパターンは、自分以外の振動子の平均であるひとつのパターンによって引き起こされた振動子のパターンに等しくなる。そうした平均のパターンが十分に強力であれば、これに誘発されて、すべての指が同じパターンにすぐに従ったり、すべての蛍がそろって発光したりするようになる。[1] ショーやコンサートで自然に発生しているらしいどんな反応でも、この平均の音への集合的反応で、聴衆の反応が自然発生的に整列するのがしばしば見られる。

実際には、同期する速度や程度は、平均の信号への参加者のつながり方（ひいては反応）によって決まる。そのつながりが適度に強く、手をたたく周期がゆっくりであれば、手をたたく音の周波数の幅がかなり狭くなり、全員の動作が同期する。ゆっくりと手をたたく場合、これがとくに顕著になる。しかし、聴衆がもっと熱を込めて拍手をし始め、各人の拍手の間隔が半分になって騒音レベルが上がると、拍手の音の周波数の範囲が広くなり、同期できなくなる。[2] 大人数が拍手したときの音だ。

1. 自然界に見られるいろいろなタイプの同期について美しいほど単純な説明は、一九七五年に日本人数学者の蔵本由紀によって初めて行われた。

2. Z. Néda, E. Ravasz, T. Vicsek, Y. Brechet and A. L. Barabási, *Physical Review* E 61, 6,987 (2000) および *Nature* 403, 849 (2000).

58 時間が空間を考慮に入れなくてはならないとき

人間の創造性には、まだ利用されていないあらゆる隙間を埋めようとする習性がある。人間の芸術的な探究を分類する試みが役立つひとつのことは、そうすることで、埋められる隙間があるかどうかが明らかになるところだ。以下、自分たちがしていることを分類する、ごく単純な方法をひとつ。私たちは、空間Sと時間Tの中で作業する。空間のなかでは、一次元、二次元、三次元という次元の範囲内でものを作り出すことができる。これをS^Nと名づけよう。線で作るか（S）、面で作るか（S×S）、立体で作るか（S×S×S）によって、N＝1, 2, 3 のいずれかになる。空間を調べようと考える場合、選びうる次元は三つある。この場合に規定できる最も単純な静止的芸術形式は上の表のとおり。

空間の次元 S^N	芸術形式
N＝1	小壁〔第 30 章〕
N＝2	絵画
N＝3	彫刻

次に、時間と空間を一緒に使えば、レパートリーを広げてさらに複雑な活動を取り入れることができる。それぞれの次元について、ひとつずつ例を挙げたのがこの表だ。

空間の次元 S^N×T	芸術形式
N＝1	音楽
N＝2	映画
N＝3	演劇

念を押すと、これですべての可能性が挙がっている。また、演劇には映画や音楽が含まれる場合もあるため、この分類の中でさえ、通常とは異なる副次的な展開や、複雑な下部構造の入る余地がある。時間

は直線的に伸びる必要はなく、音楽ではパターンを作る手段として周期的循環がよく使われる。映画や演劇では、こうした非直線性はタイムトラベルへとつながるため、さらに大胆な道が開ける。ちなみにタイムトラベルは、一八九五年にH・G・ウェルズが文学に初めて導入した。芸術における空間の次元数は、数学者も発見し分類したような分数の値に一般化できる。直線は一次元だが、くねくねと曲がった線を引けば、面全体を覆うことができる。複雑に曲がりくねった線なら、幾何学的な次元はひとつだけなのに（N＝1）、面全体をほぼ覆うことができるのだ。

フラクタル次元と呼ばれる新たな種類の次元を与えることで、線の「忙しさ」を分類することが可能だ。それは、単純な線の次元1と、完全に埋まった面の次元2とのあいだに位置しうる。しかしその中間においても、フラクタル次元1・8の曲線は、フラクタル次元1・2の曲線よりも入り組んでいて、空間を密に埋める。同様に、複雑に折りたたまれた、あるいは縮緬状の面は、立体全体を相当なまでに埋めることができる。こちらには、面の次元である2と立体の次元である3のあいだのフラクタル次元を与えることができる。

フラクタル幾何学は、一九〇四年にスウェーデン人数学者のヘルゲ・コッホを皮切りに、何人かの数学者が開拓したが、有名になったのは一九七〇年代初頭にブノワ・マンデルブロが取り上げてからのことだ。「フラクタル」という用語を作ったのも同じ人である。マンデルブロは、勤務していたヨークタウン・ハイツ〔ニューヨーク州〕にあるＩＢＭ研究所の擁する莫大な計算能力の力を借りて、多数のフラクタル曲線の複雑性を探索し、その構造についてめざましい発見をすることができた。この種のフラクタル構造は、先ほどの分類で空間の項目に挙がっている芸術形式においては、細かく分割された音程や音長、分割された舞台、彫刻の細かい構造などが、幾重もの意味を包含しているところに見ることができる。時間でさえも細分して、読者が読むたびに異なる選択をできるような分岐点があって、結末もそれぞれ違う物語を作ることもできる。

59 テレビの見方

最近、新しいテレビを買った人なら、画面のサイズに驚いたかもしれない。値の張る新しい高精細度（HD）テレビの画面は、今まで見ていた旧式のテレビと同じサイズとうたわれていた。しかし、家に持って帰ってみると全然違っているではないか。では、何がおかしいのか。

テレビ画面のサイズを定める寸法はひとつだけ。長方形の画面の下にある角から上にある反対側の角に斜めに引いた線の長さだ。しかし、話はこれで終わりではない。家にあった旧式のテレビと新たに買ったHDテレビの画面「サイズ」としてカタログに記載されているのは、対角線の長さ38インチという同じ値かもしれない。しかし、画面の形は異なっている。古いテレビの画面は縦が19.2インチ、横が25.6インチで、画面の面積は19.2×25.6＝491.52平方インチとなる。三平方の定理から、横の平方に縦の平方を足すと対角線（38インチ）の平方に等しくなることが確かめられる（小数第一位の精度まで）。残念ながら、新しいテレビの画面は横が28インチと長いが、縦は15.7インチと短くなっている。ここでまた、3章で述べたことを思いだすと、先ほどと同じように三平方の定理から、横の平方に縦の平方を足すと対角線の平方に等しくなる。しかし今度は、横幅の長い画面の面積は28×15.7＝439.60平方インチにしかならない。つまり、100(491.52－439.60)/439.60＝11パーセントも小さくなっている！

これは二重の意味でひどい話だ。画面の面積は、見る人の眼に飛び込む画の量を決めるだけではない。メーカーのコストもそれで決まる。メーカーは、画面の画素数が少なくなるために、利幅を大きくしつつ提供する量は少なくしている。同じ画面の面積を確保するには、古いテレビの対角線の長さに、1・11の平方根、すなわち1.054を掛けた長さの対角線をもつＨＤテレビを買う必要がある。古いテレビが32インチなら、32×1.054＝33.73インチ、すなわち34インチの型のテレビに買い換える必要があるというわけだ。

昔の映画をたくさん観る人なら事態はもっと悪くなる。昔の映画は画面の大きさが違うからだ。映画がテレビで放送されていると、新しいテレビの画面の両側に使われていない縦帯が二本表示されることに気づくだろう。対角線の長さが32インチのＨＤテレビの横幅28インチを隅々まで使わずに、画面の中央21インチだけに画像が表示される。縦の長さは15.7インチのままだが、画像が表示される面積は今や21×15.7＝329.7平方インチだけになり、画像が映される面積は、古いテレビの場合よりも33パーセントも小さくなる。古いテレビが34インチだったなら、昔の映画が画面に映し出される高さが同じになるには、42インチのＨＤテレビが必要になる。ものごとはまさしく見た目と同じとは限らない。

60 美しい曲線をもつ壺の側面図

対称性が喜ばれる芸術様式のひとつに壺がある。磁器で作られ精巧な彩色が施されたこの芸術様式は、古代中国で完成の域に達したが、さまざまな材質を使った同じような様式が世界中に認められる。壺は実用的ではあるが装飾用にもなり、美的な魅力は側面から見た形にある。陶芸用のろくろを回して作られるため、取っ手のない伝統的なデザインは対称的な形をしている。人の目に最も魅力的に映る壺の二次元的側面図には、どのような幾何学的な特徴があるのか。

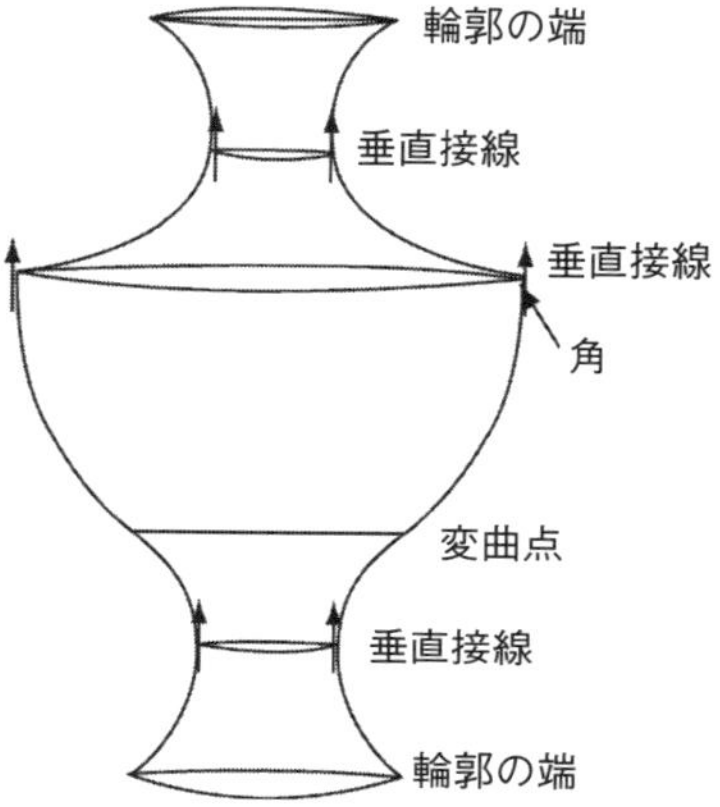

中央の軸を中心に横方向の（左↔右）対称性があるものと考える。必ず円形の上面と円形の底面、側面があり、側面は曲率が異なる部分に分かれていてよい。単純な金魚鉢には、正の曲率の、すなわち外側に膨らんだ側面が、上端の縁から円形の底までつながっている。もっと複雑なデザインになると、幅の広い上端から内側に向かってカーブしてくぼみを作り、首の下で幅が最小になってから外側に向かってカーブして半径が最大になり、それから内側にカーブしてでっぱりを作り、またもや半径が最小になると、もう一度外側にカーブして底面に到達する。このうねるような形には、側面の曲率

が変化して目が止まる点がいくつかある。壺の表面がなす曲線への接線は、半径が極小の地点と極大の地点で垂直になる。壺の幅が最も広くなる部分では、接線の方向が急に変わることがある。さらに、曲率が正から負へと滑らかに変化する部分もある。こうした「変曲点」と呼ばれるところは、注目されやすい。滑らかに延びていてもいいが、急に変化してもいい。側面の輪郭がくねくねしているほど、多くの変曲点がある。

一九三三年、アメリカ人数学者ジョージ・バーコフが、美しさの魅力に等級をつける簡単な採点方式を工夫しようと試みた。「美の尺度」と呼ばれるこの公式のことは、55章で述べた。バーコフの尺度は「秩序」と「複雑さ」の比で定義される。バーコフはおおまかに、私たちは秩序あるパターンを好むが、それがあまりに複雑だと評価が下がると考えた。美的効果を評価する一般的な方法としては、バーコフの尺度は少し単純すぎて、冬の枯れ木や風景など、自然界にある特定の種類の複雑な構造を私たちが好む傾向と食い違う。しかし、似たような、単純で決まった作り方をする類のものについては得るところがあるかもしれない。壺の形についてバーコフは、「複雑さ」は、輪郭に対する接線が垂直になる地点と、輪郭にある変曲点、角、端の数に等しいと定義した。「秩序」の尺度はもっと込み入っており、こちらも四つの因子の合計であると定義した。すなわち、1対1もしくは2対2の比という関係にある縦線の組と横線の組の数と、平行の関係にある接線の組の数、垂直の関係にある接線の組の数である。いろいろな壺を採点したり、さらには美的尺度の得点が高くなる新しい形をデザインしたりはできるが、この尺度の長所は、壺の側面図の輪郭において何が最も美的に強い印象を与えるのかを注意深く考えさせるところにある。

61　宇宙のすべての壁紙

30章では、小壁《フリーズ》に使うことのできる基本的な意匠の数は七つだけであることを見た。この数は、小壁の基本的な対称性のパターンの数を指す。もちろん、無限の数の色の違いや形を用いて表現することもできる。この偉大なる7は、意外にも小さい一群の可能性であり、一次元の周期的パターンを作る作用の自由が限られていることを反映している。二次元での周期的パターンとなると、選択しうる数は17に増える。これは、一八九一年にロシア人の数学者にして結晶学者だったエフグラフ・フョードロフが初めて発見した。この選択肢の集合は、「壁紙」模様集として知られている。平面上での対称的な壁紙の意匠に使える対称性のこれだけしかない基本的な組み合わせを分類したものだからだ。ここでもまた、小壁のパターンと同様に、これらの基本的な対称性は、無限の数の異なる色やモチーフで表せるが、新種の壁紙パターンが今後発見されることはない。

17のパターンは、回転させてもパターンが変化しないような最小の回転（60度、90度、120度、180度、360度）を問うことで分類される。次に、鏡映の対称性があるかどうかを問う。それから、鏡映軸（これがある場合）などの軸について映進があるかどうかを問う。可能性を検討しつくすための他の問いとしては、二方向における鏡映があるかどうか、45度で交差する線それぞれについての鏡映があるかどうか、回転対称性の中心がどれも回転軸の上にあるかどうかがある。以上の問いと答えのフローチャートを図に示す。端に描かれているのは、導かれる17通りの可能性の例である。

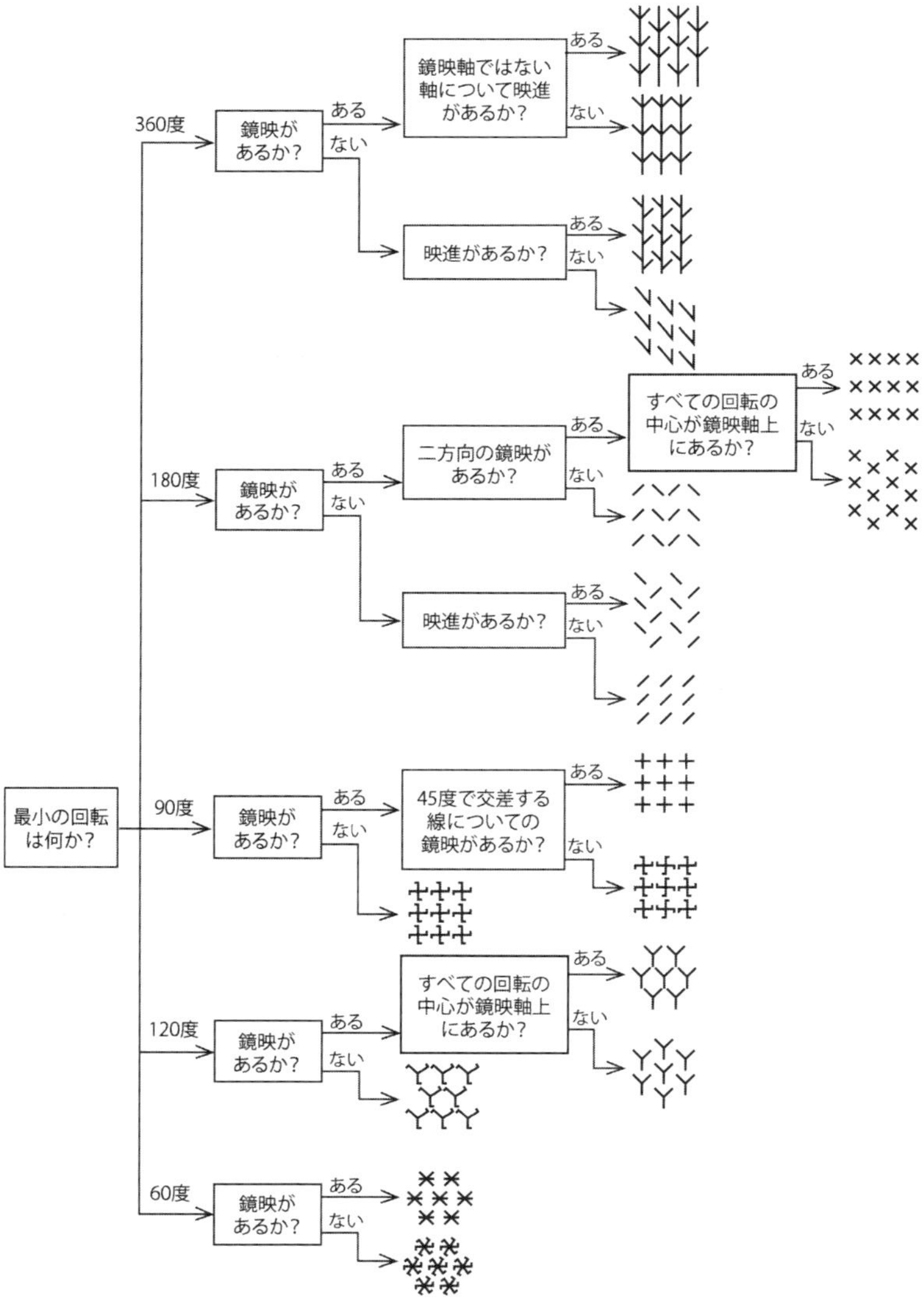
最小の回転
は何か？
360度
180度
90度
120度
60度
鏡映が
あるか？
ある
ない
鏡映軸ではない
軸について映進
があるか？
映進があるか？
二方向の鏡映が
あるか？
すべての回転の
中心が鏡映軸上
にあるか？
45度で交差する
線についての
鏡映があるか？

この17個の基本的なパターンの例が、七つの基本的な小壁のパターンと同様に、さまざまな文明において作られた古代の装飾に見られるのは、人間のもつ幾何学的な直観と、パターンへの深い理解のおかげである。[1] 芸術家たちは、石や砂を使ってパターンを作ったり、布や紙の上に描いたり、彩色を施したりしただろう。さまざまな色の塗り方をしたり、基本的なパターンのモチーフに天使や悪魔、星や人の顔を使ったりしたかもしれないが、人間による装飾の様式の探求におけるパターン把握は驚くほど広く普遍的に行き渡っており、すべてが出つくしている。私たちはそれらをすべて発見したのだ。

1. 各々の写真は、私の著書 *The Artful Universe Expanded*, Oxford University Press, Oxford (2005), pp. 131-3 を参照〔初版の邦訳は『宇宙のたくらみ』〕。これらのパターンについての洞察に満ちた、美しい図解つきの本としては、J. H. Conway, H. Burgiel and C. Goodman-Strauss, *The Symmetries of Things*, A. K. Peters, Wellesley, MA (2008) を参照。

62 孫子の兵法

孫子による古代中国における軍略の有名な手引き書は、紀元前六世紀に書かれた。13篇からなり、各篇が戦いの種々の側面を解説している。『孫子の兵法《アート・オヴ・ウォー》』はそれ以来、軍隊の指揮官に影響を与え続け、CIAとKGB双方の情報部員にも、交渉担当者や企業の幹部、各種スポーツチームのコーチの必読書とも見られている。この書は、軍事大国の昔からの軍略の知恵やしきたりがまとめられている。[1]

意外なことに、これに類似する、軍略を定量的に分析してみせた現代の専門的便覧は見当たらない。ヴィクトリア朝の才能ある工学者、フレデリック・ランチェスターが、相互につながる一連の任務を最も効率的に実行する方法についての数学的研究――ゆくゆく「作戦研究《オペレーションズ・リサーチ》」と呼ばれるようになった――を考え出して初めて、数学的な洞察が戦争の舞台に導入された。ちなみにランチェスターは、こうした研究の合間に、石油を燃料に用いた自動車を初めて完成させ、パワーステアリングとディスクブレーキを発明した。

一九一六年、第一次世界大戦のさなか、ランチェスターは、二つの軍隊のあいだでの争いを記述するいくつかの簡単な数式を考案した。簡易な式にもかかわらず、その式は、戦争について、今日の軍略家にも知恵を授けるような意外な事実を明らかにした。後から考えると、ネルソンやウェリントンなど過去の偉大な戦略家たちは、この式が明らかにする事実の一部を直観的に理解していた。そうした式は、当然、ウォーゲーム作りにも備わる設計原理にもなり、ボードゲームやコンピュータゲームに引き継がれているらしい。

ランチェスターは、二つの軍隊のあいだの戦いに簡単な数学的記述をつけた。この両軍勢をグッディーズ〔善玉〕（G個の戦闘部隊をもつ）とバッディーズ〔悪玉〕（B個の戦闘部隊をもつ）と呼ぼう。時間をtとし、戦闘開始時点をt＝0として、そこからカウントし始める。時間が経過し戦いが進行するにつれ、部隊数$G(t)$と$B(t)$がどう変化するかを知りたい。この部隊にはたとえば、兵士や戦車、砲などがあるだろう。ランチェスターは、G（もしくはB）個の戦闘部隊それぞれが、敵の部隊g（もしくはb）個を倒すものとした。したがってgおよびbは、それぞれの陣営の部隊の効力を表す尺度となる。各軍の部隊の消耗率は、敵の部隊の個数と効力に比例するものとする。すなわち、以下のようになる。

$$dB/dt = -gG \quad \text{および} \quad dG/dt = -bB$$

これらの方程式の一方をもう一方で割れば、容易に積分ができて、[2] 次のような重要な関係が得られる。

$$bB^2 - gG^2 = C$$

ここでCは定数である。

この単純な式はすごいことを明らかにしている。各軍の全体的な戦力は、保持している部隊の数の二乗に比例して大きくなるが、部隊の効力については一次関数でしか増えないことを示している。二倍の個数の部隊をもつ敵と同等になるためには、兵士一人当たりの効力あるいは装備一つ当たりの効力を四倍にする必要がある。軍は大きいほど強いのだ。同様に、敵の軍隊を小さな集団に分断したり、連合勢力が結集して一個の対抗勢力をなすのを防いだりする手法も、重要な戦術である。これはネルソンが、トラファルガーの海戦や、フランス海軍やスペイン海軍を相手にした他の戦いで行ったことである。もっと新しいところでは、二〇〇三年のイラク戦争の際、アメリカ国防長官のドナルド・ラムズフェルドが取った方針は不可解だった。大兵力で侵攻するのではなく、重装備の小部隊（Gは小さくgは大きい）を用いたのだ。それだと、bは小さくてもBが大きい相手には負けることがありうる。

ランチェスターの二乗の法則は、現代の戦争では、ひとつの部隊が多数の敵を倒すことも、一度に多方面から攻撃を受けることもありうるという事実にも応じている。一人の兵士が一人の敵だけを相手にするという接近戦では、戦闘の最終的な結果は、bB^2とgG^2の差ではなく、bBとgGの差で決まるだろう。白兵戦が乱戦になり、部隊全体が敵全員を相手にできるような状態になると、二乗の法則が当てはまるようになる。数で負けている場合、こうした事態は避けるべきだ！

ランチェスターの式をもう一度見れば、戦闘の開始時に、b、B、g、Gの数を使って定数Cを計算できることがわかる。これはただの数だ。正の数であれば、bB^2はつねにgG^2より大きくならざるをえず、Bがゼロになることは絶対にありえない。戦闘の終わりに、部隊の効力が等しければ（b=g）、残存兵力の数は、両軍の部隊の数を二乗したものの差の平方根になる。よって、G=5およびB=4の場合、残存兵力数は三個部隊となる。

ランチェスターの単純なモデルをさらに複雑にした変種が多数ある。[3] 効力が異なる部隊を混在させたり、主力の戦闘部隊に補給を行う支援部隊を加えたり、軍隊間の相互作用を変化させるランダムな因子を導入したり、[4]効力係数のbとgを時間とともに減少させることで疲労と消耗を計算に入れたりできる。しかし、それらすべての始まりはランチェスターの単純な洞察にある。そこから興味深いことがわかる。そのうちの一部は孫子も理解していたことだろうが、この洞察によって、いっそう高度に複雑化されたモデルへの扉が開かれる。子どもや孫と兵隊ごっこやテレビゲームをして遊んでいるときに、この法則が当てはまるかどうか確かめてみよう。ゲームを制作する人なら、こうした法則を用いて、上手にバランスが取れた二つの軍勢を作ることができるだろう。ウォーゲームにおいて決定的な因子となるのは数だけではない事情と理由がわかるからだ。

1. *The Art of War by Sun Tzu - Special Edition*, L. Giles 訳・注解、El Paso Norte Press, El Paso, TX (2005).
2. これは簡単に解ける。$d^{2B}/dt^2=-gdG/dt=gbB$ なので、PとQを、$t=0$ のときに $B(0)=P+Q$ で与えられる当初の部隊数によって定まる定数として、$B(t)=P\exp(t\sqrt{bg})+Q\exp(-t\sqrt{bg})$。同様の関係が $G(t)$ についても当てはまる。
3. F. W. Lanchester, 'Mathematics in Warfare' in *The World of Mathematics*, ed. J. Newman, Vol. 4, pp. 2,138-57, Simon & Schuster, NY (1956): T. W. Lucas and T. Turkes, *Naval Research Logistics* 50, 197 (2003): N. MacKay, *Mathematics Today* 42, 170 (2006).
4. たとえば、G個部隊とB個部隊について $dB/dt=-gG^pB^q$ および $dG/dt=-bB^pG^q$ として、さらに一般的な相互作用モデルを用いてもいいかもしれない。これはすなわち、戦闘中一定となる量が、$w=1+p-q$ として、gG^w-bB^w であることを意味する。検討した単純なモデルは、$p=1$ および $q=0$ の場合である。発砲と部隊の配置が完全にランダムなモデルでは、$p=q=1$ となるため、$w=1$ となる。後者の場合の結末は、効力の違いによって決まるので、部隊の数は因子にはならない。研究者は、事象の帰結を理解するために、pとqの最適な値を調整すべくさまざまな戦闘を調べている。

63 ワイングラスを粉々に割る

音楽にまつわる言い伝えに、大音声の高音を出してワイングラスやシャンデリア、さらには窓ガラスでさえ割ることのできる歌手というのがある。私は、歌手がそんなことをするのを見たことはない（物理実験室で超音波ビームを当ててガラスを割る場面なら見たことがある）[1]。それに、これを実演した動画がインターネットで見られるが[2]、アップされている実験には専門家が疑いの目を向けるものもあるようだ。そもそも、こういうことが可能になる根拠と方法は何なのか。

ワイングラスの縁は、たたいて振動させることができる。縁には内側に振れる部分と外側に振れる部分があり、その中間には静止している点が必ずある。こうした動きが空気を押し、音波が生まれ、グラスの「丸い縁の鳴る音《リング》」が容易に聞き取れる。厚みのあるワイングラスなら、それほど大きく振れないために、こうやって鳴らしても割れる危険性はない。かなり薄手のグラスだったり、ひびが入っていたりすると、グラスの縁を大きく振動させると砕けて割れることがある。ワイングラスの縁は、軽く力を加えて振動させた場合に自然に振動するような固有振動数をもっている。歌手が、この特定の振動数の音波を出せれば、それがグラスの縁と共鳴し、振動を増幅させ、グラスは大きく歪んで壊れてしまう。

こうしたことが起きるには、薄手のワイングラスである必要がある（傷が少しついていればなおよい）。歌手は、空気の分子をグラスに強くぶつけるために大音量で音を出し、共鳴を維持するために、二、三秒間、求められる振動数で音を伸ばし続ける必要がある。プロの歌手なら、音叉代わりにグラスをはじいて、自分の声を求められる振動数に合わせることができるはずだ。こうすると共鳴振動数がわかる。それから、グラスを割るほどの振幅をもつ振動を発生させられるだけの強度の音を出し、数秒間、その振動数をぴったり決まった数に維持しなければならない。100デシベルを少し上回るくらいの音量なら、薄手のグラスを割るには十分だろう。オペラ歌手は、それくらいの音量――ふつうの話し声の倍くらいのボリューム――を持続して出す訓練を長年積んでいる。幸い、意図していようといまいと、この振動数の音を求められる音量でぴったり出すことは容易なことではなく、ごくまれにしか起こらない。ほとんどの人は見たこともないだろう。しかし、大きく拡声させると、増幅の起こる共鳴振動数を探し当てなくとも、その強度だけでグラスが割れることもある。40年以上も前、エラ・フィッツジェラルドが声を出すだけで簡単にグラスを割るコマーシャルがアメリカのテレビで流れていた。だが、その声は、スピーカーで大幅に増幅されていたのではないか。実際には、何より、グラスに傷があることが、声を増幅しないでグラスを割る可能性を大きく上げる。二〇〇五年、アメリカ人ボイストレーナーのジェイミー・ヴェンデラが、ディスカバリー・チャンネルの『怪しい伝説』という番組で条件を整えた実演を行った。12個のグラスを試してから、ようやく割ることのできるグラスに出会った。たぶん、グラス割りの伝説がある偉大なるテノール歌手カルーソーの時代には、ワイングラスが薄くて小さな傷がいっぱいあったのだろう。

1. 腎臓結石の治療を受けたことがある人なら、石を小さく砕く音波をかけられたことがあるかもしれない。
2. W. Rueckner, D. Goodale, D. Rosenberg, S. Steel and D. Tavilla, *American Journal of Physics* 61, 184 (1993).

64　光を入れる

窓、それもとりわけ古い建物にある装飾窓には、さまざまな形や向きのものがある。窓から建物の中に入ってくる光の量は、ブラインドの形、ガラスの色、カーテンなどを一切考慮に入れなければ、透明のガラスの表面積に正比例する。大聖堂の窓の縁の形が正方形で、各辺の長さがSとすれば、窓から入ってくる光の量は透明部分の面積S^2によって決まる。そこで、大聖堂の中が明るすぎると思い、見栄えの悪いブラインドやカーテンは使わずに、光の量を今の半分の程度に減らしたいとする。どうすればよいだろう。最も美しい解決策は、壁にあるこれまでと同じS×Sの空間に、やはり正方形だが、四五度回転させて菱形の向きをした窓を使うことだ。すると窓の大きさは小さくなる。

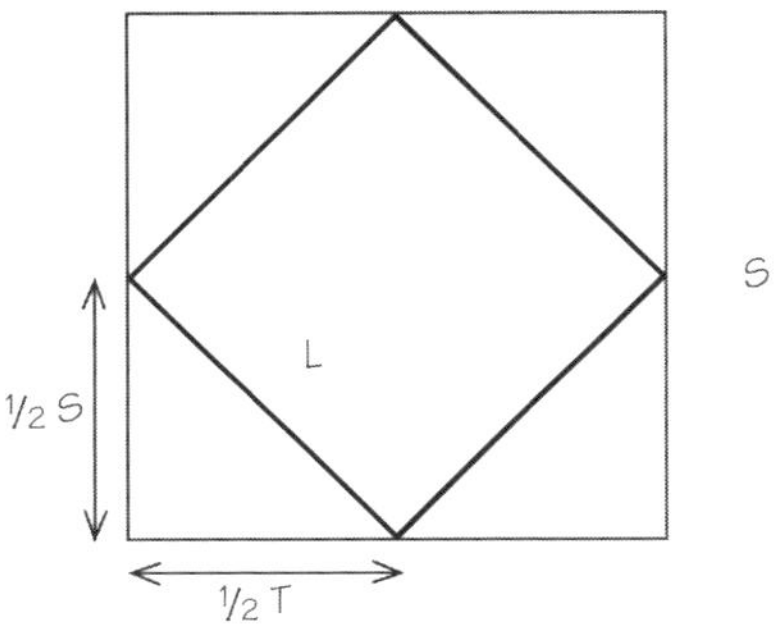

新しい菱形の窓の辺、Lの大きさは、三平方の定理で求められる。

$$L^2 = (\frac{1}{2}S)^2 + (\frac{1}{2}S)^2 = \frac{1}{2}S^2$$

これから、$L = 0.71S$ となる。もとの窓ガラスの面積はS^2だったが、新しい菱形の窓の面積は $L^2 = \frac{1}{2}S^2$ である。正方形の大きさに関係なく、必ずぴったり半分になることがわかる。

長方形の窓にも、これと同じ素敵な性質がある。正方形の横の辺の長さをTにして、縦の辺はSのままにする。すると長方形の窓の面積はSTとなる。これと同じ空間に、菱形の窓を対称的な配置でつける。菱形の面積は、STから、四隅にある四つの三角形の面積を引いたものに等しい。それぞれの三角形は、底辺の長さが$\frac{1}{2}$T、高さが$\frac{1}{2}$Sなので、四つの三角形の面積は、$4\times\frac{1}{2}\times\frac{1}{2}T\times\frac{1}{2}S=\frac{1}{2}ST$となる。ここでもまた、菱形の面積は、もとの長方形の面積のちょうど半分となる。このことは窓以外にも当てはまる。正方形や長方形のケーキの形を菱形に変えると、ケーキの台を目一杯使った形と比べて、ケーキミックスが半分の量ですむ。

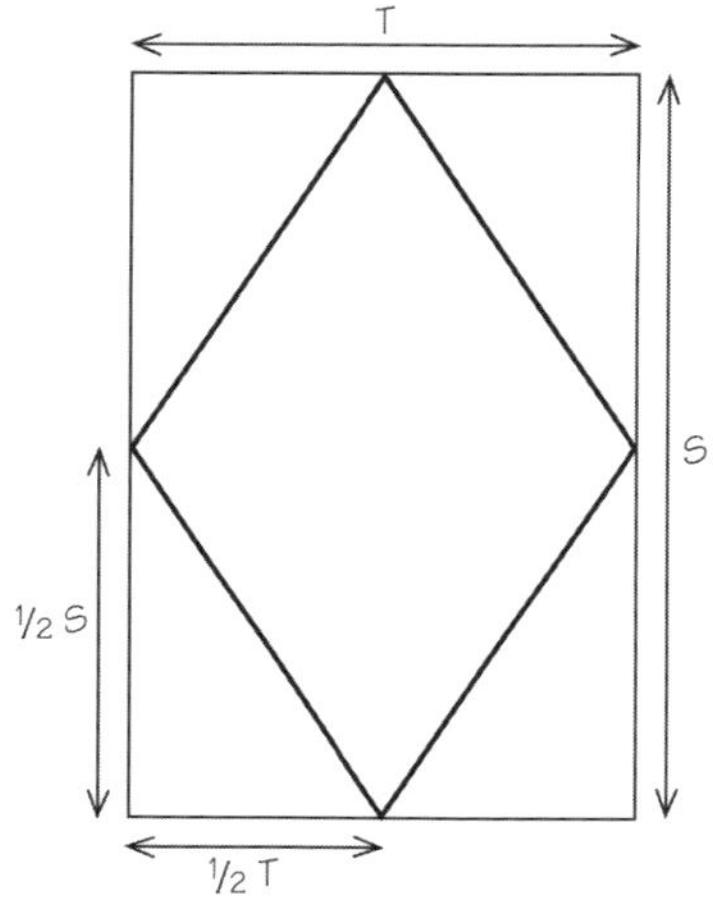

65　特別な三角形

黄金分割のように、歴史を通じてデザイナーや建築家、芸術家に昔から大きな影響を与えてきた特別な種々の比率があることはすでに見た。自身に似た複製を何段階にもわたって生み出し続けるように自然に誘導されることから、デザインの構成要素として同様に魅力的で、概念としてはもっと単純な特別な形がある。基本的なモチーフは、底角が72度、したがって頂点の角が180－(2×72)＝36度の二等辺三角形である。この状態を「特別」三角形と呼ぼう。特別三角形の頂角が底角の半分であることから、二つの底角をそれぞれ二等分することで二つの新しい特別三角形を作ることができる（以下の図に実線と破線で示す）。二つの新しい特別三角形の頂点は、もとの三角形の底角のところにある。もとの特別三角形の底角を二等分することで新しい三角形を作図したため、新しい三角形の頂角は$\frac{1}{2}\times72=36$度になり、特別三角形の条件を満たす。

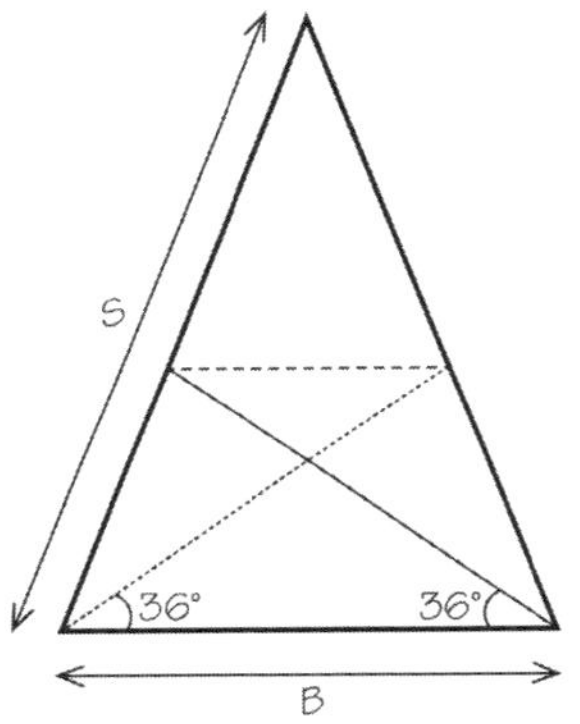

この手順は、どれだけでも好きなだけ繰り返すことができる。たった今作ったばかりの二つの三角形の底角をそれぞれ二等分して、それぞれからまた二つの特別三角形が作れるのだ。その結果、以下に示すような、特別三角形がジグザグにつながったタワーができる。それぞれの三角形は、ひとつ前の三角

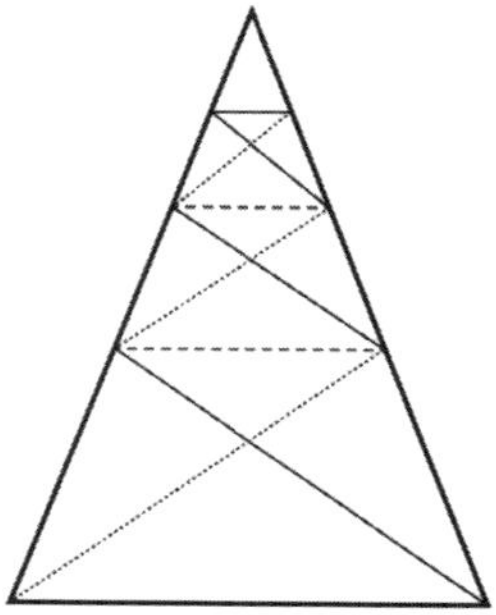

形よりも小さい。

この特別三角形は、ときに「黄金」（あるいは「至高」）三角形と呼ばれる。ただし、この用語は現在、三つの中心的な地点をもつ観光や商取引のネットワークを表すために使われているらしい。数学で言われる「黄金」が被せられるにはもっともな理由がある。この特別三角形の底角は72度に等しいとなると、三角形の長辺Sと底辺Bの長さの比が黄金比に等しくなるのだ。[1]

$$S/B = \frac{1}{2}(1+\sqrt{5})$$

それゆえに、この特別三角形は「黄金」三角形なのである。

1. 三角形の頂角は36度＝π/5ラジアンであり、したがってそのコサインは、黄金比の半分に等しい。

66　グノモンは金色だ

特別な黄金三角形を調べたことから、近い親戚の二等辺三角形が紹介できる。これは等しい二辺のほうが短く、それと残りの長いほうの辺の比が、黄金比gの逆数、つまり $1/g = 2/(1+\sqrt{5})$ となる三角形である。これは、頂角が90度よりも大きい、平べったい二等辺三角形で、「黄金グノモン」と呼ばれる（グノモンは日時計の影を作るために立てられる柱のこと）。角の比が1対1対3となる三角形はこれしかなく、二つの底角はそれぞれ36度と、65章の特別な「黄金」三角形の頂角と等しく、一方、頂角は108度だ。図には、黄金グノモンAXCと黄金三角形XCBを隣り合わせてある。辺の長さは、黄金比 $g = \frac{1}{2}(1+\sqrt{5})$ をもとにしている。[1] 三角形AXCの二つの底角と、黄金三角形XCBの頂角は、どちらも36度。

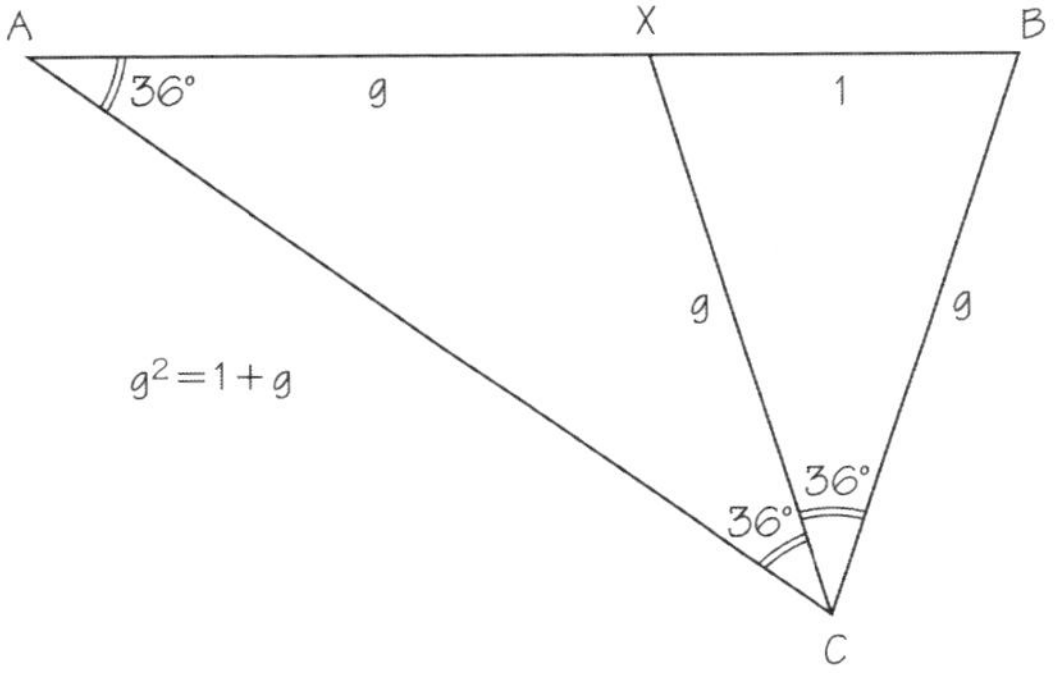

　この図から、黄金三角形ABCはつねに、さらに小さな黄金三角形XCBと黄金グノモンAXCに分割でき、これら二つの三角形の二本の等辺の長さが等しい（図ではgで示した）ことが容易に見てとれる。これら二つの三角形は、有名なペンローズのタイル貼りのように、人の目を引きつける非周期的なデザインの基本成分として使

われてきた。ロジャー・ペンローズが「凧《カイト》」と「矢じり《ダート》」の形のタイルを複雑に組み合わせて平面を果てしなく敷き詰めたデザインでは、凧には黄金三角形が、矢じりには二個の黄金グノモンが使われている。ペンローズとロバート・アマンが一九七四年、それぞれ別個にこのことを発見したが、[2]一五世紀のイスラム教徒の芸術家も、空間をタイルで埋め尽くす複雑なパターンを探すという美学上の試みの一環で使っていたらしい。[3]

1. これらの長さすべてに同じ数を掛ければ、また別の例が作られる。
2. R. Penrose, *Bulletin of the Institute for Mathematics and its Applications*, 10, 266 ff. (1974) および *Eureka* 39, 16 (1978).
3. P. Lu and P. Steinhardt, *Science* 315, 1, 106 (2007).

67　スコット・キムの逆さまな世界

OやHのような文字や、8のような数字など、逆さまにしても同じ形に見えるものがあることが知られている。それはつまり、こうした記号をいくつかつなげて、OXOのように上下逆さまにしても同じものに見える言葉を作ることができるということだ。これとはちょっと違う反転があり、こちらはもっと難しい。たとえば、回文（'never odd or even'（「奇数にも偶数にもならない」））などのように、意味を変えずに、あるいは少なくとも意味の内容は損なわずに、後ろから前に文字を書く。モーツァルトは、上下を逆さにしたり、後ろから前へと演奏したりしても、ちゃんと聞ける音楽が奏でられるような楽譜を書いた。グラフィック・デザインの世界では、スコット・キムが、逆転について不変ではないが、もとの意味は保持されたり、一種の反復強化によって強化されたりもする文字列を考案したことで有名だ。こうした文字に、ダグラス・ホフスタッターは「アンビグラム（「どちらからでも読める文字」といった意味あい）」という名前をつけた。SF作家の故アイザック・アシモフは、形状や逆転を意外な形で利用することから、キムを「アルファベットのエッシャー」と呼んだことがある。キムの作品の数々は、著書『Inversions（反転）』に収められている。[1] キムが一九八九年に制作した代表的な反転文字をひとつ挙げよう（本を逆さまにしてじっくり鑑賞すること）。

1. S. Kim, *Inversions*, W. H. Freeman, San Francisco (1989).

68 シェイクスピアは単語をいくつ知っていたか

本や新聞の制作にはつねに、誤植という魔物がつきまとう。自動スペルチェッカーの時代になっても、誤植は必ず存在する。それどころか、自動スペルチェッカーをかけることで、これまでとは違う種類のスペルの間違いが紛れ込むこともときにある。ひとつの記事のなかにどれだけの間違いがあるかをどのようにして推定するのか。

簡単な推定をするには、二人の校正者に別々に仕事をさせ、それぞれが見つけた間違いを比較すればよい。一人めの校正者がA個の間違いを見つけ、二人めの校正者がB個の間違いを見つけ、そのB個のうちのC個は一人めの校正者も見つけた間違いだったとしよう。すると、明らかに次のように言える。Cがごく小さければ、二人の校正者はあまり注意深くないとみなせるだろう。しかし、Cが大きければ、校正者は二人とも鋭い観察力の持ち主で、どちらも見つけていない間違いがもっとたくさんある可能性は小さくなる。驚くべきことに、A、B、Cで表した三つの数がわかれば、校正済みのページにまだ見つかっていない間違いが何個あるかをかなり正確に推測できる。間違いの総数をMとすると、二人の校正者が別々に調べた後に残っている間違いの数はM－A－B＋Cとなる。両方が見つけた間違いを二重に数えたことにならないよう、＋Cを加えている。さらに、二人の校正者が間違いを見つける確率を、それぞれａ、ｂと仮定しよう。すなわち、統計学的にはA＝aMおよびB＝bMとなるが、二人は独立して校正にあたっているため、両方が間違いを見つける確率は、それぞれの確率を掛け合わせることで簡単に求められることになる。したがって、C＝abMとなる。これら三つの式を組み合わせると $AB=abM^2=C/M\times M^2$ となって、実際にはわかっていない因数aとbを消すことができる。したがって、校正刷りに含まれる間違いの総数の推定値はM＝AB/Cとなる。これで、二人の校正者のどちらも見つけていない間違いの総数は、以下のようになるだろう。

$$M-A-B+C=(AB/C)-A-B+C=(A-C)(B-C)/C$$

これにより、これから見つけるべき間違いの数は、一人めの校正者だけが見つけた数に二人めの校正者だけが見つけた数を掛けたものを、二人ともが見つけた数で割ったものとなる。これは直観と一致する。Cの値が小さくAとBの値が大きければ、校正者が二人とも多くの間違いを見落としており、まだどちらも見つけていない間違いがもっとたくさんある可能性がある。

この簡単な例から、二人の校正者が独立して作業するという仮定がいかに非常に強力であるかがわかる。そのために、二人の校正者の実際の能力aとbを計算から取り除くことができるのだ。この仮定を、利用できる情報量が異なる他の問題を解くときに使うことができる。たとえば、校正者が二人より多い場合があるかもしれないし、校正者がある数の間違いを発見する可能性を求める妥当な確率公式を想定し、実際の作業の成果を用いて、個々の校正者についてさらに詳しく記述する式を突き止める場合もあるかもしれない。統計学者は、この手法全体を標本抽出に関する他の興味深い問題に応用する方法を明らかにしてもいる。たとえば、一定期間中に自宅の庭で観察された鳥の種類の数を数える会の会員たちが別々に行った多数の調査結果をもとにして、鳥の種がいくつあるかを判断するというように。

とりわけ興味をかき立てられる応用が、シェイクスピアの作品ごとに使われている単語を調べて、この劇作家が単語をどれだけ知っていたかを推定することだ。この場合、注目するのは、ある作品だけに使われている単語の数、あるいは二つの作品、三つの作品、または四つの作品などだけに使われている単語の数である。さらに、すべての作品に使われている単語の数も知りたい。これらの数は、先ほどの単純な校正者の事例におけるA、B、Cに相当し、またそれを拡張したものである。ここでもまた、特定の単語を使う確率を知らずとも、シェイクスピアが使用できるであろう単語の総数を推定することが可能だ。もちろん、シェイクスピアは、効果的な言葉を発明することがことのほか上手だった。「dwindle〔じり貧になる〕」、「critical〔とやかく言いたがる〕」、「frugal〔つましい〕」、「vast〔広大な〕」など、発明した単語の多くは今日でも日常的によく使われている。『ハムレット』だけをとっても、作品中で600個の新語が観客を前にお目見えしたという説もある。用語索引を作るためにシェイクスピアの作品に出てくるすべての単語を数えた文献学者たちは、シェイクスピアは3万1534個の単語、反復も含めれば総数88万4647個の単語を使ったと報告している。これらのうち、使用回数1回だけの単語が1万4376個、2回が4343個、3回が2292個、4回が1463個、5回が1043個、6回が837個、7回が637個、8回が519個、9回が430個、10回が346個だった。この情報を用いて、すでに知られている作品を合わせたものと同じ長さのシェイクスピアの新たな作品群が見つかったとして、その中に何個の新しい単語が出てくるかを推定することができる。これを何度も繰り返すことにより、シェイクスピアが知っていたが作品に使わなかった単語の数の最も正確な推定が、およそ３万５０００個あたりに収斂する。この数を、作品中に使われていることが知られている合計３万１５３４個の単語に加えると、シェイクスピアが実際に使える語彙数の最も正確な推定値は６万６５３４個となる。

一九七六年にエフロンとティステッドによってこうした単語頻度分析が初めて行われてから数年後、[1]シェイクスピアのソネットが新たに発見された。単語数は４２９個で、すでに知られている作品を対象とした分析を利用して、シェイクスピアの他の作品には使われていないか、１回もしくは２回だけ使われている単語がそのソネットに何個出てくるかを予測する興味深い機会が与えられた。過去の全作品における単語頻度分析から、そのソネットには、他の作品には使われていない単語が７個、他の作品に一回だけ出ている単語が約４個、他の作品に２回出ている単語が約三個あるはずだと予測された（実際にはそれぞれ、９個、７個、５個）[2]。こうした予測の精度はかなり高く、シェイクスピアの単語の使用についての基本的な統計モデルが信頼できるものであることが確認された。これと同じ手法を用いて、他の作家について研究したり、誰の作品であるかが議論されている問題を調べたりすることができるだろう。長い作品であるほど、単語のサンプル数が増え、結論の説得力が高まる。

1. B. Efron and R. Thisted, *Biometrical* 63, 435 (1976). 二人は、単数形と複数形など、ひとつの単語の別の形態を別々の単語として扱った。
2. J. O. Bennett, W. L. Briggs and M. F. Triola, *Statistical Reasoning for Everyday Life*, Addison Wesley Longman, New York (2002).

69 上位桁の奇妙で素晴らしい法則

単純な数学でも屈指の珍しい作品の一つに、ベンフォードの法則と呼ばれるものがある。一九三八年にこの法則について記述したアメリカ人技術者、フランク・ベンフォードにちなむ名だが[1]、このことが最初に言われたのは、一八八一年、アメリカ人天文学者サイモン・ニューカムによる。[2]両者が気づいたのは、湖の面積や野球の得点、2のべき、雑誌の部数、星の位置、価格リスト、物理定数、帳簿の数値などの一見ランダムに集められた数の集合の非常に多くは、測定単位がそれぞれに違っても、上位桁の数字が高い精度で明瞭な確率分布に従うということである。[3]

いったいどういうふうに奇妙なのか。最初の桁の数字として1、2、3、……9の出やすさは等しく、それぞれの確率はだいたい0・11になると予想されるかもしれない（そうすると九つの確率の合計は相当の精度で1になる）。しかし、ニューカムとベンフォードは、かなり大きなサンプルにおける上一桁の数字dは、それとは別の単純な頻度の法則に従う傾向があることを発見した[4]（小数点を含む数の場合、どの場合でも小数点の後の最初の0でない数を上一桁とみなす。したがって、3・1348の場合は1が上一桁となる）。

$$P(d) = \log_{10}[1 + 1/d],\ d = 1, 2, 3 \ldots 9$$

この法則から、P(1)＝0.30、P(2)＝0.18、P(3)＝0.12、P(4)＝0.10、P(5)＝0.08、P(6)＝0.07、p(7)＝0.06、P(8)＝0.05、P(9)＝0.05という確率が予測される。数字の1の頻度が0・30で、出現率が最も高い。これは、すべての数字が同等に現れるとする確率予測の0・11をはるかに超えている。P(d)を求める公式を得るには、手の込んだ方法がいくつかあるが、要するに、それぞれの数字の確率は、対数尺の上で一様に分布することを言っている。しかし、小さい数字のほうに偏る理由がもっと簡単に理解できればうれしい。数のリストが大きくなるにつれ上一桁が1となる確率について考えよう。最初の二つの数字である1と2を取り上げれば、1が上一桁にくる確率は明らかにちょうど$\frac{1}{2}$となる。9までの数字をすべて対象に入れるなら、P(1)の確率は$\frac{1}{9}$に落ち込む。次の数10を対象に加えれば、P(1)は$\frac{1}{5}$まで跳ね上がる。なぜなら数字のうちの二つ（1と10）が1で始まるからだ。11、12、13、14、15、16、17、18、19を対象に含めたとたん、P(1)は$\frac{11}{19}$にまで跳ね上がる。しかしそこから99まで進んでいくと、上一桁が1になる新たな数は出てこなくなり、P(1)は下がり続ける。99までくると、P(1)はわずか$\frac{11}{99}$となる。100に到達すると、199になるまでは確率は上昇を続ける。100から199までのすべての数が1で始まるからだ。従って、上一桁が1になる確率P(1)が上昇しては下降して、9、99、999に到達すると上昇に転ずるというように、のこぎりの歯のようなパターンで推移することがわかる。ニューカム＝ベンフォードの法則は、P(1)を表すのこぎりの歯の形をしたグラフにある上昇と下降を非常に広い範囲にわたり平均を取ったものである。その平均値が約30パーセントである。

　ニューカム＝ベンフォードの法則がいろいろな場面で成り立つことは顕著で、怪しいと疑われる納税申告を見極めるツールとしても使われているほどだ。すなわち、「自然に」発生した数ではなく、数が人

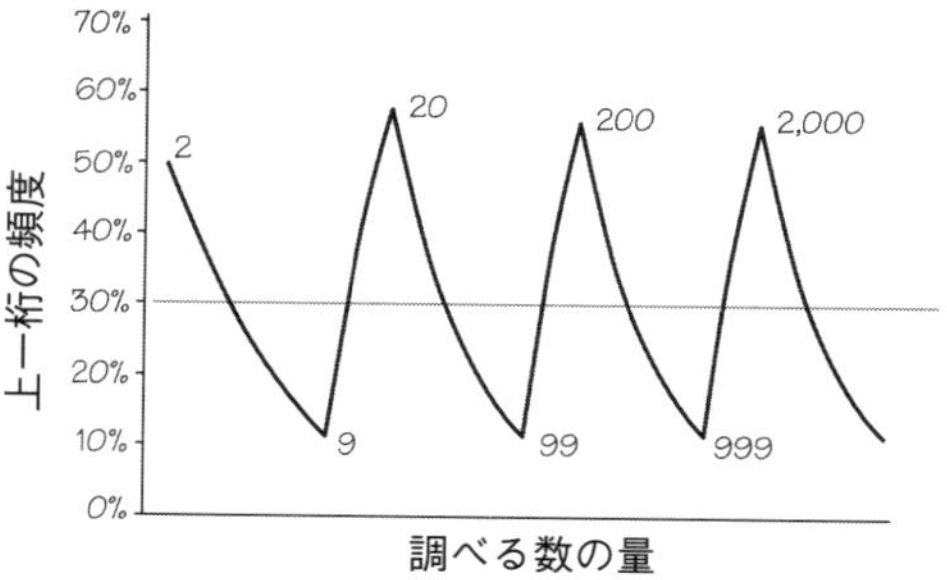

為的に作られたり、乱数発生器によって製造されたりしている場合には、ニューカム＝ベンフォードの法則が当てはまらない。この考え方は一九九二年に、シンシナティ大学の博士課程に在籍していたマーク・ニグリニによって会計の分野に導入され、[5]虚偽のデータを特定するためにじつに効果的に用いられた。ブルックリン地区検察局の首席捜査官が、不正会計の七つの事例にニグリニの手法を後から適用したところ、すべて不正と判定できた（ビル・クリントンの納税申告にも適用されたが、疑わしい点はひとつも見つからなかった！）。ただし、数を規則正しく丸めることにより生データが歪められている場合に対しては、この分析は弱い。

ニューカム＝ベンフォードの法則はどこにでも見られるが、普遍的なものではない。自然法則ではないのだ。[6]人間の身長や体重、ＩＱの数値、電話番号、番地、素数、宝くじの当選番号の分布は、ニューカム＝ベンフォードの法則にどうやら従わない。この法則が上一桁の分布を記述するために必要とされる条件とは何か。

用いるデータは同じ種類のものの量だけにすること。湖の面積と国民保険番号を混ぜたりしないこと。番地の場合などによくあるように、集合の中に最大や最小があって、数が打ち止めにならないこと。郵便番号や電話番号などのように、何らかの割り当て方式によって数が割り振られていないこと。数が出現する頻度の分布はかなり滑らかである必要があり、特定の数の付近で大きく上下してはならな

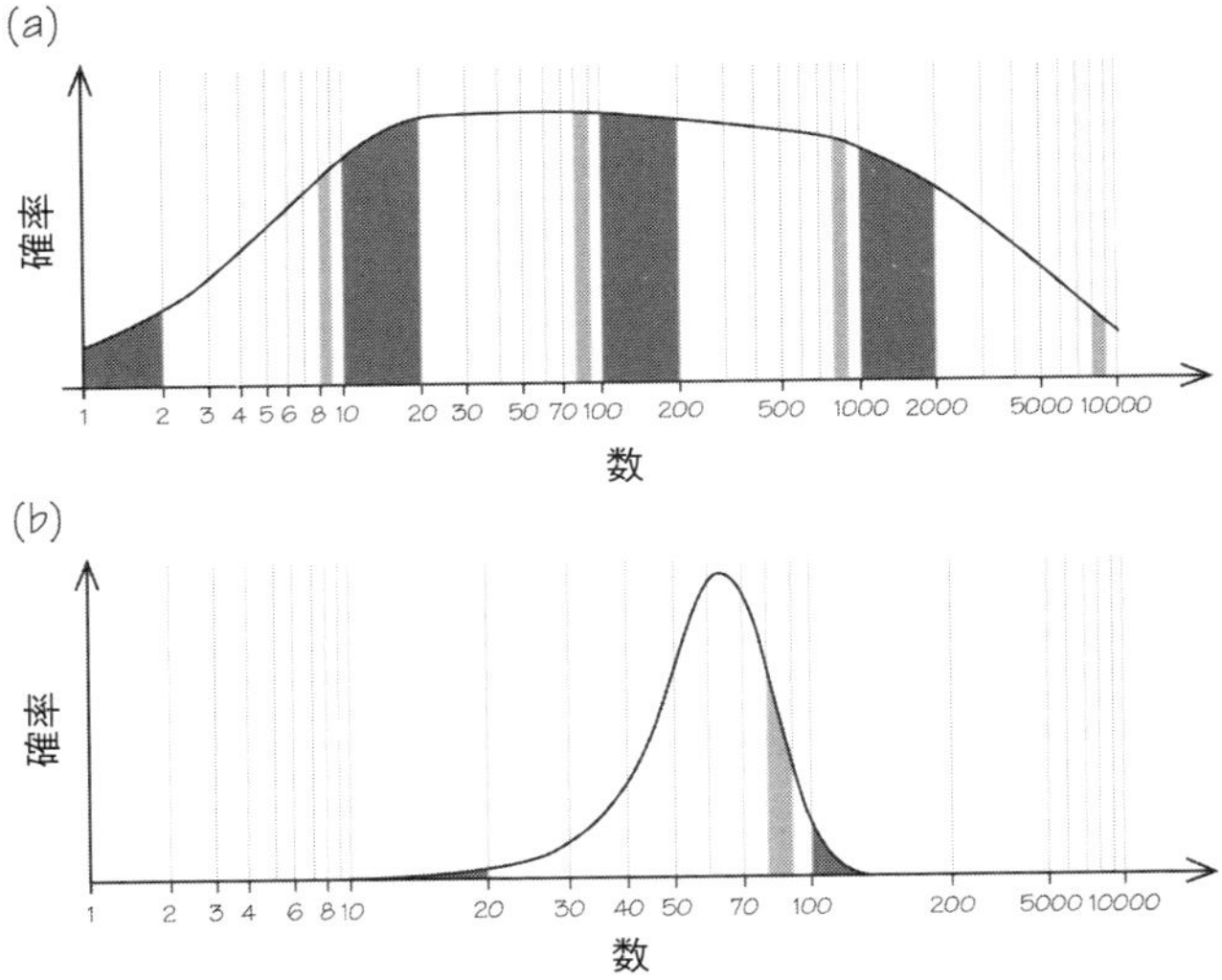

い。しかし、最も重要なのは、データの数が幅広く（数十、数百、数千）、数の出現する頻度の分布が、一定の平均値のあたりの狭い範囲で突出しているのではなく、幅が広く平坦に近いことである。つまり、確率分布図を描く場合に、ある区間内の曲線の下にある面積が、主に分布の高さよりも幅の方で決まるようになっている必要がある（上図の例aにあるように）。分布が比較的狭く（例bにあるように）、幅より高さによって決まる――大人の体重の頻度がそう――場合、この量の最初の桁の数字はニューカム＝ベンフォードの法則に従わない。

1. F. Benford, *Proceedings of the American Philosophical Society* 78, 551 (1938).
2. S. Newcomb, *American Journal of Mathematics* 4, 39 (1881).

3. これは、広がりのある面積のような量に当てはまる。率に応じて拡大縮小して単位を変えても、ニューカムとベンフォードの分布は変わらない。この不変条件、すなわち、上位桁の分布が、kを定数として $P(kx)=f(k)P(x)$ を満たすということから、$P(x)=1/x$ および $f(k)=1/k$ となる。$P(d)=[\int_d^{d+1} dx/x]/[\int_1^{10} dx/x]=\log_{10}[1+1/d]$ であることから、これはニューカム＝ベンフォードの分布を一義的に選択する。

4. 底をbとする計算で数を書いたら、同じ分布が現れるが、対数の底も10ではなくbとなる。

5. M. Nigrini, *The detection of income evasion through an analysis of digital distributions*, University of Cincinnati PhD thesis (1992).

6. 0から1の区間における結果xについての確率分布が $P(x)=1/x$ となるいかなるプロセスについても、ベンフォード・ニューカムの法則は正確に現れる。$a\neq1$ として $P(x)=1/x^a$ であれば、上一桁dの確率分布は $P(d)=(10^{1-a}-1)^{-1}[(d+1)^{1-a}-d^{1-a}]$ となる。$a=2$ なので、この場合 $P(1)$ は0.56となる。

70 臓器提供の優先順位

投票が行われていることが明らかにわかるような状況は多数ある。選挙で投票する場合や、求職者の選考過程において、選ぶ側の人たちが最も好ましく感じる候補者に投票しようとしている場合などがそうだ。投票が行われているとは気づかないかもしれない、重大な事態もある。たとえば、宇宙船打ち上げロケットの発射や、臓器移植を受ける候補者の選抜がそうだ。ロケット発射の場合には、複数のコンピュータが、カウントダウンの最後の瞬間まで、発射しても安全かどうかを決定するためのあらゆる診断を分析する。それぞれのコンピュータには、そうした情報を評価するためのそれぞれに異なるプログラムとアルゴリズムが組み込まれている。各コンピュータが、「発射」もしくは「中止」と述べることにより「投票」を行う。発射するには過半数の賛成が必要だ。[1]

臓器移植で解くのは、これまでの待機期間、提供者と受容者間の抗原適合性の程度、組織適合を拒絶する抗原を持つ人の割合など、さまざまな基準に従い得点をつけることで、移植を待つ候補者たちに順位を付けるという問題である。これらの基準それぞれに対して得点方式が考案され、得点を合計して順位表が作成され、これをもとに、利用可能になった心臓や肝臓の受容者の第一候補が決定される。このため、政治の世界にあるのと似た問題が、生きるか死ぬかの医学的な状況においても生じることになる。

この方式はいくつかの奇妙な結果につながることがある。抗原と抗体の適合性の尺度は、一定の規則によって決定される。たとえば、提供者と受容者となる可能性のある二人のあいだでひとつの抗原が適合するごとに二点を加えるなど。ここには明らかに、他の因子と比べてどのように重みをつけるか——すなわち何点を与えるか——という問題がある。こうした問題は、どうしてもある程度は主観的な選択となる。待機期間の因子のほうはさらにやっかいだ。たとえば、受容者となる可能性のある人それぞれに、待機リストに挙がっており、そのうち、自分と同じ順位か自分よりも低い順位の人たちの割合に10を掛けた数を得点として与えることにしよう。この場合、五人の候補者（AからE）のいるリストでは、それぞれに10点、8点、6点、4点、2点が入ることになる。二人めの候補者を例に取れば、五人中四人がその候補者と同じ順序かそれより低いということになり、この人の得点は10×4/5＝8となる。他の基準の得点から、候補者の総得点が、A＝10＋5＝15、B＝8＋6＝14、C＝6＋0＝6、D＝4＋12＝16、E＝2＋21＝23となると仮定しよう。従って、次の臓器移植はEが受けることになり、二つが同時に届いた場合、二つめはDのところに行くことになる。

ここで、二つめの臓器が最初の臓器の少し後に到着したと考えよう。[2] すでにEがリストから外れて手術に入り、待機時間の分のスコアを計算し直す必要があるだけの時間はたっているものとする。抗原と抗体の得点は同じままだろうが、待機期間の得点は変わってくる。今や待機リストには四人しかおらず、待機期間の得点は今度はA＝10、B＝7.5、C＝5、D＝2.5となる（たとえば、Bの場合、自分と同じ順位か自分よりも低い順位の人が四人中三人いるため、今回の得点は3/4×10＝7.5となる）。もう一度得点を合計すると、今度はA＝15、B＝13.5、C＝5、D＝14.5となり、臓器移植を受ける最初の候補者は、以前に考えられていたDではなくAとなる。これは、勝者が一人しか出ないように設計された投票方式から奇妙な結果が生じる典型的な例である。得点方式と基準の両方を修正して、このパラドックスに見える事態を避けることはできるが、必ずそれに代わる新たなパラドックスが生じることになるだろう。[3]

1. マーヴィン・ミンスキーは、著書 *The Society of Mind*, Simon & Schuster (1987) において、人間の心もこのように働くことを説いている〔マーヴィン・ミンスキー『心の社会』安西祐一郎訳、産業図書、一九九〇年〕。
2. P. Young, *Equity in Theory and Practice*, p.461, Princeton University Press, Princeton, NJ (1994).これは、*For All Practical Purposes*, ed. S. Garfunkel, 9th edn, W. H. Freeman, New York (1995) でも取り上げられている。
3. これは、ノーベル賞を受賞した経済学者ケネス・アローによって、ごく一般的な条件での投票方式について証明された。

71　楕円形をしたささやきの回廊

世界には、珍しい音響的な特性があることから「ささやきの回廊」と呼ばれるようになった部屋や回廊をもつ重要な建物が多数ある。その種類はいくつかあるが、幾何学的な観点から最も興味深いのは楕円形の部屋だ。最たる例が、アメリカ国会議事堂内の彫像ホールである。ここはかつて下院の議場だった。後に大統領となるジョン・クィンシー・アダムズが下院議員だった一八二〇年代当時、楕円の一方の焦点に机を置けば、議場のもう一点の焦点で議員たちが小さな声で交わしている話の内容を容易に聞き取れることに経験的に気づいた。

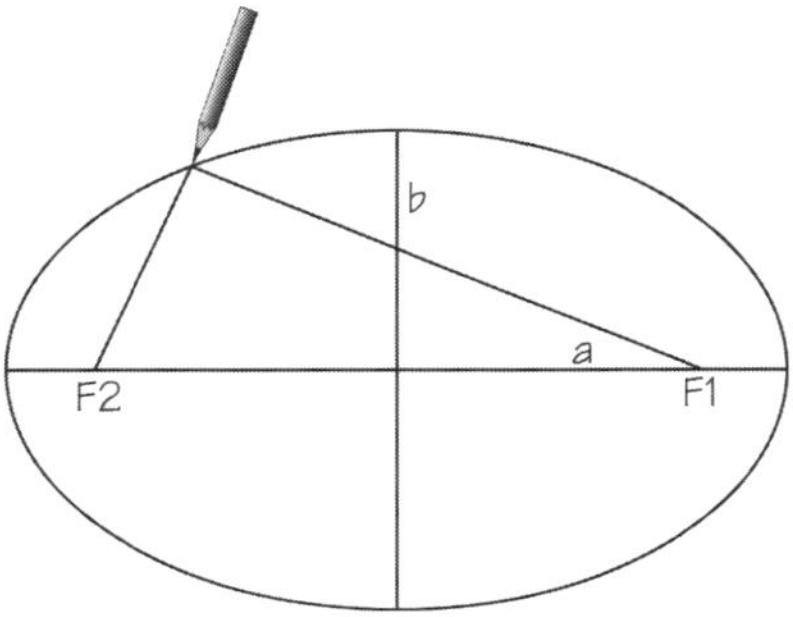

このささやきの回廊効果は、楕円に特有の幾何学的特性によって生じる。楕円は、二つの定点からの距離の和がつねに一定になる点が並んだ形である。[1]この二つの定点は、楕円の焦点と呼ばれる。

片方の焦点から線を伸ばし、楕円の境界で反射させると、反射した経路はもう一方の焦点を通る。[2]したがって、第一の焦点から音波を発生させると、これらの音波はすべて、楕円形の部屋の壁に当たってからもう一方の焦点を通るような角度で反射する。ここが重要な点だが、楕円の定義からして、この経路の長さは、楕円形の壁のどこで反射してもつねに同じになる。すなわち音波は、もう一方の焦点に同時

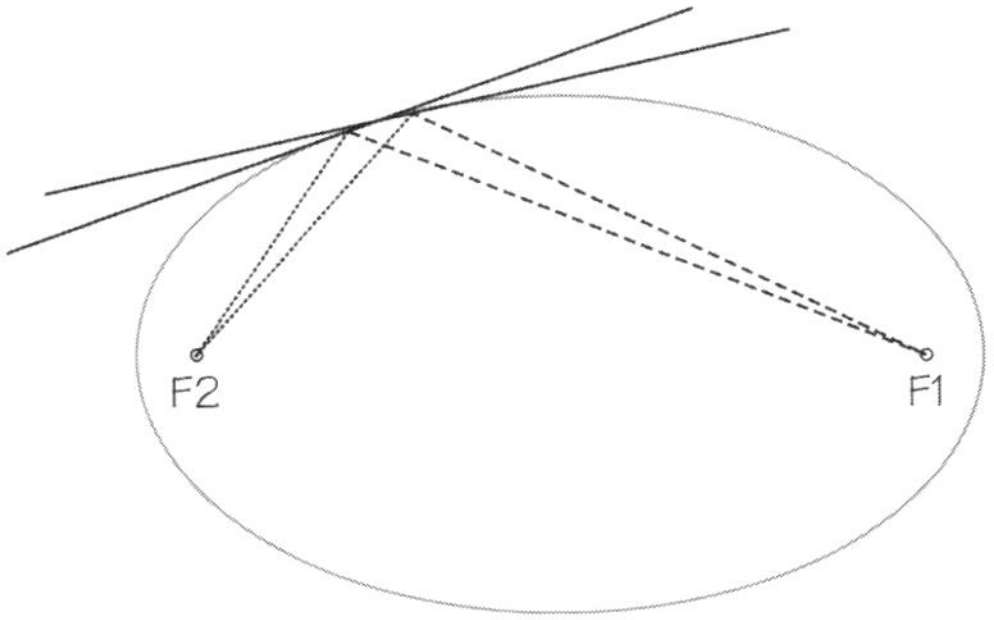

に到達するのだ。このことが上図に図解されている。左側の焦点から音波の波面が進み、反射して第二の焦点に集まり、そこに同時に到着する。

何年も前に私は、ロンドンにある英国王立研究所の「夜の講話」で講演をし、その中で、ビリヤードやプールゲームのような玉突きのカオス的な影響の受けやすさについて実演した。この実演では、端に普通のポケットがあるビリヤード台ではなく、一方の焦点に穴をあけた楕円形の台を使った。こうすれば、私がもう一方の焦点からどのように玉を突いても、台のどこかの側面で跳ね返り、もう一方の焦点にある穴に必ず落ちるようにすることができた。

1. 二つの別々の固定点に結びつけた縄に山羊をつなげば、やぎが食べる草の領域の境界は楕円形になる。
2. 楕円上の反射の地点に接線を引く。入射線と反射線がこの接線となす角度は等しい。このことから、反射した経路は確実にもう一方の焦点を通ることになる。この議論を逆にすると、もう一方の焦点から伸びる線は、反射後に第一の焦点を通ることがわかる。

72　エウパリノスのトンネル

ギリシアのサモス島を訪れたら、古代世界の驚異的な技術の産物を体験することができる。それは、ピュタゴラスが生まれたとされている島の中心となる町、ピタゴリオの近くにある。私が初めてそこを訪れたとき、二五〇〇年前にこれほどのことができたのかと驚愕した。

古代のピタゴリオは、外部からの攻撃に弱い町だった。水の供給を島の反対側から地上を通して得なければならなかったため、侵入者に水の供給を遮断されたり汚染されたりする可能性が高かったからだ。こうした脅威が存在していたため、サモス島とエーゲ海一帯を治めていた独裁者ポリクラテスは、安全な水路を新たに建設できないかと考えた。ポリクラテスは、メガラ出身の優秀な技術者エウパリノスを雇い、秘密の水源からカストロ山の地下を通ってピタゴリオの町まで水を運ぶ地下水道を切り開かせた。この工事は紀元前五三〇年に始まり、10年後に完了した。エウパリノスは、全長1036メートル、断面積約2.6平方メートルの一直線のトンネルを、山頂から平均して約170メートル下の位置に建設するために、硬い石灰岩を約7000立方メートル掘り出さなければならなかった（おそらくはポリクラテスが所有していた奴隷や囚人たちを使って）。今日、トンネルの内部に入っても、そもそもそこに水道があるとは気づかなくてもしかたないと思えるだろう。歩道の地下に巧妙に隠されており、通路の片側に地下に続く狭い出入り口用の隙間があるだけだからだ。

これは技術的に手強い工事だった。エウパリノスは、両端からトンネルを掘り進め、二つの作業班が途中で出会う手法を採用し、工期を半分に短縮することにした。これは口で言うほど簡単なことではなく、ポリクラテスの性格も辛抱強いとは言い難かった。それにもかかわらず二つの班は、作業に取りかかってから10年後に対面した。方向のずれは約60センチ、高低差は約5センチだった。古代ギリシアには、磁気コンパスも詳細な地形図もなかったのに、いったいどうやったのだろう。それができたのは、エウクレイデスの有名な著書『原論』で明文化されるより二世紀前には、直角三角形の幾何学が理解されていたし、そこに巧妙な策を加えたからだ。[1] 当時の技術者たちは、直角三角形の幾何学を明確に理解していた。ピタゴリオの町はピュタゴラスと関わりがあったことが、幾何学的な知識が特別に継承されていたことを物語るのかもしれない。

エウパリノスは、トンネルを両側から掘り進める作業員が、同じ地点、同じ海抜高度で必ず出会うようにする必要があった。山の両側にある二つの開始地点の高さは、粘土製の樋を長く伸ばして敷設し、そのなかに水を入れて水準器のように用いることで比較できる。そうした樋をつなぎ合わせて山をぐるりと取り巻くことで、樋の始点の高さが終点の高さと同じであることを確認できる。そのうえで、ピタゴリオ近くの終点が、水源のある始点よりも低くなっており、水が町まで下って流れてくるかどうかを確かめられる。この点は簡単だ。しかし、作業者たちが正しい方向に掘り進んでいて、真ん中で出会えるはずだと、どうしたら確信がもてるのか。

トンネルの両端をAおよびBとし、地下のトンネルを上から見たものを次の図に描く。それから地上で測量を行い、始点Aと終点Bとの間のそれぞれの水平距離BCとACを求める。

しかしこれは容易ではない。地面が平坦ではないからだ。エウパリノスは、BとAの間を行ったり来たりして、直定規を何本も使い、次々と前の定規に直角に当てる作業を繰り返したかもしれない。[2]

エウパリノスはこうやって、まずはBCの方向に、それからCAの方向に進み、AとBの間の正味の距離を算出できたのだろう。これらの長さがわかれば、角Wと、さらには三角形の形を決定できただろう。それから、角Wによって決定される方向にあるAの地点から、一連の目印を設置できただろう。次にBに赴き、90－Wの角度によって決定される方向に向かって、一連の標識を設置していくこともできただろう。作業者たちが、

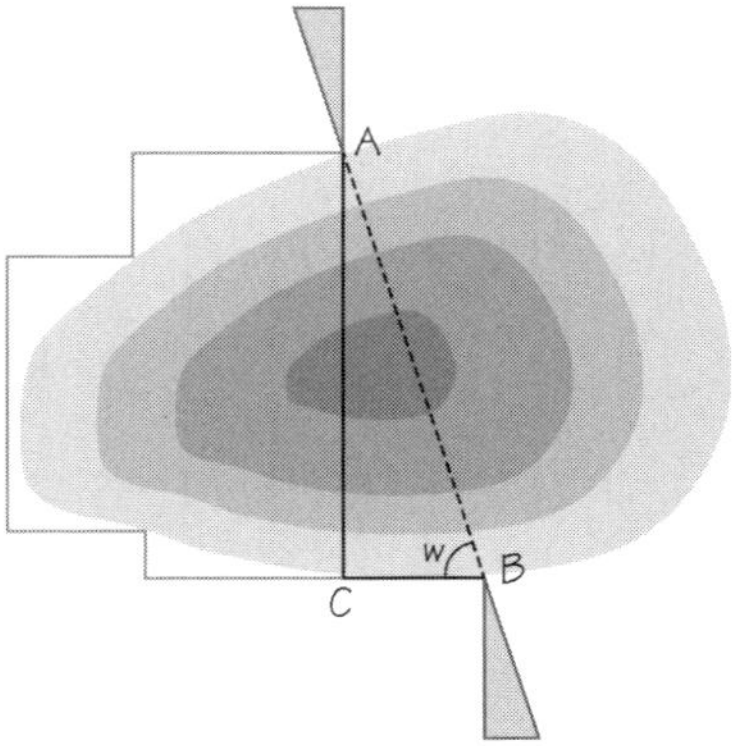

後方の標識の延長線上に、標識をABの方向へと前方に進めてゆけば、二つの作業班は、そのうちに出会えるような正しい方向へと進んでいることになる。

エウパリノスは、何年も掘り進めると方角的な誤差が蓄積する恐れがあることを承知しており、二つの班が出会う可能性を高めるために、掘削をそれぞれ半分近く終えた段階で賢明な策を組み入れた。二本のトンネルの方向を水平面上で交差させるために、わざとわずかに変更し、垂直面ですれ違いにくくするために、この地点で上向きに進ませたのだ。[3] トンネルの中央地点で、下図のようにくの字に曲がることがわかる。

10年間作業を続け、導管を四〇〇〇個以上もつなげた後に、両側の作業員に互いのハンマー

の音が聞こえた。その時点で12メートルほどの間隔があり、進む方向を変えて、経路は約90度の角度をなして出会うことができた。

歴史家ヘロドトス（紀元前四五七年にサモス島に住んでいた）の著作からこの素晴らしいトンネルの存在が知られていたにもかかわらず、[4] 再発見されたのはようやく一八五三年になってからのことだった。当時、フランス人考古学者のヴィクトール・ゲランが北側の端で導管の一部を見つけたのだ。その後、地元の大修道院長がトンネルを修復するよう島の住民を説得し、一八八二年の時点ではボランティアによって大部分が発見され通されていた。残念ながら、それからほぼ一世紀にわたって放置された後、ようやくトンネル全体が発見、修繕されて、最終的には照明が取り付けられ、観光客がピタゴリオ近くの入り口から入り、一部を探検することができるようになった。[5]

1. アレクサンドリアの英雄がほぼ五〇〇年後に、ここに記したようなプロセスでトンネルの掘削を行うための幾何学的理論を説明する論文を書いている。T. Heath, *A History of Greek Mathematics* Vol. 2, p. 345, Dover, New York (1981), 1921 年初版を参照。
2. A. Burns, *Isis* 62, 172 (1971); T. M. Apostol, *Engineering and Science* 1, 30 (2004).
3. Å. Olson, *Anatolia Antiqua* 20, 25, Institut Français d'Études Anatoliennes (2012).
4. ヘロドトスⅢ. 60〔『歴史』松平千秋訳、岩波文庫、一九七一年、上「タレイア」60〕に、以下のように記されている。「……サモス島の住民の話をさらに詳しく聞いたところ、ギリシア人がこれまでに行ったどのような工事よりも大きい規模の工事を三つもしてきたようだ。まず、地下から始まり両端で地上に出る通路を、150尋［200メートル］もの標高のある山を貫通して掘った。通路の長さは7ハロン［1・4キロ］、高さと幅はそれぞれ8フィートであり、その全長に沿って、もうひとつ別の通路も掘られていた。こちらは深さが20キュービット［9・26メートル］、幅が3フィートであり、豊富な水源からこちらに水が通され、導管を伝って町まで運ばれる。この工事を計画した人物は、メガラ出身の、ナウストロフォスの息子、エウパリノスである」

5．トンネルと二つの入り口の写真が、http://www.samostour.dk/index.php/tourist-info/eupalinos で見られる。

73 大ピラミッドについての仕事算

ギザにあるクフ王の大ピラミッドは、古代世界に人の手で作られた建造物の中で最も驚嘆すべきものであり、古代世界七不思議の中で最古のものでもある。紀元前二五六〇年に完成し、もともとは周囲の地面から146・5メートルの高さにそびえ立っていた（45階の高層ビル程度）。一四世紀にリンカン大聖堂に尖塔が載せられるまで、人間の作った建造物にこれより高いものはなかった。[1] 今日私たちが目にするのは、もとは白く輝く石灰石のピラミッド外殻に収まっていた内側の構造物である。外殻をなしていた石は、一三五六年の地震の後にひどく緩み、徐々に崩れ落ちていった。数世紀にわたり石が取り外され、カイロにある砦やモスクの建設に再利用された。地面の高さあたりにほんのわずかだけ残っている。

ピラミッドの底面は、各辺が230・4メートルで誤差は18センチ以内であり、ピラミッド本体は約700万トンの石灰岩でできている。クフ王は、紀元前二五九〇年から二五六七年にかけて23年間王座にあった。つまり自分にふさわしい大きさの埋葬所を用意するのに使える工期の上限がこれだけと考えれば良かろうということだ。つまり約230万個の石を動かすのに与えられる時間はわずか8400日ということだ。それより以前に作られた大きなピラミッドは、建設に約80年かかったことがわかっている。もちろん、王がいつ亡くなるか最初から知っている人などいない。ごく高齢まで存命した王様も多く、そうした王たちは、短命な平均的エジプト人と比べてはるかに神に近い存在のように思われたに違いない。しかし、そうした王たちも、病や戦い、さらには嫉妬にかられたり野心にあおられたりした身内による暗殺の企てから逃れて生き延びなければならなかった。

一九九六年、デンバー自然史博物館のスチュアート・カークランド・ウィアーが、建設に必要だった人の数をおおまかに把握する目的で、この大工事を対象として詳細にわたる仕事算を行った。[2]

ウィアーはいくつかの簡単な計算をした。ピラミッドの体積は$V=1/3Bh$である。ここで正方形の底面の面積$B=230.4\times230.4m^2$であり、高さ$h=146.5$なので、大ピラミッドの体積は$V=2.6\times10^6m^3$となる。中身の詰まっているピラミッドであれば（そうだと想定している）、質量中心は、底面から頂点に向かって垂直に$1/4h$の距離のところにある。[3] すなわち、総質量Mを地面からそれぞれの場所へと持ち上げるために必要な仕事量は$Mgh/4$となる。ここで$g=9.8m/s^2$は重力加速度であり、石灰岩の密度$d=2.7\times10^3Kg/m^3$として$M=Vd$である。したがって、石を垂直に持ち上げるために必要な仕事量の合計は、$2.5\times10^{12}J$となる。一般的に、平均的な肉体労働者は一日に約2.4×10^5Jの仕事を行うことができるとされている。しかし、四月下旬（本当に暑くなる前の時期）にピラミッドのある場所を訪れた経験から、炎天下でのエジプト人労働者の作業能力は、この数値よりいくらか下がるのではないかと推測される。クフ王の治世が続いた８４００日間すべてにわたり建築工事を行ったとすると、人間の力だけでこの仕事を行うために必要とされる人数は、少なくとも次のようになっただろう。

$$\text{作業者の数}=(2.5\times10^{12}J)/(8400\text{日}\times2.4\times10^5J/\text{日})=1240$$

ウィアーは、ここで想定している一定の建築の速さに加えて、いくつかの異なる方式も想定している。できたところが高くなるにつれ作業効率が低下するとか、完了に近づくにつれ速度が遅くなるなどのことだ。そうしても、全体像にはさほど違いは生じない。たとえ、一時期、悪天候に見舞われたり、猛暑が訪れたり、休憩をはさんだり、事故が発生したり、石切場からピラミッドまで重い石を滑らせて運ぶときに摩擦に対抗する労力がかかったりして、全体的な作業効率が最大と比べて10パーセントまで低下したとしても、1万2400人いれば工事を23年で完了させることができただろう。[4] これはかなり妥当な計算だ。なぜなら、当時はだいたい110万ないし150万人いたと想定されているエジプトの人口の約一パーセントにすぎないからだ。これでは、一定期間ピラミッドの建設に携わる「国家に対する奉仕義務」によって、当時の男性の失業問題は解決されそうにはない。実際、こうした大規模工事を実施する理由のひとつが、失業問題対策だったのではないかと言われたこともあるのだが。

王の技師たちが、切り出した石をピラミッド工事現場までどう移動させ、ピラミッドを下から石を積み上げて水平面の各層をなすように、石をどう引き上げたのか、滑車でも使ったのかといったことについての全容は未解明だ。[5] 工事に使われて、損なわれずに残っている器具はひとつもない。しかし、ウィアーのおかげで、簡単な算数を使えば、人員計画の観点からは、これらの工事に非現実なところはまったくないことがわかった。エジプト政権にとってもっと困難だったのは、これほど長期にわたる工事に国家の関心を集中させ、予算を管理し続けることだった。しかもこれは、他にもいろいろある政府の仕事のうちの一つにすぎなかっただろう。いずれにしても、王が予期せず亡くなった場合に備えて、予備として、小さめのピラミッドがつねに完成間近の状態でなくてはならないのだ。

1. 最大の体積をもつピラミッドは、メキシコのプエブラ州にあるチョルーラの大ピラミッドである。これは紀元前九〇〇年から紀元前三〇年の間に建設され、人間の作った世界最大の建造物と信じられている。ピラミッドが多くの古代文化において建造されたのは、基本となる幾何学的特性が有利であるからだ。構造の大部分が地面近くにあり、重さを支える要件が、垂直の塔よりも厳しくない。

2. S. K. Wier, *Cambridge Archaeological Journal* 6, 150 (1996).

3. もしピラミッドが中空なら、これは h/3 に代わる。

4. 技術者がピラミッド建築について行った別の種類のクリティカルパス分析では、約二〇年という推定がされている。これは、人員と作業時間数について選択しうる条件を考慮すると、かなりの程度で一致している。C. B. Smith, 'Program Management B. C.', *Civil Engineering* magazine, June 1999 issue の記事を参照。http://web.archive.org/web/20070608101037/http://www.pubs.asce.org/ceonline/0699feat.html で閲覧できる。

5. 最適な方法は、滑車の一方の側に石を入れた籠をとりつけ、反対側におおぜいの人を乗せる大きな籠をとりつけた巻き上げ機にすることだ。人間の重さが石の重さを上回ったら、人間が地面に向かって下降し、石が上方に向かう。ごく最近、ざらざらした表面を濡らすことで、重い石を滑らせやすくなることが明らかになった。A. Fall et al., *Physical Review Letters* 112, 175502 (2014) を参照。

74 藪をつついて虎を出す

抽象画家は皆、人間の目に備わった高度なパターン認識の能力と影響されやすさという問題に直面しなければならない。進化の歴史を通じて、私たち人間は、いろいろなものが入り交じった光景にパターンを見ることが上手になった。木の葉の作る線が虎の体の縞模様のように見えたりする。動物の顔のように左右対称的なものはどれでも、生き物である可能性が高く、したがって、餌か、交尾相手候補か、捕食者か、いずれかの可能性が高い。こういった左右対称性は無生物にはあまりなく、生物であることを示す最初の優れた指標となる。こうした感覚が古代からあるからこそ、人間の体と顔の美しさを判断するとき、私たちは外面的な対称性をあれほど重視するのだし、企業は何十億ポンドもかけて、外面的な体の対称性を強化し、取り戻し、保ち続けるための方法を探そうとしているのだ。ひるがえって体の内部に目をやれば、そこはものすごく非対称だというのに。

したがって、パターンや対称性への感覚が鋭いほど、感覚が鈍い低い人よりも集団の中で生き延びる確率が高くなる。それどころか、25章で論じたように、ある程度の過敏症が受け継がれると予想してもいいかもしれない。

この有用な能力には、あらゆる奇妙な副産物が伴う。人は、お茶の葉や、火星の地表にある岩、夜空の星座に人間の顔を認める。心理学者は、パターンを認識する人間の性質から多くのことを読み取っており、スイス人心理学者のヘルマン・ロールシャッハが一九六〇年代に考案した有名なインクのしみのテストは、インクのしみから感じ取られたパターンから、主要な性格の特徴（と欠点）が明らかになるとする昔からの考え方について、一定の判別のための要素を形式化しようとする試みだった。[1] ロールシャッハはもともと、特に統合失調症の指標としてこのテストを考案したが、考案した本人が亡くなった後は、一般的な性格テストとして用いられているようになったらしい。このテストでは、パターンの描かれたカードを十枚用いる。白黒のカードもあれば、色つきのもの、何色か使ったものもある。どのカードも左右対称になっている。被験者はカードを複数回見せられ、カードを回転させたりして、心に浮かんだ自由な連想を口に出す。こうしたテストにどのような意義があるかは、いまだ議論の的になっている。しかし、何が見えてそれがどのように解釈されるのであれ、ほぼ誰もがインクのしみに何かを認めるということは否定できない。これは、パターンを見つけることを好む性質が脳にあることを示している。

この傾向は、抽象画家にとってはとてもやっかいなことになる。自分の描いた抽象画の真ん中に、デヴィッド・ベッカムの顔や「６６６」といった数字など具体的なものを見てほしくないからだ。単純な統計学的指標を使って探索を行うコンピュータのプログラムよりも、目のほうが、あらゆる種類の相関関係を一度に見て取る感覚が鋭いため、ランダムなパターンには目が見つけ出すような特性が多くある。画家は、さまざまな角度や距離から入念に作品を観察し、その抽象性に気を散らすようなパターンが偶然に紛れ込んでいないことを確かめる必要がある。そうしたパターンがいったん見つかり、広く知られると、誰もがそのパターンを「見る」ことになり、もう取り消せなくなる。

抽象画家でなくとも、自分の作品に望まないパターンを持ち込むことがある。浜辺で似顔絵を描いている画家を観察すれば、自分の絵の腕を示すために立てかけてある広告用の作品でさえ、描かれた顔の多くが奇妙なほどに似通っており、そのうちの多くが画家自身にかなり似ていることがわかるだろう。肖像画を専門としていない熟練した画家でも、自分自身の顔を描く傾向が強い。二〇一二年に科学博物館が私の同僚であるスティーヴン・ホーキングの七〇歳の誕生日を記念して、デヴィッド・ホックニーに依頼して描かせた肖像画を見て衝撃を受けた。[2] その絵は、ｉＰａｄを使った「絵画」に新たに夢中になっていた時期にホックニーが描いた作品のひとつだった。残念ながら、できあがった肖像画は、ホックニーにほんのちょっぴり似ているように思われた。

1. もともとのテストをインターネット上で受けることができる。http://www.inkblottest.com/test.
2. http://www.sciencemusem.org.uk/about_us/smg/annual_review/breaking_cultural_barriers/hockney_hawking.aspx.

75　第二法則のアート

抽象表現主義者の作品について、ある漫画家が二コマで寸評を描いた。最初のコマでは、画家が、絵の具の入った大きなバケツを何も描いていないカンバスに投げつけようとしている。二つめのコマでは、バケツが当たり、予期せぬ即席の結果が出現する。カンバスの下のほうに絵の具が数滴垂れているだけで、まったく普通の婦人像ができていたのだ。

なぜこれがおかしいのか。まず、こうしたことは実際にはもちろん起こらないが、もしも起こったとしたら、自然は実は抽象表現主義の逆を謀っていることになるだろう。興味深いところは、こうしたことが実際には決して起こりえないと経験から信じ込んでいる点だ。たとえ絵の具が宙を飛んで、その結果、実際に完璧な肖像画が完成したとしても、それで自然法則が破られるわけではない。それでもこれは経験に真っ向から反している。だがニュートンの運動法則には、でたらめに飛んだ絵の具の粒子がすべてカンバスに向かい画面に当たり、完璧なポーズができている場合を記述する解がある。

同じ状況が、ワインのグラスが割れるときにも生じる。ワインのグラスを床に落とすと、多数の破片に変わるだろう。時間の方向を逆にして、グラスが壊れる映像を巻き戻せば、こうやって砕け散った破片がふたたび合わさりグラスになるのが見えるだろう。どちらの進行もニュートンの運動法則では許されるが、私たちが目にするのは最初の進行、すなわちグラスが壊れて破片になるほうだけであり、二つめの進行を見ることはない。子ども部屋がどうなるかというのもよくある例だ。子どもに任せておいたら、子ども部屋はどんどん散らかり汚くなる。自然と整頓されていく様子は決して見られない。

これらすべての例——宙を飛ぶ絵の具、床に落ちるワイングラス、散らかった部屋——に見られるのが熱力学の第二法則が実際に作用しているところだ。これは実際には、重力法則のような意味での「法則」ではない。この法則は、外部からの干渉がなければ物事はいっそう混乱する——「エントロピー」が増加する——傾向があると述べるものである。そこで言われているのは確率である。物事が時間の経過とともに混乱していく場合の数は、どんどんと秩序立っていく場合の数よりもはるかに多いので、何か（あるいは誰か）が介入して混乱を減らさない限り、混乱が増加するところが見られる傾向にある。

宙を飛ぶ絵の具なら、すべての粒子が正確な速度と方向で発射されてカンバスにちょうどよい当たり方をした場合にのみ、きれいな肖像画が生まれるだろう。この、まったくありそうにない事態は、実際には決して生じない。ワイングラスの場合、グラスが落ちて粉々に割れるために必要な最初の動きは、偶然でいくらでも生じるが、時間を逆転した場合の進行、すなわち破片が自然に集まって完璧なグラスができるという場合では、天文学的にありえないような特殊な動きが最初に必要とされる。第三の例では、子ども部屋がどんどん散らかるのは（誰かが介入して部屋を掃除しなければ）、単に、散らかる場合の数が、整頓される場合の数よりもはるかに多いからだ。

だから、たとえ一〇億年待ったとしても、この漫画家が想像したような光景を目にすることは決してない。混乱から秩序を生むには、絵の具を一滴一滴、しかるべき場所へ導くという「仕事」を要する。幸い、そうなりうる場合の数は結構多い。ただ、無秩序になる場合の数と比べると、あるかないかにかすんでしまうということだ。

76 晴れた日に……

「……永遠が見える」とは、アラン・ジェイ・ラーナーによるブロードウェイ・ミュージカルに出てくる歌詞だ。だが、本当に見えるのか。最近たまたま、ロングビーチ美術館で開催されたキャサリン・オピーが撮影した20葉の作品からなる展覧会「水平線まで12マイル」を見た。[1] この作品は、韓国の釜山からカリフォルニア州ロングビーチまでの12日間にわたる船旅で日の出と日没を撮影するという依頼を受けて実現したものだった。展覧会のタイトルは、孤独と別離という概念を喚起するために選ばれたが、わずかでも計測学的な真実を含んでいただろうか。要するに、水平線はいったいどのくらい遠いのか。

地球が滑らかな球形をしていると仮定しよう。[2] 海上にいて、展望を妨げるような山がなく、光が大気を通過するときに起こる屈折の影響や、雨や霧の影響も無視する。目が海面からHの高さにあり、水平線のほうを見たとき、水平線までの距離Dは、図に示すように、直角三角形の一辺になる。他の二辺は、地球の半径Rと、それにHを足した長さとなる。

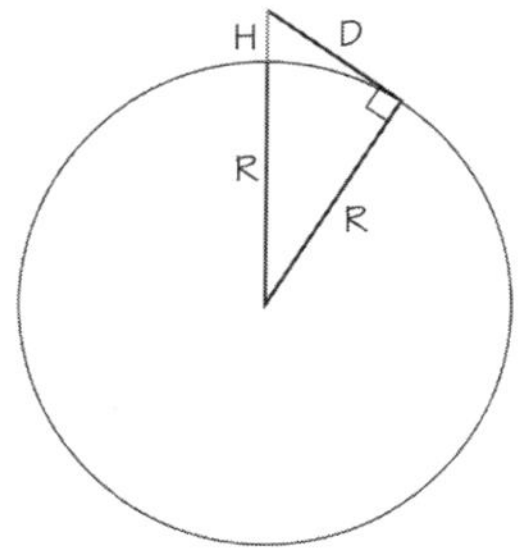

この三角形に三平方の定理を適用するとこうなる。

$$(H+R)^2 = R^2 + D^2 \quad (*)$$

地球の平均半径は約6400キロメートルと身長Hよりもはるかに長い

ため、H＋Rの二乗を計算する場合、R^2と比較してH^2は無視できるので、$(H+R)^2 = H^2 + R^2 + 2HR \approx R^2 + 2HR$となる。先の等式(*)を用いれば、すなわち、水平線までの距離は、たかだか$D = \sqrt{2HR}$ほどということになる。これは非常に良い近似だ。式に地球の半球を代入すれば、次のようになる（Hをメートルで表す）。

$$D = 1600 \times \sqrt{5H}\ \text{メートル} \approx \sqrt{5H}\ \text{マイル}$$

身長180センチの人なら、$\sqrt{5H} = 3$となり、水平線までの距離は$D = 4800$メートル、つまり3マイルと言えば、まずまずの精度だろう。見える距離が視点の高さの平方根に比例して増加する点に注目すると、標高180メートルの山の頂に登れば10倍遠くまで見えるだろう。世界一高い建物、ドバイにあるブルジュ・ハリファのてっぺんに上がれば、102キロメートル、すなわち64マイルまで見渡せる。エヴェレスト山頂からなら、336キロメートル、すなわち210マイルまで見えるだろう――永遠とまでは言えないが、十分に遠い。そして、もしキャサリン・オピーのように水平線まで12マイルとしたいなら、海面から$144/5 = 28.8$メートルの高さから見なければならない。これなら、中くらいの大きさのクルーズ船に乗れば十分可能だ。

1. http://www.stephenfriedman.com/artists/catherine-opie/news/catherine-opie-twelve-miles-to-the-horizon-at-the-long-beach-museum-of-art/.
2. 地球はまったくの球形ではない。極半径は$b = 6356.7523$kmで、赤道半径は$a = 6378.1370$kmである。これを回転楕円体として扱うと、平均半径が$(2a + b)/3 = 6{,}371.009$kmということになる。H. Moritz, *Journal of Geodesy* 74, 128 (2000).

77 サルヴァドール・ダリと第四の次元

ニューヨークのメトロポリタン美術館には、一九五四年にサルヴァドール・ダリが描いたキリスト磔像の印象的な作品がかかっている。「超立方体的人体」と題されたこの作品では、8個の立方体をつなげて作られた十字架にキリストが張り付けられている。中心に一個の立方体があり、その六つの面に立方体が一個ずつ付けられ、縦方向にもう一個付けられている。[1] この絵画とタイトルを理解するには、幾何学をほんの少し知る必要がある。それは百年と少し前、変わった数学教師にして発明家のチャールズ・ヒントンという、チェルトナム女子大、アッピンガム校（ここからは重婚で有罪となって逃亡した）、プリンストン大学（ここでは自動ピッチングマシンを発明した）、米海軍天文台、アメリカ特許庁を渡り歩いた人物が最初に明らかにしたものだ。

ヴィクトリア朝の多くの人々と同じく、ヒントンも「高次元」に魅せられていたが、純然たる霊能力の信仰を追求するのではなく、明確に幾何学の言葉でこの問題を考え、20年以上もこれを題材にした短い評論や文章を書き続けた後、一九〇四年にはこのテーマで本を一冊書き上げた。[2] ヒントンは、第四の次元を視覚化することに夢中になっていて、三次元の物体が二次元の影を落とすことや、さらには二次元の面の上で展開したり投影したりもできることに気づいた。どの場合でも、三次元の立体の形と、それが投射する二次元の影とのあいだには単純なつながりがある。こうしたつながりに注目すれば、四次元の物体を投影して見たり、展開したりしたときに、どう見えるかがわかる。紙で作った中空の三次元

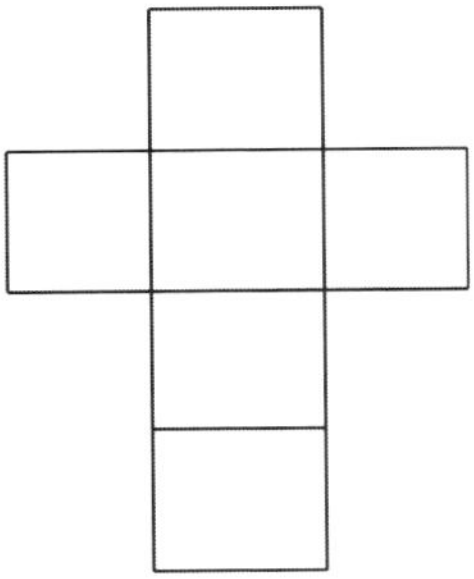

の立方体について考えよう。これを展開するには、外面の二つの角を結ぶ線で切り、立方体の各面を平たく広げ、図のような、四辺形が二次元の十字架の形につながったものを作る。

この三次元から二次元への投影のしかたにはひとつのパターンがある。三次元の立方体には、二次元の正方形の面が六つあり、その六面は、一次元の線12本で区切られ、その12本の線は角にあるゼロ次元の点8個を結んでいる。

ヒントンは、そこからの類推で、展開する前の四次元の超立方体、当人の当初の呼び方では「テセラクト」（ギリシア語で「四本の光線」）を作図した。中央の正方形の各辺が四つの正方形で囲まれて、一辺にもうひとつ正方形が付いているのではなく、四次元の超立方体は、中央に立方体があり、それがさらに六個の立方体で囲まれ、いずれか一方の面にはもう一個の立方体が付いている。こうすると、超立方体を三次元に展開するとどう見えるかが明らかになる。

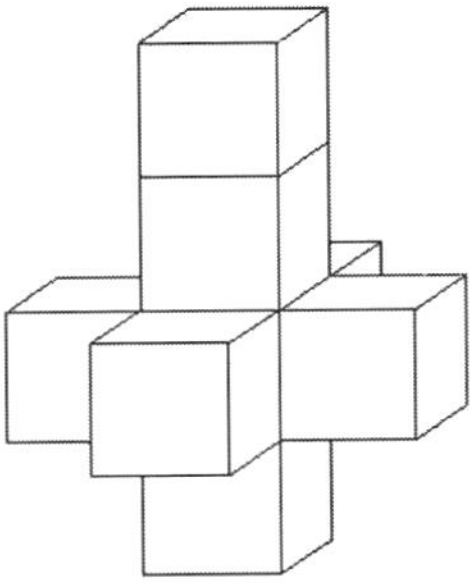

この物体は、ダリが、超越的なものの形而上学をとらえようとして、「超立方体的人体」という作品に描いた十字架に用いたものだ。しかし、この絵を入念に見れば、作品として成立させるために、幾何学に少し修正を加えていることがわかるだろう。中央にある立方体が外側に突き出しているために、身体が十字架にぴったりと沿うことはありえない。腕や手が立方体の上にはりつけられることはない。身体は、

巨大なチェッカー盤の背景の上方に浮かぶ超立方体の手前に浮遊させられる。ダリの妻ガラが、前方から見上げるマグダラのマリアとして描かれている。いばらの冠も、両腕を打ち付ける釘もなく、四つの小さな三次元の立方体が、キリストの身体の手前で正方形状に並んで浮かんでいるように見えるだけだ。

1. 複製が、http://upload.wikimedia.org/wikipedia/en/0/09/Dali_Crucifixion_hypercube.jpg にある。
2. C. Hinton, *Speculations on the Fourth Dimension*, ed. R. Rucker, Dover, New York (1980). ヒントンは、すでに一八八〇年にこれをテーマにした小冊子も書いている。

78 サウンド・オブ・ミュージック

私と違って、ポップ・ミュージシャンの大規模なコンサートに行く人なら、音楽のサウンドは、ステージ上のミュージシャンとスピーカーシステムから直接届くサウンドだけではないことを知っている。すべての人に等しい（そして大音量の）音響体験を提供するために、後方の、来場が遅れた観客がいるあたりに別のスピーカータワーが必要で、これはステージから40メートル以上も離れていることがある。「公園」で催されるクラシックコンサートや屋外劇やオペラでは、音が瞬時に伝わらないため同じ問題に直面する。スピーカータワーから出力される音は、ステージ上のバンドから聞こえてくる生の音と同期していなければならない。さもなくば不協和音になってしまう。

この同期には、音響エンジニアが、空気を伝わり前方にいる聴衆に直接届く音と、電気配線を伝わって後方にあるスピーカータワーに運ばれた音が、その近くの観客のところに空気中を比較的短距離進んで到達するのと確実に同時に届くようにしなくてはならない。空気を通じて伝わる音波よりも、電子機器を通じて伝わる音の信号のほうがはるかに早く到達する（基本的には瞬時に）。二つの音の到着時間がうまく一致しなければ、最初に音がスピーカータワーから聞こえ、その後にそれと同じ音がステージから直接聞こえてくるために、奇妙なエコー効果が生じる。

ミュージシャンが正面にあるステージの中央で音を出せば、海面位では、音は空気中を331.5＋0.6T m/s の速さで移動する。このTは、摂氏での空気の温度である。T＝30℃の夏のイベントでは音の速さが349.5m/sとなり、直接伝わる音は、40メートル先に座る聴衆に、時間40/349.5＝0.114s、すなわち114ミリ秒で到着する。ディレイスピーカーを設置し、この分の間隔をあけて同じ音を流せば、両方の音源を同時に動作させることになる。しかし、これは理想的ではない。聞きたいのはステージ上の演奏であって、席の近くのスピーカーから出る音ではないのだ。だからエンジニアは、スピーカータワーから流す音に、約10から15ミリ秒のごくわずかな遅れを余分に加えて音響バランスを少し崩す。すると脳は、ステージから直接くる音を最初に取り込むが、これがほぼ即座に、スピーカータワーから間接的に流れてくるもっと大きな音によって強化される。合計約124から129ミリ秒の遅れによって、聴衆は、すべての音がステージから直接やってくるように受け止める。気温が20℃から40℃に上昇すると、音の速さは約11.5m/sだけ速くなるが、それでも、40メートル離れた席にいる聴衆に音が到達する時間は3ミリ秒しか変わらないため、影響はほぼないに等しい。

79 チャーノフの顔

統計は人を惑わすこともある——ときには故意にそうすることも。政府や企業が経済について語っていることが正しいかどうかを判断するには、適切なデータ分析が必要だが、それと同時に、明確、的確で、説得力が得られるように統計情報を提示する必要もある。それをする際、ある種類のパターンや逸脱に目がとても敏感であるという性質が利用できる。すでに解説したように、こうした敏感さは、ある特定の種類の視覚的な鋭さが有利になるような自然選択と性選択によって、長きにわたり磨きをかけられてきた。私たちは顔にとても敏感で、出会った人々のあれこれの特徴を、少なくとも最初のうちは顔で判断する。事故や加齢によって顔の対称性が失われたり低下したりした場合、対称性を高め、取り戻すためにかなりの金額が投じられる。新聞を広げれば、実際の顔とは大きく違うのに、それでいて即座にその人だと認知できるように人の顔をデフォルメして描く才能をもったさまざまな漫画家の作品が目に入る。実物から始め、ある特徴を際立たせる。そうして、平均的な顔に少しずれを足したというのではなく、その特徴が主になるようにする。

一九七三年、統計学者のハーマン・チャーノフが、漫画の顔を使って、平均からずれて変動する特徴をいくつか持つものについて、情報を符号化することを提案した。[1] たとえば左右の目の間隔が費用を、鼻の大きさが仕事にかかった時間を、目の大きさが雇用されている従業員の数を表すなどといったように。こうしてチャーノフは、平均的な顔から少しずつ違った形で徐々にずれていく一連の顔も作成し

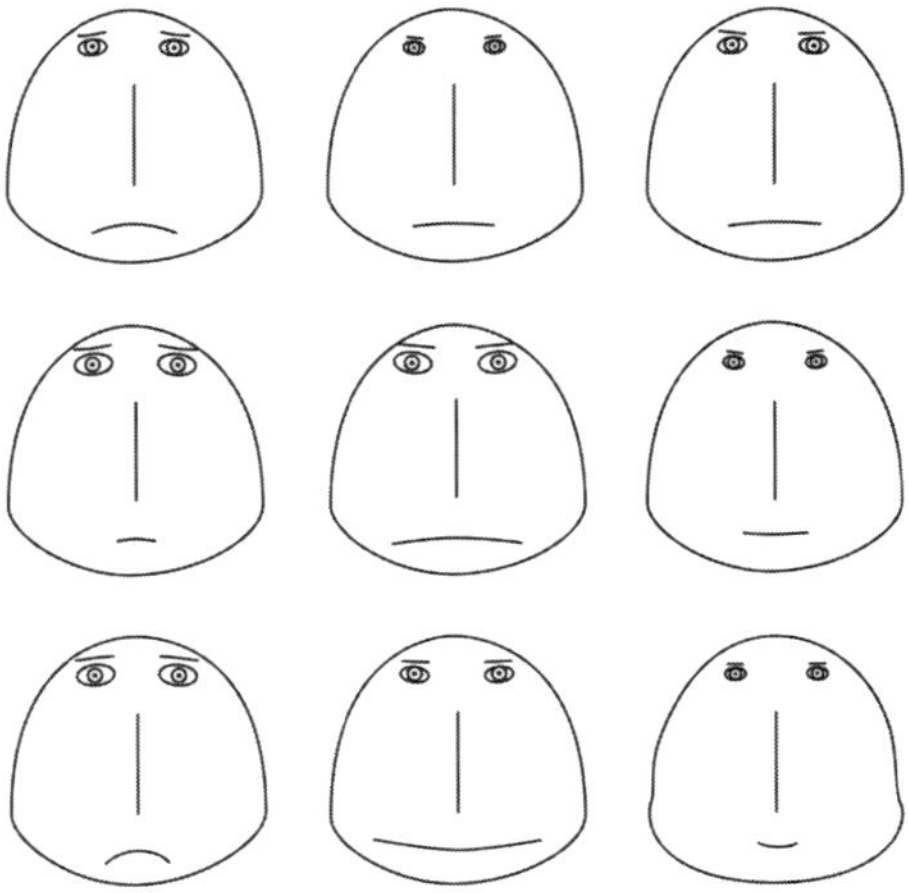

た。変数としては他にも、顔の大きさや形、口の位置も利用できた。チャーノフは当初、小さな顔の絵として符号化できる変数を最大で18個提案した。それにはいずれも対称性があった。非対称性を取り入れれば——たとえば目の大きさが左右で異なるなど——情報量は二倍にすることもできるだろう。

　顔の特徴ごとにそれを感じ取る感度は違う。そのため、小さな変化を感じ取る必要の度合いに従って情報を符号化することが可能になる。チャーノフの顔の絵は、統計的なばらつきが、特定の平均値の周囲に正規分布していることを示す鮮やかな印象をもたらす。顔の変数の数と、ばらつきの軸の数を増やせば、脳に備わった、非常に敏感なパターンを追い求めるプログラムが同時にデータを処理することもできるだろう。こうすれば、変動をすばやく評価しやすくなる。

1. H. Chernoff, *Journal of the American Statistical Association* 68, 361 (1973).

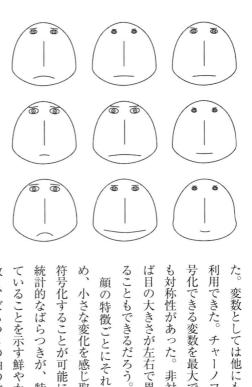

80 地下から来た男

二人の観光客がロンドンの中心街で地下鉄の路線図を見ながら道を探しているのを見かけたことがある。モノポリーのボードを使うよりはかろうじてましだが、あまり役に立ちそうにはない。ロンドン地下鉄の路線図は、機能的にも芸術的にも素晴らしいデザインだが、ひとつ驚くべき特徴がある。地理的に正しい位置に駅が描かれていないのだ。これは位相幾何学的な地図である。駅と駅のつながりを正確に示してはいるが、審美的および実際的な目的のために実際の位置がねじ曲げられている。

電子工学出身の若い製図技師、ハリー・ベックが、この種の路線図をロンドン地下鉄の経営者に提案した。一九〇六年に創立されたロンドン地下鉄会社は、一九二〇年代になる頃には経営が苦しくなりつつあった。主な理由は、ロンドン郊外から中心部へと移動するのに、それも特に乗り換えが必要な場合には、経路が複雑で時間がかかりすぎることだった。地理を正確に表した路線図は、ごちゃごちゃしていて見にくかった。ひとつには、ロンドン中心部の道路が、芯となる計画もなしに、数百年の間に雑然と発達してきたために、ごちゃごちゃとしているからだ。もうひとつは、地下鉄路線網が巨大に発達しているためだ。ロンドンは、すっきりとした全体的な街路計画のあるニューヨークとも、またパリとも違っていた。最初の頃、人々は、地下鉄を使う気にもならなかった。

ベックが一九三一年に作成した美しい路線図は、最初は地下鉄会社の広報部門から却下されたものの、いろいろあった問題を一気に解決した。それまでのどのような路線図とも違い、電子回路基板を彷彿させるものだった。垂直と水平と斜め45度の線しか使わず、さらに最終的にはテムズ川を記号化して描き込み、乗り換え駅を表現するすっきりとした手法を採用し、ロンドン郊外の地理的位置関係を変形して、リクマンズワースやモーデン、アクスブリッジ、コックフォスターズなどの離れた地区がロンドン中心部の近くにあるようにし、一方では路線がひしめく中心地域を拡大した。ベックはその後四〇年間、この路線図に磨きをかけ、拡大し続けた。新たな路線を加えたり、従来の路線の延長に対応したりしながら、つねに簡潔さと明確さを追求した。

ベックのこの古典的なデザイン作品は、初の位相幾何学的な地図だった。それは、曲げたり伸ばしたりしてどのようにも変形することができて、しかも駅と駅のつながりは断たれない。この路線図がゴムシートに描かれていて、切ったり裂いたりせずに、好きなように曲げたり伸ばしたりできると想像するとよい。たくさんの路線と駅がある中心部にたっぷりとスペースを割き、遠く離れた駅を中心の近くに寄せつつ、紙の端のほうに余白がたくさん残らないようにできるだろう。ベックは、駅と駅の間隔と路線の位置を操作して、地図上での情報の広がりに審美的に心地よいバランスと統一感を与えた。この路線図には、ゆったりとした秩序や簡潔さが感じ取られる。遠くの地区を中心部の近くに寄せることで、ロンドンっ子たちに各地につながっていると感じさせるだけでなく、ポケットに入るほど小さく折りたためる紙に収まる、美しい均整の取れた図にもなったのだ。

この路線図は、人々にとってのロンドンの見え方を変えることによって、地図だけでなく、社会学的な衝撃も及ぼした。遠くにある地区も描き込んで、その地の住民たちを、ロンドン中心部の近くに住んでいるような気分にさせた。住宅価格の状況までもが変化した。ロンドンに住む人のほとんどにとって、これはまもなく、自分たちの頭の中にあるロンドンの地図となった。だが、ベックの地図が、地上にいる人の役に立つというわけではない。そのことは、冒頭で触れた観光客たちもおそらく痛感しただろう。それでも、この路線図の位相幾何学的な手法はとても理にかなっている。地下鉄に乗っているときには、地上を歩いたりバスに乗ったりしているときのように、自分がどこにいるかを把握する必要はない。大事なのは、どこで乗り、どこで降りるかと、どうすれば乗り換えができるかだけだ。

81 メビウスとその帯

細長い長方形の紙を手に取り、両端をくっつけて円筒を作る。小学校で何十回もやった。そうやってできる円筒には、表と裏がある。しかし今度は紙を一回ひねってから両端を貼り合わせると、前とは違う不思議なものができあがる。8の字とも無限大記号ともつかぬその帯は、驚くべき性質をもっている。表と裏の区別がない。つまり、どちらか一方しかないのだ（奇数回ひねると必ずこうなるが、偶数回ひねるとそうはならない）。どちらかの面をクレヨンで塗り始め、紙からクレヨンを離さずに塗り続けると、しまいには紙全体に色が塗れる。工場で品物を運ぶコンベヤーベルトを一回ひねって、こうした面がひとつしかないベルトにすると、表面は二倍長もちする。

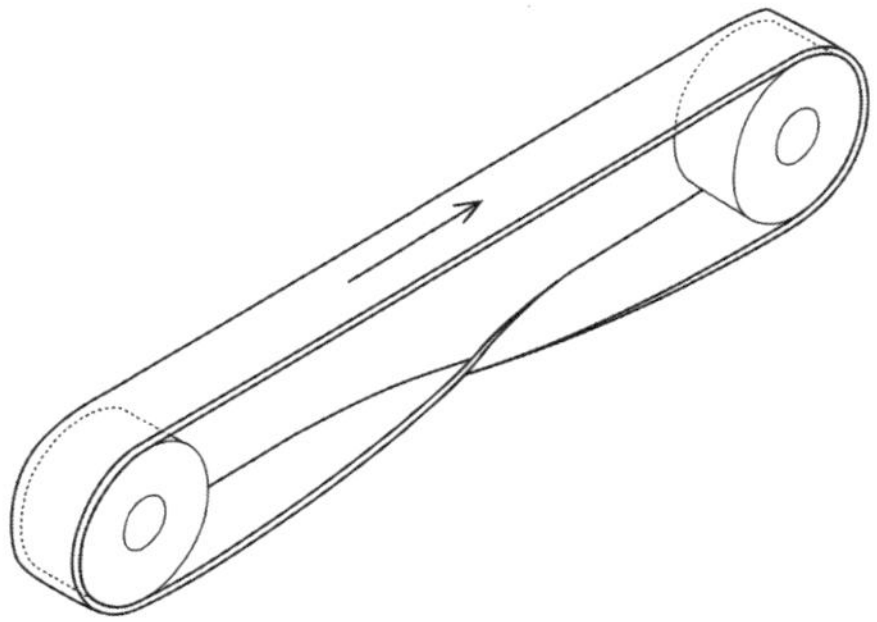

この奇妙な面の様子――今日では数学者に「向きのつけられない」面と呼ばれている――に最初に気づいた人物は、ドイツ人の数学者で天文学者のアウグスト・メビウスだった。一八五八年に書かれた「メビウスの帯」発見についての記述は、その年の九月にメビウスが他界した後になって論文の山の中から見つけ出された。その後、同じ年の七月に、別のドイツ人数学者、ヨハン・リスティングが独立してメビウスの帯を発見していたものの[1]、帯は現在にいたるまでずっとメビウ

スの名で呼ばれている。
マウリッツ・エッシャーの展覧会では、ありえない三角形や滝[2]の絵に並んでメビウスの帯が登場することが多いため、絵を鑑賞する人たちは、メビウスの帯もただの想像の産物にすぎないと思わされてきた。しかし、メビウスの帯は、ありえないものでも何でもない。単に予想外なだけである。

　メビウスの帯の性質を利用した有名な芸術家はエッシャーだけではない。一九三〇年代にはスイス人彫刻家のマックス・ビルが、トポロジーにおける新しい数学的な発展から芸術家にとっての未開拓の世界が開かれるだろうと確信をもつようになり、メビウスの帯を枠組みにして、金属やみかげ石を材料に使い、循環するリボンの彫刻を次々と制作していった。エッシャーは紙の上に描いたが、ビルは三次元の立体版の帯を作った。一九七〇年代には、高エネルギー物理学者で彫刻家のアメリカ人、ロバート・ウィルソンや、イギリス人彫刻家のジョン・ロビンソンが、ステンレスや青銅を用いてやはり彫刻として表現したものを作った。ロビンソンの作品「不朽」では、高度に研磨された青銅を材料にして、メビウスの帯を利用した、きらきら光る三つ葉模様《トレフォイル》の結び目（51章で論じた図形）が作られている。他にも多くの芸術家やデザイナーが建築にメビウスの帯を取り入れ、おもしろい建物や好奇心を刺激する子どもの遊び場を作ってきた。[3] メビウスの帯は、私たちの想像力に大きな影響を与えている。初めてこれに接する人にも興味を必ずそそる魅力をたたえている。

　あまりに身近すぎて、もう誰もそれとは気づかない、デザインの世界でのメビウスの帯の使用例がある。一九七〇年、南カリフォルニア大学の学生、ゲーリー・アンダーソンが、産業界や企業のグラフィックデザインを牽引していたコンテイナー・コーポレーション・アメリカ（再生紙の大手企業）が主催する学生向けのデザインコンペで優勝した。同社は、自身の顧客や、包装容器のリサイクルを促進しようとしている他の企業の顧客の環境への意識を高めるために、リサイクルを象徴するロゴを作ろうとしていた。アンダーソンは、今ではすっかり有名になった、メビウスの帯をぺしゃんこにしたリサイクルマークを考案し、２５００ドルの賞金を獲得した。このマークは商標登録されず、同社の意図したとおり、パブリックドメインに置かれて自由に使えるようになっている。アンダーソンはその後、グラフィックデザインや建築、都市計画の分野において傑出したキャリアを築いた。このアンダーソン流のメビウスの帯は、ほぼどのような場所でも見られる。

1. E. Breitenberger, Johann Benedict Listing, in I. M. James (ed.), *History of Topology*, pp. 909-24, North Holland, Amsterdam (1999).
2. M. C. Escher, *The Graphic Work of M. C. Escher*, trans. J. Brigham, rev. edn, Ballantine, London (1972).
3. J. Thulaseedas and R. J. Krawczyk, 'Möbius Concepts in Architecture', http://www.iit.edu/~krawczyk/jtbrdg03.pdf.

82 鐘よ、鐘

イギリスの村の教会では一二世紀から鐘が鳴らされていた。しかし一六〇〇年頃、高い鐘楼をもつ小さな教会が多数あるイーストアングリア地方のいたるところで、規則に従った順序で鐘を鳴らす手法、すなわち転座鳴鐘法という新たな様式が奏で始められた。この手法は、鐘楼から遠く離れたところでも聞こえるような、制御された音の配列を作りたいという欲求から導かれたものだったが、一九世紀になる頃には、それ自体が興味深い芸術手法へと発展していた。鐘は、時を告げたり、町や村、教会の重要な行事を知らせたり、警告を発したりすることで地域の役に立ってきた。教会の鐘は質量があって慣性が非常に大きく、いったん回転し出すと制御できないことから、複雑な旋律を奏でるにはふさわしくない。そのため、鳴らす順番を複雑にして、上昇下降する心地よい音の連なりが作られた。

鐘を鳴らすこと、すなわち「鳴鐘法」は、鐘を鳴らすために必要とされる肉体的、精神的な優れた健全さを兼ね備えていることを表す「運動」と言われていた。鐘は、複数の鐘打ちによって順番に鳴らされる。鐘打ちは、指示書もなしに、長い転座の列をこなさなくてはならない。すべてを記憶に頼って。たとえば鐘が四個あれば、最も小さく最も高い音を出す鐘を一番（「最高音《トレブル》」）とし、最も大きく最も低い音を出す鐘を四番とする（「最低音《テナー》」）。最初は、高音から低音へと１２３４の順序で鳴らす。この単純な一回分の順番は「ラウンド」と呼ばれる。それ以降の鳴らし方については次のような規則がある。それぞれの鐘はそれぞれの回に一度だけ鳴らされる。それぞれの鐘は、次の回で鳴らすときに順番を変えられるのは一つだけ（1234→2134の順序はできるが、1234→2143はできない）。同じ並びの回を使ってはならない（最初と最後に1234の配列がくることは除き）。並びが最初の1234のラウンドに戻ると鳴鐘が終わる。したがって、鳴らす鐘が四個なら、4×3×2×1＝24の異なる並びがあり、N個の鐘があるなら可能性はN!通りとなる。[1] この可能性の集まりは、与えられた鐘の個数の「場合の数」と呼ばれ、その大きさはNとともに急速に増加する。鐘が8個あれば、4万320の転座がありうるのだ。鐘打ちは、これらの配列をおぼえなくてはならなかった。メモや「楽譜」を見ることは許されない。ただし、鐘打ちのうちのひとりが指揮者となって指示を出す。一般的に、それぞれの鐘を鳴らすのに約2秒かかるため、場合の数が24であればこれを完了するのに約48秒かかる。鐘が6個で場合の数が720なら、24分かかる。一人が鐘の綱を引く場合に実際ありうる最長の場合は、鐘を8個使う。この場合、22時間以上かかるだろうが、18時間以内に終わった例がある！　場合の数が大きいと、一定の時間で鐘を鳴らす人を交替する必要があるだろう。次に、「プレイン・ボブ」と呼ばれる配列を示す。これは4個の鐘を使った24の順列を全部鳴らすものだ。すべての配列には、「リバース・カンタベリー・プレジャー・プレース・ダブルズ」や、「グランドサー・トリプルズ」、「ケンブリッジ・サプライズ・メジャー」など、どれも一風変わった古い英語の名前がついている。

四個の鐘

1234	2314	3124
1243	2341	3142
1423	2431	3412
4123	4231	4312
4213	4321	4132
2413	3421	1432
2143	3241	1342
2134	3214	3124
		(1234)

これは数学のように聞こえる——実際にそうだ。先ほど述べた

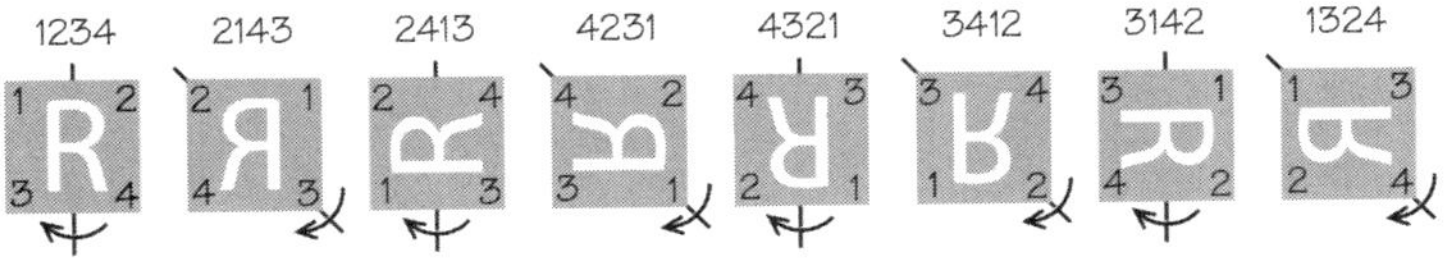

規則に従いありうる鐘の順列を調べることは、順列の群を初めて系統立って研究することにほかならなかった。一七七〇年代に数学の正式な一部となる[2]はるか以前、一六〇〇年代にファビアン・ステッドマン[3]がこれを調べた。4個の鐘の順列は、四隅に番号を付けた正方形を回転させることで上手に視覚化できる（ここで「R」の文字を使ったのは、それぞれの向きをはっきりと示しやすくするため）。

鐘の個数が増えれば、正方形を、鐘の個数と等しい数の辺をもつ多角形で置き換え、ありうる向きをすべて試す。

1. Nの階乗、すなわちN!は、N×(N−1)×(N−2)×…×2×1 のことなので、たとえば 3!＝6 である。
2. A. T. White, *American Mathematical Monthly*, 103, 771 (1996).
3. G. McGuire, http://arxiv.org/pdf/1203.1835.pdf.

83　群れに従う

鳥や魚、羚羊《れいよう》や水牛などの多くの哺乳類は寄り集まって、フロック〔羊や鳥〕やショール〔魚〕、ハード〔牛や馬などの家畜〕と呼ばれる「群れ」を作る。こうした動物の自己組織化を行うふるまいは、しばしば不気味なほどに正確だ。夕刻にムクドリの大きな群れがいくつも空を飛んでくるのを見て、鳥はどのように自分たちをまとめあげて、協調の取れた動きをするひとつの大きな体として移動するような集団を作っているのだろう、と疑問に思うかもしれない。ときに、そうした動きは単純な防衛法則に従う。捕食者である鮫に襲われる恐れのある魚の群れの一員なら、群れの周辺部から離れているのが好ましい。したがって、攻撃を受けやすい外縁部を避けようとするために、魚の群れがつねに渦を巻くような動きをすることになる。反対に、空を飛ぶ昆虫が、交尾の相手になるかもしれない者の注意を誰よりも先に引くために、群れの外側に出ようとする場合もある。すぐそばにいる者にくっついていようとする鳥や魚もいる。あまりに近寄ってくる者からは離れようとするが、群れとの距離があまりにひらいてしまうと、ふたたび群れのもとへと引き寄せられる。自分のそばにいる七つか八つの個体だけに注目し、それらの動きの速さや方向と足並みをそろえようとする場合もある。

これらすべての戦略から、整然とした大規模な群れや、自然界に見られる鳥や魚の作る印象的なパターンが生まれることがある。人間どうしの作用には、これ以外のさらに複雑な戦略があると考えられる。たとえば、大きなカクテルパーティーで、ある人にできるだけ近づこうとしながらも、他のある人からはできるだけ距離を置こうとして動く人がいるかもしれない。パーティーで大勢の人が同時にこうするとしたら、その結果どうなるかを予測するのは難しい！

ヌーや羚羊など攻撃を受けやすい群れが、ライオンなどの単体の捕食者が地平線に姿を現したときに取る戦略も数学的に興味深い。それぞれの個体は、自分と捕食者を結ぶ線上に一頭以上の仲間がいるようにするために移動する。捕食者が静止している場合、こうすることで群れは、数学者が「ヴォロノイ図」と呼ぶ独特なパターンを採用することになる。点の集まりについてこの図を作るには、対となる二つの点すべてを結ぶ直線を引き、その線の中心点で直角に交わる新たな直線を引く。これらの二等分線を伸ばし、別の線と出会った地点で止める。その結果、ヴォロノイ多角形のネットワークができる。[1] それぞれの多角形の中心には点がひとつあり、それを中心とする多角形は、他のどの点よりもその中心にある点に近い空間を切り取る。

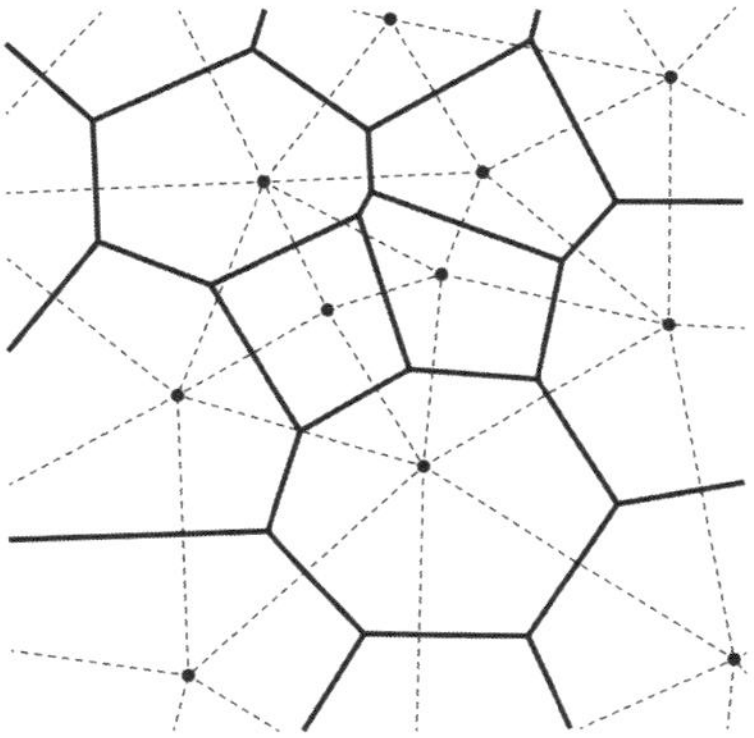

この多角形は、中心にいる動物にとっての危険区域を定めている。危険区域に捕食者が入ってくると、その中にいる動物が捕食者から見ていちばん近い動物となる。それぞれの動物は、自身の危険区域を表す多角形をできるだけ小さくして、捕食者からできるだけ遠く離れたい。集団によるこうした種類のふるまいは、個々のメンバーが私利私欲にもとづいて行動することから、「利己的な群れ」のふるまいと呼ばれる。現実の状況にお

いては、ライオンなどの捕食者は群れの周囲をすばやく動き、コンピュータのプログラムでも使えば予測しやすくなるとはいえ、ヴォロノイの多角形が変化して定まりにくくなる。ゆっくりと動く捕食者－獲物のシナリオが必要だ。

シオマネキという蟹が作る大きな集団が脅威を感じたときの動きを映像に記録し、興味深い研究が行われた。[2] 蟹の動きはゆっくりで、集団内の個数も少ないため、捕食者の脅威を受けたときの前後の動きを念入りに調べることができる。脅威が出現した直後、蟹は利己的な群れのふるまいに非常に近い行動を取ろうとし、それぞれの周囲に大きなヴォロノイ多角形をもつパターンを作るようだ。次はパニックに陥り、互いに身を寄せ合い、自分と捕食者のあいだに他の蟹をはさもうとして、ヴォロノイ多角形がどんどん小さくなる。

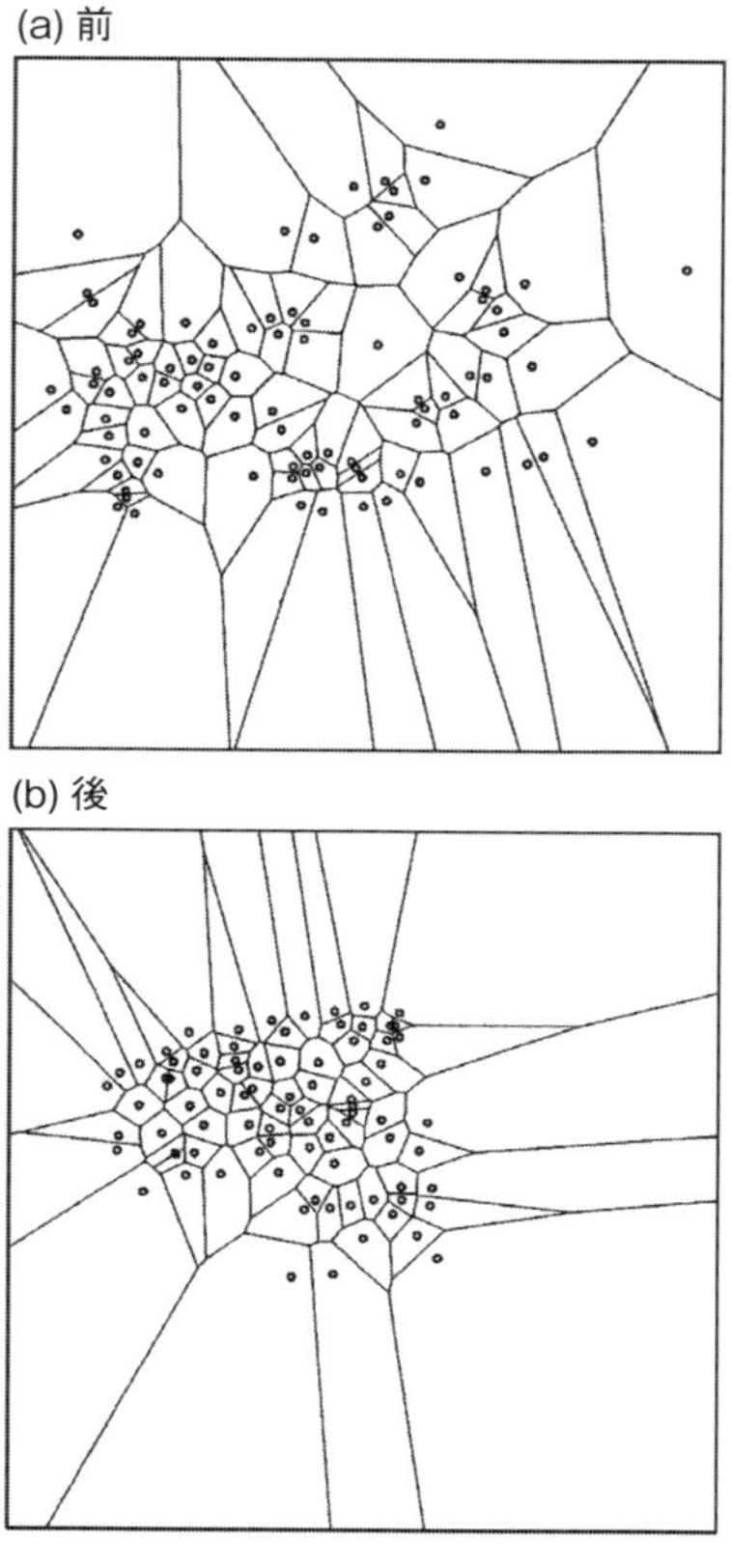

脅威を感じた蟹は、必ずしも捕食者から逃げようとはしない。自身と捕食者のあいだに他の蟹をはさもうとするために、集団（「キャスト」ともいう）の中心へと移動していく傾向がある。

こうすることで実際は、捕食者に向かって行くことになる場合もある。個々のリスクの程度は、危険区域を定めているヴォロノイ多角形の大きさに比例するのだった。蟹がパニックに陥って身を寄せ合い、それぞれが安全に感じるときには、多角形の面積はとても小さくなっている。このふるまいに従う傾向の低い蟹は捕食者である海鳥から狙われる可能性が高いが、非常にすばやく本能に従った反応をする蟹は生き残り、そうした形質を受け継ぐ子孫を残す可能性が非常に高いというのが進化生物学者の教えだ。

1. W. D. Hamilton, *Journal of Theological Biology*, 31, 295 (1971).
2. S. V. Viscido and D. S. Wethey, *Animal Behaviour* 63, 735 (2002).

84　指で数える

数を数える方法に人間の身体構造が影響を及ぼしていることはすぐわかる。古代の多くの文化では、十本の手の指と十本の足の指によって、数を数える方法の基礎が作られた――いわゆる十進法だ。手の指から、物の量を記録し、五や十や二十（足の指も足して）の集まりにまとめるための最初の数字が生まれた。ときおり、興味深い変種が見られる。たとえば、十ではなく八を底に用いる中央アメリカの古いインディアン文化がある。私は講演を聴きにきた人たちに、なぜ八が底に選ばれたかわかりますかと何度か尋ねたことがある。正解を答えられたのは、これまでにたった一人だけだった。王立芸術協会のクリスマス講演会に来ていた八歳の少女が、指と指のあいだに物をはさむから、その隙間を数えたのだと言ったのだ。たぶんその子は、「あや取り」みたいな遊びをよくしていたのだろう。

指で数える習慣は世界のいたるところにあったため、それをもとに十進法が生まれ、さらには位取り記数法が古代インド文化に生まれ、その後の一〇世紀に、中世アラビア世界との交易を通じてヨーロッパまで広がった。この種の数を数える方式では、数字の相対的な位置に情報が込められており、111は、3（一＋一＋一）ではなく、百＋十＋一を意味するようになっている。ローマ数字や古代エジプトや中国の記数法でもそうだった。また、この位取り記数法にはゼロの記号が必要となる。それを空いた位置に入れ、101と明確に記して、11を11と混同することを避けるためだ。今日、この位取り方式の十進法は、数を数える方式として完全に普遍的なものとなっている。それは、ひとつの文字言語、すなわちアルファベットが普及している程度をはるかにしのぐ。

指で数える習慣はいたるところに見られるが、そのためにどう手を使うかは、今日でさえ文化によって少しずつ異なっている。第二次世界大戦中のインドであった話をしよう。[1] インド人の少女が、突然家にやってきたイギリスの軍人に、東洋から来た友人を紹介しなければならなくなった。その友人は日本人で、それが軍人に知れたら、友人はイギリス軍に拘束されるかもしれない。そこで少女は、友人は中国人だと言って国籍を偽ることにした。軍人は明らかに疑っていたようだった。少し後に、指を使って五つ数えてくれ、と唐突に指示したからだ。インド人の少女は、この軍人は頭がおかしいのではないかと思ったが、日本人の少女は当惑しながらも、指を使って一、二、三、四、五と数えた。ほら！　日本人じゃないか。軍人は声を上げた。手を広げてから、指を一本ずつ折って五つ数えたぞ。中国人ならそんなことはしない。イギリス人みたいに、指を折ってこぶしを作り、親指から一本ずつ指を伸ばしていって、[2] 最後に手が広がるんだ。軍人は、インド人の少女がだまそうとする試みをこうして見破った。

1. この話は、T. Dantzig, *Number, the Language of Science*, Macmillan, New York (1937)〔トビアス・ダンツィク『数は科学の言葉』水谷淳訳、ちくま学芸文庫、二〇一六年〕と、拙著、J. D. Barrow, *Pi in the Sky*, Oxford University Press, Oxford (1992) の26ページに記されている〔ジョン・D・バロー『天空のパイ――計算・思考・存在』林大訳、みすず書房、二〇〇三年〕。拙著の方では、数を数えること全般と、とりわけ指で数えることの起源について幅広く論じている。B. Butterworth, *The Mathematical Brain*, Macmillan, New York (1999), pp.221-2 にも解説がある〔ブライアン・バターワース『なぜ数学が「得意な人」と「苦手な人」がいるのか』藤井留美訳、主婦の友社、二〇〇二年〕。
2. 地域によっては、指で数えるときに親指以外の指から始める例もある。

85　もうひとりのニュートンの無限賛歌

無限は、一九世紀終わり頃まで数学者が極端な注意を払って、あるいは侮蔑さえしながら扱ってきた危険な話題だ。1、2、3、4……のように自然数が無限に続く列を数えようとすると、すぐさまパラドックスに陥る。なぜなら、2、4、6、8……というように別の、すべての偶数が並んだ列を作ると、その偶数のリストには、すべての数のリストにある数の個数の半分しかないと思われるからだ。しかし、最初のリストにあるそれぞれの数と、二つめのリストにあるひとつの数（だけ）とを、1と2、2と4、3と6、4と8というように線で結ぶことができる。二つのリストにあるそれぞれの数字は、一対一に対応させられる。こういうふうに際限なく続けていくと、ひとつめのリストと二つめのリストにはまったく同じ量の数があることがわかる！　この二つの無限集合は等しいのだ。同じようにすべての奇数を扱うことができるだろう。そうすると、二つの無限（奇数と偶数）を足し合わせると、ひとつの無限と等しくなる（すべての数）。奇妙ではないか？

ドイツ人数学者ゲオルク・カントールがこの状況を最初に明確にした。自然数1、2、3、4……と一対一で対応させられる無限の集合は、「可算」無限集合と呼ばれる。対応させられるということは、筋道立てて数えることができるということだからだ。一八七三年、カントールはさらに、こうした対応を作ることが不可能であるような、可算無限集合よりも大きな無限があることを証明した。そうした集合は、筋道立てて数えることができない。このような非可算無限集合の一例が、果てしなく続く小数、つまり無理数の集合だ。カントールはそれから、果てしなく続く無限の階層を作ることができることを示した。各層は、その層にある無限がもうひとつ下の層にある次の無限と一対一で対応できないという意味で、ひとつ下の層よりも無限に大きいことになる。

ガリレオなどの偉大な自然学者は、無限集合を数える場合の奇妙なパラドックスに気づき、そういうものとは関わらないようにすることにした。一六九三年一月、アイザック・ニュートンが、無限の宇宙空間において正反対の向きどうしの重力がぴったり釣り合っているという問題について、リチャード・ベントリーにあてた手紙のなかで説明しようと試みたが、二つの等しい無限の一方に有限の量を加えると、二つは等しくなくなると考えたために、あらぬ方向へ逸れてしまった。[1] すでに見たように、Nが可算無限集合であれば、それは「超限」算術の規則に従う。超限算術とは、fを有限の量として、N＋N＝N、2N＝N、N－N＝N、N×N＝N、N＋f＝Nというように、有限の量をもつ通常の算術とはかなり異なる。

アイザック・ニュートンは無限と取り組むなかで道に迷ったが、一八世紀に存在した同名の人物、賛美歌を作詞し、奴隷貿易から改悛したジョン・ニュートンは、当初、無限をちゃんと理解しているように思われた。このもうひとりのニュートンは、有名な賛美歌「アメイジング・グレイス」の作詞者である。無名の作曲家によって作られ、一八三五年に初登場し、一八四七年に初めてニュートンの歌詞とともに歌われるようになったこの歌は、印象的な「ニューブリテン」という名の曲のおかげもあって、二〇世紀の間、商業的にも宗教的にも繰り返し大反響を呼んだ。

ニュートンは、バッキンガムシャー州オルニーの小さな教区のために、「アメイジング・グレイス」のもとの歌詞を書いた。[2] 当時、賛美歌の歌詞は歌うのではなく詠唱された。この詩は最初、一七七九年にニュートンとウィリアム・クーパーがまとめた「オルニー賛美歌集」に収録された。[3] ニュートンは六連の詩を書いた。第一連は次のように始まる。「驚くべき恵み《アメイジング・グレイス》！ なんと甘美な響きよ／私のような悲惨な人間を救ってくださった！／かつては迷ったが、今は見つけられた／かつては盲目だったが、今は目が見える」。だが、もとの詩の第六連は今日ではまったく歌われていない。[4] その代わりに、別の歌詞が使われている。「私たちが一万年そこにいても／太陽のように明るく輝きながら／神を讃えて歌う日数は／初めて歌ったときより減ってはいない」。

　これらの歌詞のなかで数学的に目を引くのが、無限あるいは永遠の性質の描写である。それはまさに正しい。無限や永遠からいかなる有限の量を取り除いても（この場合は「一万年」）、小さくはならず、なお無限である。

　残念ながらこの連はジョン・ニュートンの作ではない。他の連はどれも「私」という一人称であるのに、突然「私たち」に変わり、「そこ」はそれより前に出てきたものを指しているのではなさそうであるため、この連は後から持ち込まれたことがわかる。賛美歌どうしで連が入れ替わることは珍しくなかった。この特定の「さまよえる連」は、誰の作かは知られていないが、[5] 遅くとも一七九〇年あたりには存在した。この賛美歌内に初めて登場したのは、一八五二年に発表されたハリエット・ビーチャー・ストウの優れた反奴隷小説『アンクル・トムの小屋』において絶望したトムが歌ったときのことだ。[6] 不明の作者が誰であれ、その人は、一八世紀の偉大な数学者たちが、実際の無限のもつ性質について思考する自信がなかったために見落としていた無限を定義する深遠な特徴をとらえていた。

かわいそうに、カントールは、正しい道をはっきりと見通していたにもかかわらず、数学者としての長い期間、数学の研究から事実上閉め出されていた。影響力の大きな数学者たちが、無限についてのカントールの研究は、全体的な構造を脅かす論理的矛盾になりそうなものを持ち込むことで数学を実際に転覆させようとしているとみなしたからだ。今日、カントールの洞察は十分に認められ、集合と論理学の標準的な理論をなしている。

1. ニュートンのリチャード・ベントリーにあてた二通めの手紙（1756）。I. B. Cohen, *Isaac Newton's Paper & Letters on Natural Philosophy*, p. 295, Harvard University Press, Cambridge, MA (1958) に収録。
2. 歴代志上一17にあるダビデの祈りにもとづく。オルニー賛美歌集には、聖書の各篇のための賛美歌があり、「アメイジング・グレイス」は歴代志のためのものである。http://www.mkheritage.co.uk/cnm/html/MUSEUM/works/amazinggrace.html を参照〔翻訳時点では開けない〕。
3. *Olney Hymns of Newton and William Cowper* (1779).「アメイジング・グレイス」は第41番。
4. 地上はまもなく雪のように溶け／太陽は輝きを控えるだろう／しかしそんな地上の私に声をかけてくださった神は／永遠に私のものとなる
5. これは作者不詳の賛美歌「エルサレム、私の幸せな故郷」の（五〇連以上あるうちの）最後の連である。Richard and Andrew Broaddus 編纂、*A Collection of Sacred Ballads*, 1790 にある。
6. H. Beecher Stowe, *Uncle Tom's Cabin, or Life Among the Lowly*, p. 417, chapter 38, R. F. Fenno & Co., New York (1899).〔ハリエット・ビーチャー・ストウ『アンクルトムの小屋』香川茂訳、ぎょうせい、一九九五年他〕
7. J. D. Barrow, *Pi in the Sky*, Chapter 5, Oxford University Press, Oxford (1992).〔『天空のパイ』

86 チャールズ・ディケンズは平均的な男性ではなく、フローレンス・ナイチンゲールは平均的な女性ではなかった

偉大な小説家チャールズ・ディケンズと数学との折り合いが悪かったことを知る人はほとんどいない。実際彼は、数学の一部に反対する大がかりな宣伝活動の先頭に立っていた。ディケンズの生きた時代は、統計学という学問が誕生し、ヴィクトリア朝の社会や政治に大きな影響を与えようとしていたときだった。ベルギーではアドルフ・ケトレーを初めとする先駆者たちが、犯罪や人間の行動を研究する初めての数量的な社会科学――ケトレーはこれを「社会物理学」と呼んだ――を打ち立て、一方ではフローレンス・ナイチンゲール（一八五八年に王立統計学会の特別会員に選出された）のようなケトレーの使徒たちが統計学を用いて病院での衛生や患者の治療を改善し、データを発表するための鮮やかな新しい手法を考案した。スコットランドでは、ウィリアム・プレイフェアが多数のグラフや棒グラフを発明して、経済学と政治学に大変革をもたらした。こうしたグラフは今や、情報を提示したり、社会的、経済的なさまざまな傾向のあいだの関連性を探るための標準的な手法となっている。

ディケンズは、多数の有力な政治改革者とともに、統計学という新しい学問に深い猜疑心を向けた。大いなる邪悪であるとまでみなしていた。現代の人々には奇妙に聞こえる。なぜそのように考えたのか。ディケンズは、社会の健康度を平均をもとに判断する手法に反対していた。また、多数の人々を対象とした統計によって健康度が判断された、社会の中の不運なごく少数派であるからという理由でその

人の運命を下に見るような手法に反対していた。ケトレーの有名な概念「平均人」をディケンズは特に嫌っていた。なぜなら、政府がこの概念を用いて、貧しい人はこれまでよりもっと貧しく、職場はますます危険なものになっていながらも、今や人々は（「平均して」）より裕福になっていると言うことができるからだ。生産性の平均を上げる必要があるという理由で、賃金の安い仕事を減らすこともできるだろう。個人は統計学のグラフに表われた正規分布の尻尾の部分に埋もれてしまう。ディケンズは、社会における進歩的な法律制定を妨げるために政治家たちが統計を利用しており、政治家たちは、個人の不幸や犯罪的な行動を、統計学的に決定され避けられないものであるとみなしていると考えた。

　ディケンズの優れた小説のうち、統計学に対する根深い敵意に触れているものはいくつかあるが、とりわけ一八五四年に出版された作品『ハードタイムズ』はこれを主軸にしている。そこには、トマス・グラドグラインドなる人物が登場する。事実や数字だけを追い求め、いつでも「どのような人間の性質も測定して、その結果がどうなるかを正確に伝えて」やろうと思っている男だ。グラドグラインドの教える学校の生徒たちでさえ、数字に還元されて、第9章では、娘の友人、シシー・ジュープがグラドグラインドの質問にいつも間違って答えてしまうと嘆く場面がある。人口100万人の町の住民が一年に25人、路上で餓死する比率《プロポーション》について質問されると、人口が100万人でも何億人でも、餓死する人たちのつらさの程度《プロポーション》は変わらないだろうとシシーは答える。するとグラドグラインド氏は、「それは間違っている」と言うのだ。この先生の部屋の壁には、「徹底的に統計学的な時計」がかかっている。物語では、こうした態度がいかにして、自分自身と娘ルイーザの絶望につながるかが描かれている。ルイーザは、愛ではなく、「結婚の統計学」が明瞭に指し示すと父親が判断した基準に従って結婚させられる。氏の頑固な人生観は結局、すべての人の不幸を招いた。

ディケンズは、数学の新たな一分野が悪用されているとみなしながらも、これに刺激を受けた偉大な小説家の注目すべき例である。ディケンズが今日生きていたなら、統計学的な成績表の類で大いに忙しくしているかもしれない。

87 マルコフの文学的な連鎖

確率の研究は最も単純な状況から始まる。たとえば、偏りのないサイコロを振って、それぞれの結果が出る可能性が等しい（確率が1/6ずつになる）場合がそうだ。サイコロをふたたび振ったら、これは独立した事象となり、二回とも6が出る確率は、それぞれの回で6が出る確率の積、すなわち1/6×1/6=1/36である。しかし、私たちが遭遇する連続する事象のすべてがこのように独立しているわけではない。今日の気温は一般的に昨日の気温と相関があり、特定の株の今日の株価は過去の株価と連動するだろう。しかし、そうした関連性には確率的な要素がある。天気を単純に暑い（H）、中くらい（M）、寒い（C）の三つの状態だけで表すとしよう。すると、連続した二日間における、気温の状態のありうる並び方は、HH、HM、HC、MH、MM、MC、CH、CM、CCの九つになる。それぞれの組み合わせには、過去の例をもとにした確率が与えられ、たとえばHH、すなわち暑い日の次に暑い日が来るという確率が0.6になるとか何とかのことになる。このように、これら九つの確率を用いて3×3の行列Qが作成できる。

HH	HM	HC
MH	MM	MC
CH	CM	CC

九つの異なる気温の遷移に数を当てはめていくと、たとえば、今日が暑いあるいは寒い場合、二日後に暑くなる確率を行列QにQをかけて行列の積Q^2を得ることによって計算することができる。今日の気温をもとに三日後の気温の確率を予測するためには、Qをもう一度掛けてQ^3を求めればよい。行列Qを何度も掛け合わせることで、最初の状

態の記憶が徐々に失われていき、遷移の確率が、行列の各行が等しい安定した状態に落ち着く。

硬貨をはじいたりサイコロを振ったりといった連続した独立的な事象を対象とした一八世紀の伝統的な確率理論を、非独立事象というさらに興味深い状況にまで広げる研究は、一九〇六年から一九一三年にかけて、サンクトペテルブルクに住む数学者アンドレイ・マルコフによって開拓された。今日、連結したランダムな事象の連鎖についてのマルコフの基本理論は、科学でも大活躍している道具となっており、グーグルのようなインターネット検索エンジンでも活躍している。状態の行列は何十億とあるウェブサイトのアドレスであり、遷移はそうしたアドレス間のリンクである。マルコフの確率連鎖が、任意の検索する閲覧者が、ある特定のページに到達する確率と、それに要する時間を求めるのに役立つ。

マルコフは、こうした一般的な理論をまず確立してから、創意工夫に富んだ手法を用い文学に当てはめた。作家が習慣的に用いる文字列の統計学的な特性によって、作家の文体の特徴を記述できるかどうかを知りたかったのだ。今日、新たに発見され、シェイクスピアや他の有名作家によるものだと主張されているものの真贋鑑定を行う際にそうした手法が使われていることはよく知られている。しかし、このアイデアを最初に試したのはマルコフで、それを自分で考えた新しい数学の方法の応用として行ったのだ。

マルコフは、特徴的な押韻パターンをもつプーシキンの散文詩の第一章全体と第二章の一部を含む二万字（ロシア文字）を抽出して調べた。[1] 先ほどの例で気温を三つだけの状態に単純化したように、マルコフは、すべての句読点と単語間の空白を無視することでプーシキンの文章を単純化し、母音（V）か子音（C）かによって、連続する文字の相関を調べた。面倒な手作業の結果（当時はコンピュータがなかった！）、母音は８６３８個、子音は１万１３６２個あった。次にマルコフは、連続する文字の遷移に目を向け、母音と子音がVV、VC、CV、CCのパターンで隣り合わせになる頻度を調べた。VVは１１０４例、VCとCVは７５３４例、CCは３８２７例あった。これらの値は興味深い。子音と母音がそれぞれの総数に応じてランダムに出現していたなら、VVは３０３３例、VCとCVは４７５５例、CCは７４５７例ということになったはずだからだ。当然ながら、プーシキンはランダムには書いていない。VVまたはCCの確率はVCの確率とは大きく差があり、言語は主として書くよりも話すためのものであり、母音と子音が隣り合ってできる音は明瞭になるという事実を反映している。[2] しかしマルコフは、プーシキンの書いた文章がランダムではない程度を数量化して、その母音と子音の使い方を他の作家のものと比べることができた。プーシキンの文章がランダムであるとしたら、どれか一文字が母音である確率は8,638/20,000＝0.43となり、子音である確率は11,362/20,000＝0.57となる。連続する文字がランダムに配置されているとしたら、VVという配列が見つかる確率は0.43×0.43＝0.185となり、19,999組の二文字にはVVの組み合わせが19,999×0.185＝3,270個含まれていることになる。プーシキンの文章には１１０４組しかなかった。CCの確率は0.57×0.57＝0.325である。母音一個と子音一個からなる配列、すなわちCVもしくはVCの確率は、2(0.43×0.57)＝0.490となる。

後にマルコフは、同じ手法で他の作品を分析した。残念ながら、その研究の真価が認識されたのは、一九五〇年代半ばに言語の統計学に対する興味が高まってからのことらしい。しかもマルコフの先駆的な論文の英訳が発表されたのは、ようやく二〇〇六年になってからのことだった。[3] この手法を、他の作品を題材に自分で試してみるとよい。もちろん、母音と子音のパターン以外に選べる指標は、文の尺度や単語の長さなどたくさんある。それにコンピュータを使えば、さらに高度な指標を単純化して評価を容易にすることもできる。

1. A. A. Markov, 'An example of statistical investigation of the text *Eugene Onegin* concerning the connection of samples in chains'（初出はロシア語、一九一三年）, A. Y. Nitussov 英訳 , L. Voropai, G. Custance and D. Link, *Science in Context* 1(4), 591 (2006).
2. D. Link, *History of Science* 44, 321 (2006).
3. *American Scientist* 101, 92 (2013) において報告された、ブライアン・ヘイズによる『エフゲニー・オネーギン』のテキストの英訳の再分析から、ロシア語と英語では子音と母音のバランスに違いが見られた。ここで報告されているのはヘイズによる英訳の統計。

88 自由意志からロシアの選挙まで

チャールズ・ディケンズが数理統計学に反対する宣伝合戦に参入していたことはすでに見た。統計学を社会改革に好ましくない影響をもたらすものと考えていたのだ。ロシアでは二〇世紀初頭の十年間に、統計学と人文科学とのあいだにこれに似た対立が生じていた。ロシア正教会と強いつながりをもつ数名のロシア人数学者たちが、統計学を用いて自由意志の存在を確立できることを証明しようと試みたのだ。この動きを率いたパーヴェル・ネクラーソフは、当時ロシア正教会の砦だったモスクワ大学で数学を教えていた。もともと彼は聖職を目指して学んでいたが、後に数学に転向し成功を収め、さらにはいくつか重要な発見をした。

ネクラーソフは、人間の自由な行為は、それ以前に起こったことによって決定されていない統計学的に独立した事象であるという性質を明らかにすることで、自由意志と決定論のあいだに古くからある論争に対して重要な貢献を行えると信じていた。数学者は、中心極限定理、すなわちいわゆる「大数の法則」をすでに証明していた。その法則とは、統計学的に独立した事象が多数足し合わされると、ありうるさまざまな結果の頻度を示すパターンが、正規分布もしくはガウス分布と呼ばれる特定の釣り鐘型の曲線に近づいていくと示すものである。事象の数が大きくなるにつれ、この形の曲線へとますます収斂していく。ネクラーソフは、人間の行動や犯罪、平均余命、病気を支配するあらゆる種類の統計値が大数の法則に従うことを社会科学者が発見したと主張した。したがって、そうした値は、統計学的に独立した非常に多くの行為の総計から生じたにちがいない。すなわち、それらは自由に選択された独立した行為であり、したがって人間には自由意志があるとせざるをえないことになる。

アンドレイ・マルコフは、ネクラーソフの主張に激怒し、それは数学の濫用で、数学を貶めることになると批判した。87章で、マルコフが独立した確率の時系列的な数学を発明したことについてすでに触れた。サンクトペテルブルクに拠点を置いた、気難しいことで有名なマルコフはモスクワの学界を嫌っていたようだ。教会の影響を受けた君主制に沿う学問全般と、とりわけネクラーソフ個人を。マルコフは、自由意志が存在するという「証明」に、ランダムなプロセスの連鎖についての自身の研究を引き合いに出して対抗し、統計学的な独立は大数の法則につながるが、その逆は真ではないと主張した。何らかの有限個の状態の中に、ある系が存在しうるなら、次の状態は現在の状態と、次の時刻に残っている定数が変化しうる確率だけに依存し、それならば状態は、時間が進むにつれ、大数の法則で予測される明確な分布に向かってますます近づき進展していく。[2]

こうしてマルコフはネクラーソフの大仰な主張を否定する証明をした。ただし、そうするためには、新たな数学を開発する必要があった。ネクラーソフは単に、当時の確率論に受け継がれていた、独立性と大数の法則の関係についての前提を用いているだけだった。マルコフがネクラーソフの誤った推論を反駁するのに必要な反証を提示できたのは、運動する確率の連鎖についての研究を初めて行っていればこそだった。社会的な行動が、社会科学者の発見した定常分布に従うという事実は、そうした分布が統計学的に独立した事象から生じたことを意味するわけではなく、したがって、自由意志について語れることなど何もなかった。

意外なことに、これと同じ種類の論争がごく最近、二〇一一年一二月に行われたロシア議会の選挙後に再燃した。選挙区間での投票の分布（それぞれの党への投票率）が大数の法則に従っていないことから、選挙で不正が行われたとする主張が広く喧伝されたのだ。街頭に、「我々は正規分布を支持する」、「プーチンはガウスに賛同していない」などと（ロシア語で！）書かれた横断幕が掲げられた。[4] 実のところ人々は、友人や隣人や家族から独立して投票をしないので、大数の法則は選挙区間の投票パターンに適用されない。逆に、個人の投票が他の人々の投票に影響を受ける場合には、マルコフの研究に似た状況になるのだ。したがって選挙区間での投票の分布は、抗議のポスターで不正であると非難された平坦なパターンに容易に近づいていく。人々が硬貨を投げて投票しない限り、投票結果の分布がガウスの大数の法則に従うとは期待できない。しかし、組織だった不法行為がこれ以外のより高度な統計学的な試みにもとづいて行われているとする主張もあるため、投票のパターンがマルコフの描いた図と一致しているというだけでは、不正操作がなされていないだろうとは言えず、そういう根拠にもとづく議論はしばらく続いた。

1. E. Seneta, *International Statistical Review* 64, 255 (1996) and 71, 319 (2003).
2. これはエルゴード定理と呼ばれる。結果が成り立つためには、どの時点でも可能性が有限個の集合のことでなければならない。次の時点で到達した状態は、その現状（以前の履歴ではなく）だけに依存し、どこかの段階で起こりうるそれぞれの変化が発生する確率は、一組の一定の遷移確率で規定される。十分な時間が与えられれば、どんな状態の組合せでも、一方から他方へ移れる。また、系は、時間について周期的に循環しない。これらの条件が成り立てば、どのようなマルコフ過程も、開始時の状態や、そのときどきまでの間の時間変化のパターンにかかわらず、ただひとつの統計学的平衡に収束する。

3. O. B. Sheynin, *Archive for History of Exact Sciences* 39, 337 (1989).

4. たとえば、http://nl.livejournal.com/1082778.html にある一六番めの画像と、http://arxiv.org/pdf/1205.1461.pdf あるいは http://darussophile.com/2011/12/26/measuring-churovs-beard にあるロシアの選挙についての議論を参照。

5. http://www.pnas.org/content/early/2012/09/20/1210722109.full.pdf にある P. Klimek, Y. Yegorov, R. Hanel and S. Thurner, *Proceedings of the National Academy of Sciences* 109, 16469 (2012). M. Simkin, http://www.significancemagazine.org/details/webexclusive/1435463/US-elections-are-as-non-normal-as-Russian-elections.html.

89 至高の存在で遊ぶ

数学が大いに魅力的になるところのひとつが、数学が、数学的だとは思わなかったような題材に応用されるということだ。想像力を働かせて数学を応用した代表的な例のうち、私が気に入っているもののなかに、ニューヨーク大学のスティーヴン・ブラムズによる事例がある。[1] その関心を引いた対象に、ゲーム理論の、政治や哲学、歴史、文学、神学の問題への応用があった。[2] ここでは、神が存在するかどうかという哲学的神学の問題例を挙げよう。

この問題においてブラムズは、人間（Ｈ）と神（あるいは「至高の存在《スプリーム・ビーイング》」ＳＢ）が採用すると思われる異なる戦略について考える。ユダヤ教とキリスト教の伝統に共通する規範のいくつかを理解した上で、ブラムズは、とても単純な啓示「ゲーム」を組み立てる。このゲームにおいて、ＨとＳＢはどちらも二つのありうる方針を取れる。つまり、ＨはＳＢの存在を信じてもいいし、信じなくてもいい。ＳＢのほうは自身の存在を明かしてもいいし、明かさなくてもいい。

Ｈにとって最優先の目標は、信じていること、あるいは信じていないことが、手に入る証拠によって裏づけられることであり、次善の目標は、ＳＢの存在を信じたくなることである。しかしＳＢにとって最優先の目標は、Ｈに自身の存在を信じさせることであり、次善の目標は、自身の存在を明かすのを避けることである。

ここで、啓示ゲームにおける二人の「プレイヤー」についての、ありうる四つの組み合わせを見るこ

	HがＳＢの存在を信じる	HがＳＢの存在を信じない
ＳＢが存在を明らかにする	（3，4） Hの信仰が証拠によって裏づけられる	（1，1） Hは証拠があるにもかかわらず信じない
ＳＢが存在を明らかにしない	（4，2） Hが、裏づけとなる証拠がないにもかかわらず信じる	（2，3） Hが信じないことが、証拠の不在によって裏づけられる

とができる。そうして、それぞれのプレイヤーの結果を、1（最悪の結果）から4（最高の結果）の段階で評価する。上の表にありうる組み合わせを示した。四つのありうる結果と、それぞれに、ひとつめの数字（A）がSBの戦略の評価を、二つめの数字（B）が人間の戦略の評価を表すような数字のペア（A, B）がつけられている。

ここで、どちらかが最適な戦略から逸脱した場合に不利になるとして、人間（H）と至高の存在（SB）にとってこの啓示ゲームで採用すべき最適な戦略があるかどうかを問う。HがSBの存在を信じる場合、SBは自身の存在を明らかにしないほうが有利であり（括弧内の最初の数字は4>3）、HがSBの存在を信じない場合同様である（2>1だから）ことがわかる。すなわち、SBは自身の存在を明らかにしないことになる。しかし、HもSBの選択を結果の表から推論することができ、そのうえでSBの存在を信じるか（自分の評価は2となる）信じないか（自分の評価は3となる）の選択を行わなくてはならない。ゆえにこれらの評価から、Hは、SBの存在を信じないという評価の高いほうの選択肢（3）を選ぶべきである。したがって、それぞれのプレイヤーが相手の優先させる方を知っていれば、両者にとっての最適の戦略は、SBについては自身の存在を明かさないこと、人間については神の存在を信じないことになる。しかし、有神論者はこれを問題視するかもしれないが、そこにはパラドックスがある。この選択の結果が、SBが自身の存在を明かし、Hが自分の信仰を裏づけられる場合の評価(3,4)よりも両者にとって悪いらしいからだ。残念ながら、SBが自身の存在を明かさないのは、SBが存在しないからでもいいし、SBが黙っていることにしたからでもいい。これは、このゲームでHが直面する主な難題である。なぜならゲーム理論では、自身の存在を明かさないというSBの戦略の理由はわからないからである。

1. S. J. Brams, *Superior Beings: If they exist, how would we know?* Springer, New York (1983).
2. S. J. Brams, *Game Theory and the Humanities: Bridging the two worlds*, MIT Press, Cambridge, MA (2011).

90　すべてを知っていることの難点

全知、すなわちすべてを知っていることは、有用な属性であるかのように聞こえるが、後から、それが頭痛の種になるかもしれない。そして、驚くべきことに、全知が実際に負担になり、すべてを知らないほうが有利になるような状況もある。最も単純な例が、二人の人が「チキン」ゲームでにらみあっているというものだ。こうした対決には、先に「避《よ》けた」人が負けるという特徴がある。どちらも避けなければ、お互いに破滅が約束される。核を保有する二つの超大国の衝突が一例だ。もうひとつが、二人のドライバーがトップスピードで互いに向かって車を走らせ、衝突を避けるためにどちらが先にハンドルを切るかを試すような状況だ。先に避けた方が負けになる。

このチキンゲームには、意外な性質がある。全知であることが負担になるのだ。一方が全知であることを相手が知っていれば、全知である方が必ず負ける。これからこちらがすることを相手がすべて知っていることがわかっているなら、衝突の危険が迫ってきても絶対に車線を変更すべきではないということになる。すべてを知る相手は、これがこちらの戦略なのを知っていて、事故に遭うのを避けるために自分のほうが逃げ出さなくてはならなくなる。すべてを知っていなければ、それでもなお、こちらが正気に返って、自分よりも先に臆病風に吹かれることを期待するだろう。全知であることは、それが秘密にされている場合に力を持つ。秘密でない場合には、知識が少ないのは良くないと言われているというのに、知識が多すぎるほうがはるかに悪くなりうることが明らかになる！

91 絵の具のひび割れを観察する

クラクリュールとは、古い油絵の表面にある細かいひび割れのことだ。絵の具の顔料や膠《にかわ》、画布《カンバス》が経年の温度や湿度の変化に反応することから生じる。こうした変化は一つ一つ違うので、クラクリュールは複雑になる。ときに、縦横に入ったひび割れの模様によって絵画に特別な骨董品的な特徴が加わる。ひび割れの効果が通常の、控えめなものであれば。クラクリュールは贋作の防止にもつながる。古い絵画に本物らしいクラクリュールを偽造するのは極めて難しいからだ。

最初にカンバスをぴんと張って木枠に固定した後、カンバスにかかるひずみの力は減少していく。カンバスがぴんと張られて緩むにつれて、最初は速く減り、その後遅くなる。ふつう、三か月間でだいたい400 N/mから200 N/mへと半減する。こうした弛緩が起こらなければ、油絵は生き残ることはできない。絵の表面が引っ張られる力が大きすぎるからだ。しかし、その後カンバスが緩くなりすぎると、絵の具が表面にくっついていられなくなり、はがれ落ちてしまう。油絵の具にかかる応力によって生じる引張り力により、加わる力に対して一定の率の伸張が生じ、それは限界点に達するまで続く。そこに到達すると、絵の具がひび割れる。これは、カンバスが乾燥して収縮することや、温度が上昇したり湿度が低下したりして絵の具が乾燥することが原因となる。こうした理由で、美術館や、ミラノのサンタ・マリア・デッレ・グラツィエ教会の壁に描かれたレオナルド・ダ・ヴィンチの「最後の晩餐」のように、偉大な作品をもともと描かれた場所に保管しているところで、現在、必死に訪問者の数を制限しようとしているのだ。訪れる人々は、すなわち熱と湿気そのものだ。一日の終わりに訪問者が帰ったり、熱が減少したりして絵の周囲の環境が冷えると、絵の具が収縮する。絵の具が古いほど、こうした応力に対する柔軟性が小さい。温度が10℃から20℃変化したときの効果は、湿度が15〜55パーセント変化したときの効果よりも大きいらしい。[1] 湿度を制御するのが最優先だという話をよく聞くが、実際は逆だ。カンバスだけを検査すると、温度と湿度の相対的な重みは逆転する。

油絵の表面にひび割れができるとき、生じるパターンには単純なロジックが働いている。[2]

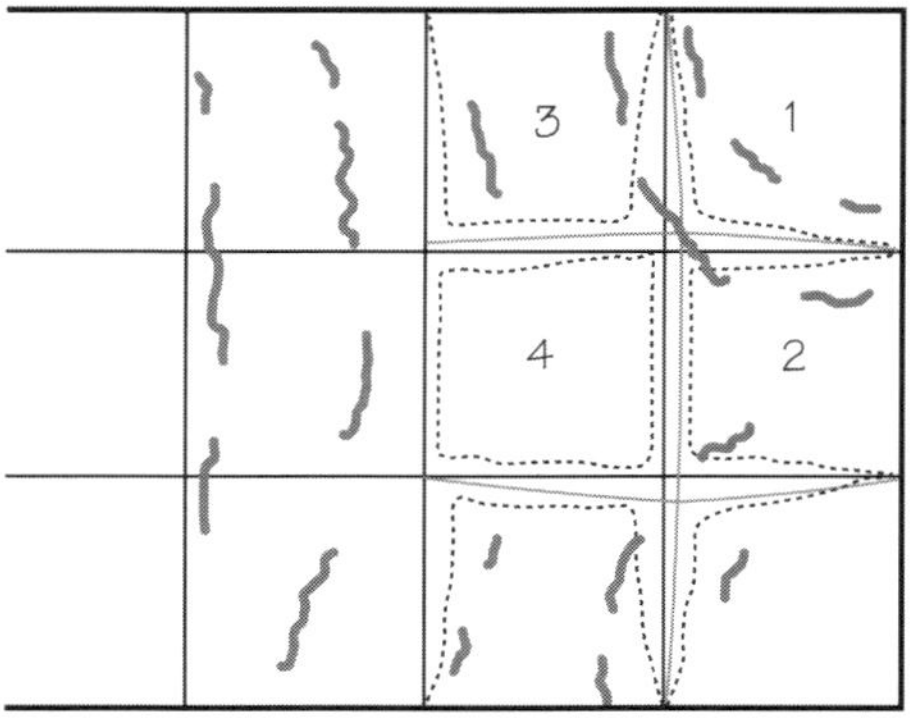

この図は、約20℃の温度低下を経たばかりの絵画に降りかかった運命を示している。右の端は、上、下、縦の辺で堅い木枠に固定されており、冷えていく絵の具の層が収縮する傾向を阻んでいる。細い実線の格子は、絵の具がもともとあった場所を示す。それぞれの正方形は、一律に縮小しながら収縮しようとするが、枠に固定されている端の方ではそうできない。その結果、端にある正方形が歪み、点線のようになっていく。たとえば、正方形1(および下の隅にある正方形)は二つの辺で止められており、最も大きく歪む。正方形2と3は一辺だけしか止められておらず、歪みは少ない。正方形4はどの方向にも動くことができ、最大の応力がかかっている二つの角に向かって引っ張られる。絵画の中央に向かって調べていくと、応力とひび割れはどんどん少なくなっ

ていく。もろい絵の具は初めに、引張り力の大半を解放させる方向に沿ってひび割れる。引張り力は、加えられた応力と直角の方向にかかり、図では短い波線で表されている。したがって絵画の中央部では、ひび割れが縦の線と平行に入っているのがわかる。縦の端に近づくにつれ、ひび割れはだんだん向きを変え、端に向かって横向きになっていく。反対に、縦の端の中央部に入ったひび割れは、木枠の横の端のうち上か下の近い方に向かって曲がるように進む。端の中央の部分では、ひび割れは横向きに走っている。このプロセスをシミュレーションしたところ、冷却による応力が絵画の全体にひび割れを生じさせるとき、角での応力は中央部の応力よりもわずか5パーセントほど強いだけであることが確かめられた。[3] 対照的に、絵の具が乾燥して絵の具の層に応力がかかるときには、角と中央の差はもっと大きく——二倍近くにも——なり、ひび割れは四つの角ではるかに大きく目立つようになる。

1. A. G. Berger and W. H. Russel, *Studies in Conservation* 39, 73 (1994).
2. http://www.conservationphysics.org/strstr/stress4.php.
3. M. F. Mecklenburg, M. McCormick-Goodhart and C. S. Tumosa, *Journal of the American Institute for Conservation* 33, 153 (1994).

92　ポピュラー音楽の魔法の方程式

ときどき、最高のチョコレートケーキの作り方、最適な結婚相手の選び方、最も訴求力のある芸術作品の作り方などを予測する方程式が見つかったという記事が発表される。この手の話の歴史は長い。

こういう部類に入るもっと手の込んだ例に、「ヒット」したポピュラー音楽のレコードにある基本要素をとらえる方程式を作ろうとする試みがある。実際、説得力のある式を作るには、売れなかった（「外れた」）レコードや、ヒットと外れのあいだにあるおびただしい数の曲の特徴も予測できなくてはならない。二〇一二年、テイル・デ・ビー率いるブリストル大学工学部インテリジェント・システム群の研究チームが、ポピュラー音楽にはつきものの多数の性質を明らかにし、何らかの方法でそれぞれに重みをつけ、すべてを足し合わせることでこれを試みた。[1] そうやってポピュラーソングの「得点」Sを表す式が作られた。次のように、そうした性質がQ１からQ23までの23個ある場合、ｗ１からｗ23までの数で重みが付けられる。[2]

$$S = w_1Q_1 + w_2Q_2 + w_3Q_3 + w_4Q_4 + \cdots + w_{23}Q_{23}$$

23個のQに選ばれた性質は、それぞれ簡単に数量で表せて計測できるものだった。私たちの脳の構造にあるさまざまな面が、何が好きかを決めるのに関与しているのは間違いないが、そうした神経や心理にある入り組んだ因子を発見して測定するのは容易ではない。研究者らはまた、レコードの宣伝予算額や、バンドのメンバーが乱暴狼藉を働いて逮捕される頻度や、有名なサッカー選手と結婚しているかなどといった外的な影響は除外した。その代わりに、曲の長さ、音量、速度、拍子の複合度、拍《ビート》の変動、和声の簡易さ、エネルギー、どれほど不協和音が耳につくかなど、23個の性質を選定した。こうしたリストのそれぞれの項目がQとなる。ではwはどうか。それについては、厖大な数のポピュラー音楽のレコードをコンピュータで分析し、Qの値がつく性質の特定の組み合わせがあると判定された古今のヒット曲について重みを評価することが必要だった。ヒットチャートを飾ってきたさまざまな曲とその性質を照合すると、ヒットしたレコードに共通して見られる性質と、当たらなかった曲に特有の性質とを見定めることができた。

音楽の好みは時とともに着々と変化するので、こういう分析はもちろん難しい。この研究から得られた興味深い副産物のひとつに、音楽の好みがどのように変化してきて、時代ごとにどの性質が前に出ているかがわかることがある。ポピュラー音楽を聞く人々の好みの時代間の推移を利用すると、Sを求める公式を鍛え直すことができた。好みが変化するとなると、重みのつけ方も時の経過とともに少しずつ変えて、傾向や嗜好が移行するにつれ以前の価値についての記憶を失っていくようにする必要がある。公式は徐々に過去の傾向を忘れ、新しい傾向に順応していく。これをするには、Sの和を表す式においてそれぞれのQ_jを$Q_j \times m^{t-j}$で置き換える。ここで数mは記憶係数であり、私たちの特定の性質への好みが時の経過とともにどのように変化するかの尺度である。かつてはとても大音量の音楽が好きだったのに、後にはそうでもなくなることもあるだろう。jは、Sの和を表す式において1から23まで大きくなっていくため、mを累乗するべきの$t-j$がどんどん小さくなり、jが最大の値[3]$t=j$に到達すると記憶の影響はなくなる。一方、$j=1$のとき、記憶の影響は最大になる。これで、あらかじめ特定された性質について最高の得点を与えるような重みの組み合わせが求められるよう新しい公式が最適化されている。[4] 見込みのありそうなポップグループのデモ用ＣＤが郵送されてきたら、エージェントは、魔法の公式を適用して今の時点でのヒットの可能性を評価することができる。

ブリストル大学の研究チームは、この式を用いて、過去にイギリスで大ヒットした曲をさかのぼって調べた。一九六〇年代後半のエルビス・プレスリー「サスピシャス・マインド」や、一九七〇年代のＴ・レックス「ゲット・イット・オン」、一九八〇年代終わり頃のシンプリー・レッド「イフ・ユー・ドント・ノウ・ミー・バイ・ナウ」などが対象となった。しかし、大ヒットしたのにこの式では意外にも得点が低くなった曲もいくつかあった。一九九〇年のサッカー・ワールドカップ記念コンサートで大観衆を前に歌われたパヴァロッティの「誰も寝てはならぬ《ネッスン・ドルマ》」や、一九六八年のフリートウッド・マックによる「アルバトロス」など。どちらも、それぞれその当時のロック音楽の型はいささか外していたが、他の因子のためにヒットしたのだろう。

言うまでもなく、こういうコンピュータ知能を開発した大学の研究者チームは、ポピュラー音楽の構造を調べることばかりを仕事にしているわけではない。最も成功を収めたレコードを知るために用いられたこの種のコンピュータ分析や成分分析は、音楽のためだけのものではない。これらは、人間が直観的に判断を下しているように見えるが、正しい方法で評価すると、そうした直観的に見える判断も、一連の単純な最適選択に従っていることを知るための重要な方法なのだ。

1. http://scoreahit.com/science.
2. 数学者はこれを、二つのベクトルｗとＱのスカラー積ｗ・Ｑとみなす。
3. これをｔの定義ととらえることができる。
4. 専門的に言えば、この方式は「リッジ回帰分析」。ティホノフ正則化とも呼ばれる。

93 ランダムなアート

ランダムなアートの動機にもいろいろある。古典的な芸術様式への反発ということもあるし、純粋に色だけを探究したいという欲求や、構図によって鑑賞する人の心の中に何が生じうるかを見たいという試みもあれば、単に、新しい形での芸術表現の実験だったりすることもある。カンバスで何が（何かがあるとして）どのように起こるかについての規則や制約がないという魅力があるにもかかわらず、この芸術の形からは、驚くほどに定まったジャンルが生み出されてきた。最も有名なのが、ジャクソン・ポロックとピエト・モンドリアンである。二人ともそれぞれに独特の数学的な特徴をもっており、ポロックはスケール不変のフラクタルパターンを使っているらしいし（次章で見るように、これはますます議論を引き起こしつつあるが）、モンドリアンは36章で示したような原色の長方形を描いている。

三つめの例となるのが、ポロックの抽象表現主義ともモンドリアンのキュビスム的なミニマリズムとも違う、エルズワース・ケリーやゲルハルト・リヒターの形式構成主義である。どちらも色をランダムに選択し、見る人の目を引きつける。ハードエッジ（色面の輪郭をシャープに描く手法）な着色がなされ、規則的に並べられている。中でも注目すべきは、色のついた正方形を格子状に並べた構成だ。[1] リヒターは、正方形それぞれに25色の選択肢から選んだ色を塗り 10×10（あるいは5×5）に配列したパネルを196個も組み合わせている。それを使って、1,960×1,960（あるいは980×980）の一枚の巨大な正方形にしたり、美術館で使えるスペースに応じて別々のパネルとして、あるいはいくつかのグループにまとめて展示したりもする。それぞれの正方形の色はランダムに選ばれ（どの色も選ばれる確率は1/25）、おもしろい心理学的な効果をもたらす。ほとんどの人は、ランダムなパターンとはどんなものかについて間違って考えている。直観的に、同じ結果が連続するはずはないと思っているのだ。真にランダムな配列よりも、極端な現象が少なく、はるかに秩序のある結果になるはずだと考えている。コインをはじいて表か裏かの結果が出るとして、32回はじいた場合の二通りの配列を記す。一方はコインをはじいてランダムに出た結果で、もう一方はランダムな結果ではない。どちらがどちらか。

裏表表裏表裏表裏表裏表裏表裏表裏表裏裏裏表裏表裏表裏表裏表裏表表

裏表表表表裏裏裏裏表裏裏表表表表裏裏表裏表表裏裏表裏裏表裏表表表

大半の人は、右の列がランダムな結果だと判断する。表と裏が頻繁に入れ替わっていて、表や裏が長く続いたりしない。左の列は、直観的にランダムではないように見える。表や裏が長く続くところがいくつかあるからだ。実際には、左の列が偏りのないコインを本当にはじいてランダムにできた配列であり、右の列は、表や裏が長く続かず「ランダムな感じ」に見えるように私が書いたものだ。

独立してコインをはじくことには、記憶は関わらない。偏りのないコインをはじいて表か裏が出る確率は、前回の結果とは関係なく、毎回1/2になる。毎回毎回が独立した事象なのだ。配列の中に表がr回または裏がr回連続する確率は、単に、$1/2\times1/2\times1/2\times1/2\times\cdots\times1/2$のように、1/2を$r$回掛けた式で表される。それは$1/2^r$となる。だが、コインをはじく回数が膨大になり、表か裏が連続する出発地点となりうる回がNか所あるようにするとしたら、rの長さだけ連続する確率は$N\times1/2^r$に増える。$N \times 1/2^r$がだいたい1に等しくなるとき、rの長さが連続する可能性が高くなる。それは$N = 2^r$のときとなる。これにはじつにシンプルな意味がある。およそN回ランダムにコインをはじいたリストを見れば、$N = 2^r$の場合、rの長さだけ連続しているところがあると予測されるのだ。これまでの配列はどれも$N = 32 = 2^5$の長さだったので、表か裏が5回連続したところがある可能性は五分五分以上あり、長さが4の連続ならほぼ確実にあることになる。たとえば32回はじくとすると、表か裏が5回連続することが可能な地点は28あり、平均すると、表か裏がそれだけ連続するところが二つある可能性もけっこう高い。はじく回数の数が大きくなると、はじく回数と連続が始まる地点の数との違いは考えなくてもよくなり、便利な概算式として$N = 2^r$を使うことができる。先の上の列には、そのような表か裏の連続部分がないからこそ疑うべきだということになり、下の列はランダムっぽいと安心してよいことになる。ここで得られる教訓は、ランダムかどうかを直観で判断する際、ランダムな配列には実際よりもはるかに一様な秩序があると考える傾向に陥りがちだということだ。

　ケリーやリヒターなどの芸術家が、その作品を見る人々を魅了する目的で利用しているのが、純粋にランダムな配列にある、こうした直観に反するような構造だ。リヒターが完成させたそれぞれのパネルは、ひとつひとつの正方形の色が、他のすべての正方形の色とは独立してランダムに選ばれているという意味でランダムだ。だから、ひとつの色が連続することがある。色をつけた正方形を10×10に配列してできたパネル196枚を、巨大な格子状にしたとしよう。横の列に沿って切り分け、それらを並べて一本の帯にしたら、1,960×1,960＝3,841,600個の正方形が並んだ帯になる。25の色から選べるため、単純な一次元の線の場合、同じ色の正方形が連続することは、$3{,}841{,}600 = 25^r$となるr回起こると思われる。

$25^4 = 390{,}625$ および $25^5 = 9{,}765{,}625$ なので、同じ色の正方形が4個まっすぐに続いている確率は非常に高く、同じ色が5個続いていることもたまにあるだろう。しかし、一列に並んだ色を正方形に構成すれば、縦の列や、対角線上の線にも目を走らせることができ、時にはそういった線に同じ色が何回か続くこともあるだろう。次の正方形を5×5に構成した図は、先ほどの表と裏のランダムな配列を上の行から下の行へと順番に当てはめていっている。表の正方形を黒に塗り、色のついた塊を目立たせている。

二色しかないので、ひとつの色の塊がかなり大きくなる。色の種類が増えるにつれ、もっと大きな変化が可能になる。同じ色が横あるいは縦に連続することは、二色の塊が $n \times n$ 並んだランダムな正方形では $\log(n)$ に比例する。対角線上の連続にも目を向けるなら、出発地点の数が増えると確率が二倍になる。したがって対角線上の連続が起こる可能性は二倍になる。一色だけの線は、気を散らせためにあるのではない。複数個が隣り合うと塊ができる。純粋にランダムに正方形を並べると、ときおり、同じ色の塊がたくさんできすぎることがあるため、ランダムな結果の一部の色を変えることで全体的なパターンの見え方を調和させようと、芸術家が何か所か介入しているように感じられる。何が言いたいかというと、美感に訴えるランダムなアートを作り出すことはそれほど容易ではないということだ。真にランダムなパターンを見せられると、かなりの程度の秩序があると思われてしまうのだ。

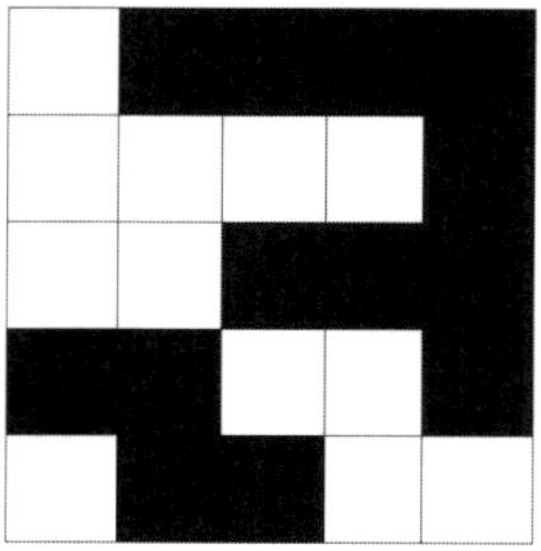

1. 同様の図が、ペットショップボーイズの二〇〇九年のアルバム「イエス」のレコードジャケットに使われた。

94　したたりジャック

近年、数学を芸術に応用したある興味深い例について、盛んに論争が繰り広げられている。美術史家や鑑定士、競売会社なら、絵画の作者を特定するための絶対に確実な手法があればほしいだろう。二〇〇六年、この究極の目標が、少なくとも一人の有名な画家について発見されたかと思われた。オレゴン州ユージーンにあるオレゴン大学のリチャード・テイラーらが、抽象表現主義者のジャクソン・ポロックの作品を対象として、複雑な絵の具の層を数学的に解析し、ある特殊な複雑性の特徴を明らかにできることを証明した。[1] その特徴とは、筆致の「フラクタル次元」だった。おおまかに言えば、筆致の「忙しさ」と、一つの絵中の調べる領域の広さを変えると、それに応じてこの性質がどの程度変化するかの尺度となる。

正方形のカンバスが、さらに小さい正方形の格子に分割されていると想像する。カンバスの上に斜めに直線を引いたら、その線が交差する正方形の数は、描いた正方形の格子の大きさによって変わってくる。正方形が小さいほど、交差の数は多くなる。直線が交差する正方形の数は、Lを正方形の辺の長さとして1／Lに比例する。

引く線がまっすぐではなく、カンバスの中でくねくねと曲がってもよいなら、直線の場合よりもさらに多くの正方形と交差することになる。とても複雑に曲がりくねった線なら、たとえ正方形の格子が非常に小さくても、すべての正方形を通ることが可能だろう。こうした場合、くねくねと曲がる線は、幾

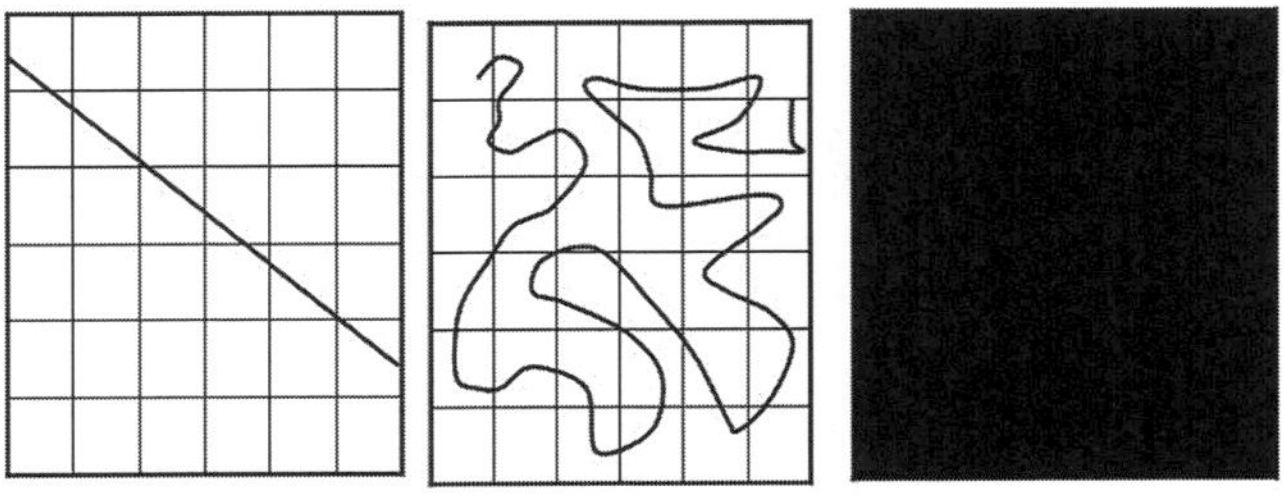

何学的な視点からすればただの一次元の線にすぎないが、空間を覆う範囲という観点からは、ふるまいが二次元の面のようになってくる。線が交差する辺Lの正方形の数が、Lが小さくなるにつれ$1/L^D$に比例して増えていく場合、そういう図形は「フラクタル」と呼ばれる。数Dは、フラクタル次元と呼ばれる数であり、線のパターンの複雑度の尺度である。その数は、1と2のあいだに収まる。1になるのは直線のときで、2になるのは領域全体が細かくうねる線でびっしり埋まっているときである。Dが1から2のあいだにある場合、線は、フラクタル次元を持つものとしてふるまう。

パターンは、この単純な$1/L^D$の規則に従う必要はない。すべてのパターンにフラクタルの様式があるとは限らないからだ。なお、Lがフラクタルで二倍の2Lとなったとしても、交差の数はなおも$1/L^D$に比例する。この「自己相似性」という性質が、フラクタルの特徴である。フラクタル図形を拡大鏡で見れば、どの倍率でも統計的には同一に見える。この点こそが、抽象画の非常に興味深い特性となる。50章で述べたように、ポロックはおそらく、自身の作品においてこの特徴を直観的に感じ取っていたのだろう。[2] これはすなわち、作品を鑑賞する人は、作品全体を見ているか、あるいは縮小されて本に印刷されたものを見ているかにかかわらず、同じ印象を受けるということだ。

テイラーはこの手法を、ジャクソン・ポロックがドリップペインティング方式で描いた作品数点の、さまざまな絵の具の層にも適用した。ポロックが作品を制作しているところを撮影した映像があり、技法をある程度細かく理解できる。アトリエの床に置いた大きいカンバスに作品が描かれていく。仕上げに、端であるがゆえの特異性を最小限にするために中央部が切り取られた。二つの別々の技法を用いて、一層ずつ、技法を変えて重ねられた。近くからは絵の具を垂らし、遠くからは絵の具をランダムに投げつけた。テイラーは、L＝2.08m（カンバス全体の大きさ）からL＝0.8mm（絵の具の最も小さな滴の大きさ）までの範囲の正方形の格子を用いて、ポロックの作品17点を分析した。そうして、二重のフラクタル構造があることを発見した。$D_{投げる}$は、1cm＜L＜2.5mの範囲では2に近く、$D_{垂らす}$は1mm＜L＜5cmの範囲では1.6～1.7に近い。$D_{垂らす}$はつねに$D_{投げる}$よりも小さく、従って、大きなスケールでの複雑さは、小さなスケールでの複雑さよりも大きい。

この分析は、個々の色の層に対して行うことができる。テイラーらは後に、他の絵画やパターンを研究した結果からすると、Dが1.8に近いフラクタル次元が、他のどの値よりも美的な観点からいっそう心地良いと感じられるらしいと論じた。[3] 他の研究者たちも、テイラーらの研究手法のより詳細な面に着目し、それを他の抽象絵画にも適用した。[4] そちらでも類似した性質があることがわかったため、フラクタルの分析手法は、いろいろな画家の作品を見分ける道具として使える見込みはなくなった。もっとも、そんな見分け方は、「画家」の一方が名もない贋作者である場合を除いてはめったに必要とされないことだが。テイラーは、ポロックを調べた結果、一九四〇年から一九五二年までにポロックが制作した作品において、$D_{投げる}$の値が、1あたりからおよそ1.7まで徐々に上昇していったことを示す証拠があると主張した。つまりポロックの作品は、時の経過とともにいっそう精巧になっていったのだ。

　これらの興味深い研究をきっかけに、署名のないポロック作品——そういうものが多数ある——をフラクタル分析にかけることで、それらの真偽を判断できるという説が生まれた。提案された基準では、各々の色の層について小さいスケールから大きいスケールまでフラクタルがどう変動するかを明確にすることと、Dの値が数センチのスケールのところで特徴的に変化すること、$D_{垂らす} > D_{投げる}$ でなければならないという必要条件が組み合わされていた。

　テイラーは、この手法を用いて、少なくとも、ポロック作と称されている一作品が本物ではないことを明らかにできた。その後、ポロッククラズナー財団に招かれ、二〇〇五年五月にアレックス・マターが亡くなった両親の持ち物の中に発見した、署名はないがポロックの作品に似た32枚の小さなカンバスのうち6枚を解析した。ハーバート・マターとマーセデス・マターはポロックの親しい友人で、これらのカンバスは二人の死後、「ポロック（一九四六～九）」による「実験的作品」などとハーバートが書いた識別ラベルとともに見つかった。この作品群は、ポロック研究の第一人者であるケースウエスタンリザーブ大学のエレン・ランダウによって本物であると判定されたが、テイラーがニューヨークのポロッククラズナー財団[5]の要請を受けてフラクタルの基準と照らし合わせた[6]ところ、どれひとつとして一致しなかった。今までのところ、これらの作品は一枚も売られていない。ポロックの作品は世界で最高クラスの値が付けられるため、真偽の問題は非常に大きいのだ。「No. 5, 1948」と題された作品は、二〇〇六年に行われたサザビーズでの相対取引で1億6100万ドル以上の値で売買された。さらに論争は拡大した。二〇〇六年にハーバード大学美術館においてポロックの作品数点を対象に行われた法科学的分析では、一九七一年まで、すなわちポロックが死亡した一九五六年からずっと後になるまで販売されなかったオレンジ色の顔料が含まれていると言われたのだ。このことから、問題の作品は、少なくとも、ポロック以外の者の手が加わっていることが示唆されている。

こうした進展が世間に広まったことから、ケイト・ジョーンズ＝スミスとハーシュ・マートゥルは、ケースウエスタンリザーブ大学のランダウと同様に、ポロック作品のフラクタル的特徴をあらためて調べることになった。[7] 二人の結論は、テイラーの主張とは異なった。フラクタル基準に明らかに合致しないポロックの既知の作品が何点かあることを発見し、有用で定量的なフラクタル試験を実現するには、分析されたポロック作品の数が少なすぎるとも述べた。さらに、カンバスのサイズから絵の具の一滴一滴の大きさまで、テストに用いられたマスの大きさの範囲が小さすぎて、フラクタルなふるまいや、Dの値の実際の変化を証明することができないのではないかと考えた。また、マター所有の作品群を調べ、その中の一点が本物のポロック作品ではないとする結論にも異を唱え、自分たちでもくねくねと曲がった線画を多数描いたり、フォトショップで画を作成したりして、テイラーの発表したポロック真偽判定テストに合格する絵を描いて見せた。全体として二人は、この種の単純なフラクタル分析は、本物のポロック作品と偽物とを見分けるために使うことはできないと主張した。

現在はアダム・ミコリッチとデイヴィッド・ジョナスと共同研究をしているテイラーは、マス目の大きさはまったく適切であり、自然界に見られる他の多くのフラクタルを特定するために用いられている物と少なくとも同じくらいの幅があると反論した。[8] こちらの三人はまた、ポロック作品の真偽判定テストには、公表した物に加えて、さらなる基準も使用していたことを明らかにした。ジョーンズ＝スミスとマートゥルが提出した反例は、このいっそう厳しい基準に到達せず、フラクタルのふるまいを適切に模倣できていなかったのだと説明した。いくつかの追加の基準が明らかにされたが、[9]テイラーらはまだ追加の検証基準をすべて公表していないと言われる。これは意外ではない。贋作者が、自分たちの努力が本物だと認められるために合格すべきテストの中身を知っていてはいけないからだ！　この種の数学的な分析の最後の一滴はまだ落ちていないことは明らかだ。

1. R. P. Taylor, A. P. Micolich and D. Jonas, *Nature* 399, 422 (1999), *Physics World* 12, 15 (Oct 1999) and *Leonardo* 35, 203 (2002).
2. J. D. Barrow, *The Artful Universe Expanded*, pp. 75-80, Oxford University Press, Oxford (2005).
3. R. P. Taylor, A. P. Micolich and D. Jonas, *Journal of Consciousness Studies* 7, 137 (2000).
4. J. R. Mureika, G. C. Cupchik, and C. C. Dyer, *Leonardo* 37 (1), 53 (2004); and *Physical Review* E 72, 046101 (2005).
5. リー・クラズナーがジャクソン・ポロックの妻だった。
6. A. Abbott, *Nature* 439, 648 (2006) を参照。
7. K. Jones-Smith and H. Mathur, *Nature* 444, E9-10 (2006); K. Jones-Smith, H. Mathur, and L. M. Krauss, *Physical Review* E 79, 046111 (2009).
8. R. P. Taylor, A. P. Micolich and D. Jonas, *Nature* 444, E10-11 (2006).
9. R. P. Taylor et al., *Pattern Recognition Letters* 28, 695 (2007).

95　ブリッジ・オブ・ストリングズ

弦の橋《ブリッジ・オブ・ストリングズ》、あるいはエルサレム・コードブリッジとも呼ばれる橋は、スペイン人建築家のサンティアゴ・カラトラバが設計し二〇〇八年に開通した、高さ118メートルの芸術的で美しい鋼鉄製ケーブルの吊り橋だ。この橋はエルサレム西側への入り口であり、路面電車が走っている。カラトラバは当初、エルサレム市長から、できる限り美しい橋を作ってほしいと要求され、それに応えて、橋を吊るケーブルがハープの弦――ダビデ王の竪琴だろうか――のようにかけられ、それらが束ねられ、優美で流れるような曲線をなすという、すっきりした図形を用いることにした。

　この構成の基本的な手法は、ひもを使った小さな芸術作品を見ればわかるものだ。滑らかな曲線、すなわち「包絡線」を作るには、直線の集まりを用いる。線と線の交差点をたどることでそうした曲線が生まれるのだ。次頁の図のように、グラフのx軸とy軸に0、0.1、0.2、0.3…と値をふる。

　ここで、点$(x, y) = (0, 1-T)$からx軸に$(x, y) = (T, 0)$で交差する直線を引く。この$x = T$において交差する直線の方程式は次のようになる。

$$yT = 1 - T - x(1 - T)/T \quad (*)$$

このグラフには、縦軸上の等間隔の点から出て、横軸に交わる直線が多数描かれている。それらの線から境界曲線、すなわち「包絡線」が生まれるところが見える。包絡線は、使われる直線の数が増え、出発点と到着点が密集すればするほど、ますます滑らかになっていく。

この包絡曲線はどういう形をしているのか。この滑らかな形を生み出すには、Tを0から1へと変化させるにつれて生じる直線の集まりすべてに注目する。まずは、ごく近くにある二本の直線を見る。一本が $x = T$ の地点で x 軸と交差し、その隣にあるもう一本は、$x = T + d$ の地点で x 軸と交差する。この d はごく小さな値である。先ほどの方程式（*）にあるTを $T + d$ に置き換えることで、隣にある直線の方程式が得られる。

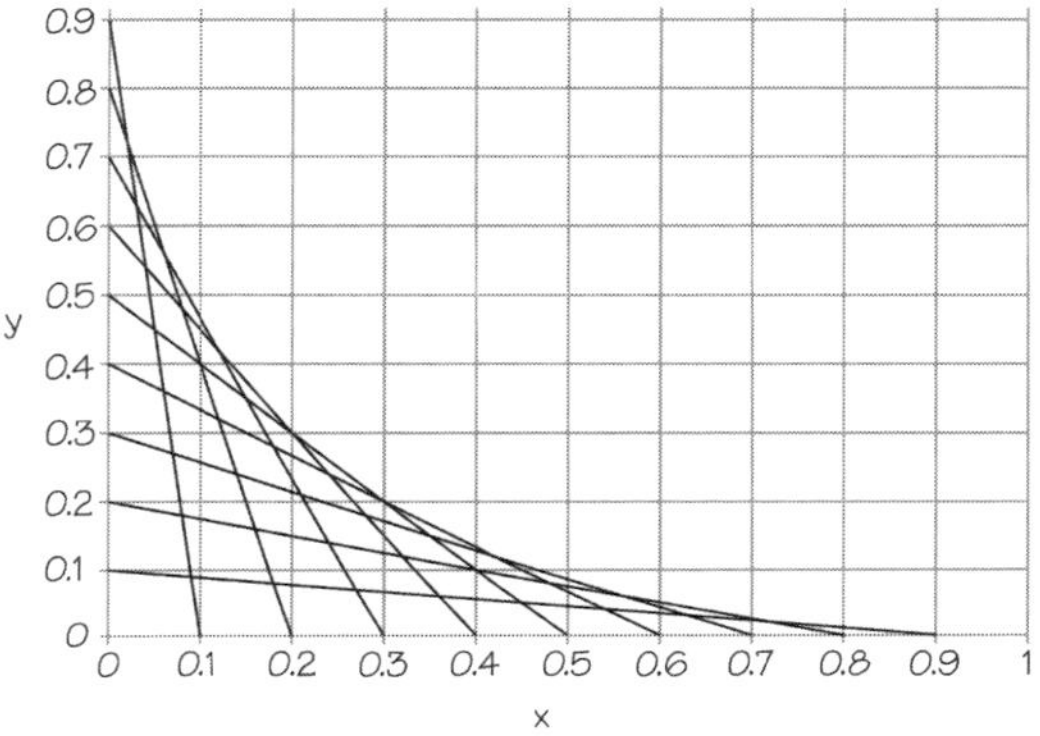

$$y_{T+d} = 1 - (T + d) - x(1 - T - d)/(T + d)$$

この線と（＊）で記述する線との交点を知るには、$y_T = y_{T+d}$ とすればよく、$x = T^2+Td$ が求められる。dをゼロに近づけることで、二本の線をどんどん接近させると、$x = T^2$ に向かうことがわかる。それから最初の式（＊）を代入し、少し計算をすると、$y = 1-T-T^2(1-T)/T = (1-T)^2$ に対応する答えが出る。したがって、Tを0から1へと変化させることですべての直線から作られる包絡曲線は $y = (1-\sqrt{x})^2$ となる。この曲線は、縦軸に対して四五度傾斜した放物線である。[1]

　接線の集合から生じる放物包絡線は、特殊な滑らかな曲線を描き出す。それは、垂直のy軸から水平のx軸までの移行をできる限り滑らかにする。これが、ブリッジ・オブ・ストリングズの芸術的に美しい曲線を、実際に曲がったケーブルを使うことなく生み出している。そこには視覚的な効果が働いているのだ。実際、エルサレム・ブリッジには、視覚効果を強め、構造をさらに安定させるために、こうした包絡線がさまざまな方向に複数組み込まれている。この包絡曲線は、滑らかに移行する「ベジェ」曲線の際限のない種類の中でも最も単純な例である。ベジェ曲線は、任意の数の方向の変化や揺れを含む移行を扱うために作成できる。[2] これはもともと、スポーツカーの輪郭を設計するために用いられたものであり、[3] ヘンリー・ムーアの彫刻「弦の彫像」の特徴ともなっている。ヘンリー・ムーアは、放物包絡曲線を作る線の集まりを用いた木や石の小さな彫刻を多数作った。

　滑らかなベジェ移行曲線を利用して、Postscript や True Type フォントなどの現代的なフォントが作られ、Adobe Illustrator や CorelDRAW などのグラフィックソフトが動作している。次のような、単純な文字を拡大したものを見ると、フォントの記号を形作るのに滑らかな曲線がどのように使われているかがわかる。

£6age9?

ベジェ曲線は、映画用のコンピュータ・アニメーションにも用いられている。滑らかな曲線は、漫画のキャラクターが動く経路上の滑らかな移動が生じるようにスピードを調整することで、キャラクターが空間を自然で滑らかに動いているようにしているのだ。

1. 座標を、x, y から、X = x-y および Y = x + y となる X, Y に変えると、$y=(1-\sqrt{x})^2$ は、X, Y 座標において、なじみのある放物線方程式 $Y=(1+X^2)/2$ に変化する。こちらの軸は、x, y 座標に対して四五度回転させたものである。
2. ルナンによる論文にある写真を参照。http://plus.maths.org/content/bridges-string-art-and-bezier-curves.
3. こうした滑らかな内挿された曲線の基盤となる数学は、一九六二年にはピエール・ベジェ、一九五九年にはポール・ド・カステリョといういずれもフランス人技術者によって別々に考案された。二人とも、これらの方法を用いて車体の設計を行った。ベジェはルノーとメルセデスを、ド・カステリョはシトロエンを設計していた。

96 靴ひも問題

ゴム底のズック靴がランニングシューズに変わり、さらにはトレーニングシューズに変わったことから、それぞれの段階において価格が10倍に跳ね上がったばかりか、予見されなかった多数のファッションの問題が生まれた。これらの靴のひもの結び方（あるいはそもそも結ばない）は、若者の間で、衣服についての重要な主義主張となっていく。さらに遠くまで見渡すと、ひもを結ぶパターンは、過去や現在のドレスや胴着《ボディス》において重要な歴史的役割を果たしてきたことがわかる。

ここではとくに、靴ひもの問題に注目しよう。この場合、偶数個の穴が二本の平行する縦の列をなして整列しており、そこにひもを通すようになっている。ひもは完全に平らだと仮定する。ひもは、片側の穴からもう反対側の穴へと、水平にも斜めにも交差させることができ、あるいは、同じ列にあるすぐ隣の穴と垂直につなぐこともできる。靴ひもとして役に立つために、二つの連結のうちの少なくともひとつは、直前に通された穴と同じ列にはないはずだ。そうしてこそ、ひもを強く引っ張ったとき、すべての穴にいくらかの力がかかるようになり、また、靴の左右の側を引き寄せやすくなる。

靴ひもの結び方は多数ある。穴が12個ある場合、理論的には、どこからひもを通すかについて12の選択肢があり、同じ列でするにせよ、横断して反対側へ行くにせよ、穴の上から通すか下から通すかいずれかができるので、さらに二つの選択肢があることになる。したがって、最初の手としては24通りある。同様に、次の段階では2×11＝22通りの手がありうる。このように続けていき、最後の穴までくると、選べるのは二つの方向のうち一方だけになる。これらはすべて独立した選択なので、24×22×20×18×…×4×2＝1,961,990,553,600通りの結び方がありうる！　半分はもう半分の単なる鏡像であるため、この天文学的な数字を2で割ることができる。さらに、ひとつの結び方を最初から最後まで行うことは、その経路を反対方向にたどることと同一だから、もう一度2で割ることができる。それでもまだ、４９００億以上の順列が残る。[1]しかし、「本当はもっとたくさんの可能性がほしいのだが」というのなら、穴と穴を通して結ぶ違った方法を取り入れたり、同じ穴に複数回通すことを考慮に入れてもいい。

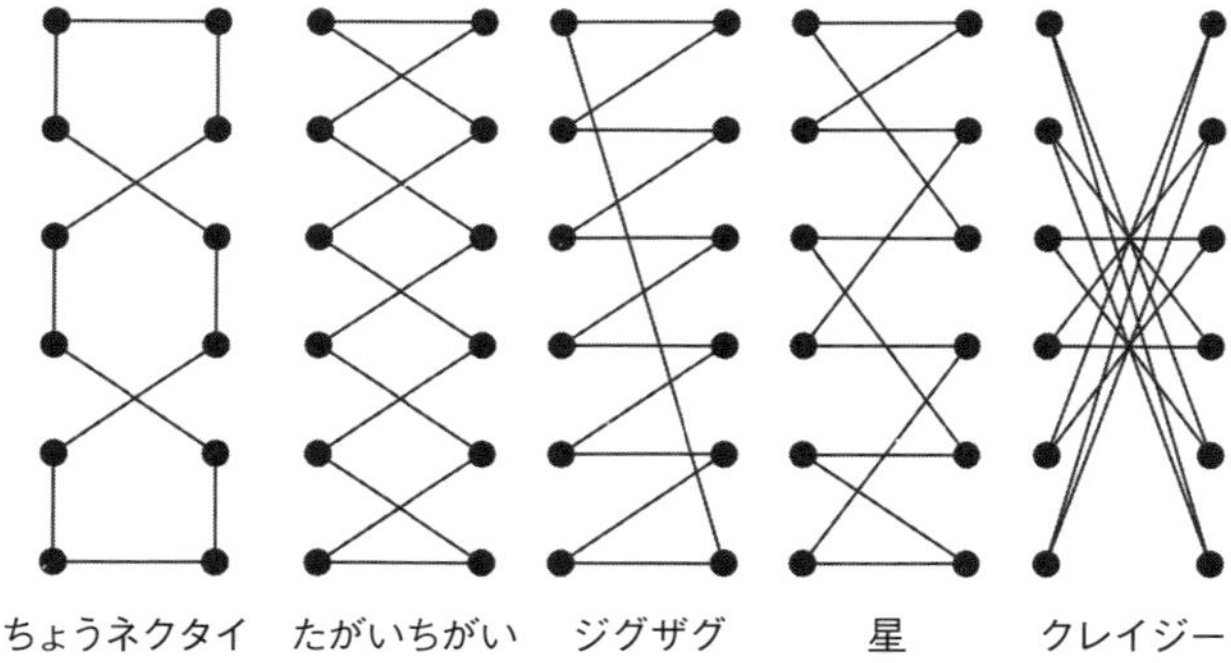

　ただ上下につなぐのは排除して、すべての結び方を列から列へ横断するものとすると、可能な選択肢の数は、$\frac{1}{2}n!(n-1)!$だけになる。一列の穴n＝6として、43,200通りとなる。

　こうしたひもを結ぶ経路の大半は、自分の靴ひもを結ぶ実際的な方法として、ものすごく興味を引くわけではない。靴ひもマニアのイアン・フィーゲン[2]は、実際的な結び方として39通りだけを選んでいる。それぞれについて計算ができる単純な特徴は、必要とされるひもの全長である。最短のありうる長さがわかれば役に立つだろう。

　この図にはおもしろそうな方式を五つ示した。それぞれの場合のひもの全長は、同じ列内での穴と穴のあいだの垂直距離（たとえば

hとする）と、列と列のあいだの距離（たとえば1とする）である。どの結び方でも、ひもの全長は、垂直の連結数にhを掛けたものに水平の連結数に1を掛けたものと、斜めの連結数にその分の長さを掛けたものを足すことで容易に計算できる（斜めの連結の長さは、直角をなす二つの辺の長さが1とhの倍数である三角形について三平方の定理を用いれば求められる。たとえば、「たがいちがい」の結び方では、斜めの連結の長さは、1^2+h^2 の平方根になる）。図に示した四通りの結び方では、左から右に行くにつれて使うひもが長くなる。明らかに、斜めの連結のほうが、水平または垂直の連結のいずれよりも必ず長い。最も経済的な結び方は「ちょうネクタイ」の構造で、全長は $6h+2+4\sqrt{(1+h^2)}$ となる。たがいちがいでは全長が $2+10\sqrt{(1+h^2)}$ となり、$\sqrt{(1+h^2)}$ はhよりも必ず大きくなるため、ちょうネクタイの方法よりも明らかに長い。

しかし長さは、結び方を選ぶにあたっての唯一の因子ではない。ちょうネクタイはひもを節約でき、足の甲の痛くなりやすい部分に圧力をかけすぎずにすむだろうが、垂直の連結がいくつかあることから、ひもの両端を引っ張ったときに、靴の両側をあまりしっかりと寄せることができない。靴ひもは、穴に巻き付けられた滑車のロープのような作用をし、靴ひもを締める力は、靴ひもに横方向にかかるすべての張力の合計である。縦方向の連結は無視して、横方向の連結をすべて合計し、斜めの連結にその方向と横方向がなす角度の余弦、たとえばすぐ隣の段と結ぶ場合には $1/\sqrt{(1+h^2)}$ を掛ければ計算できる。オーストラリアのメルボルンにあるモナッシュ大学の、数学と靴ひもを愛好するバッカード・ポルスターは、この計算を行い[3]、穴が二つ以上ある場合、横方向に隣り合う穴の特定の間隔を、縦に隣り合う穴の距離（ここでは1としている）との比で表した h^* があって、hが h^* よりも小さいときにはたがいちがいが最も強い結び方になり、一方でhがh^*より大きい場合にはジグザグが最も強い結び方になることを発見した。$h=h^*$の場合、二つの強さは等しくなる。標準的な靴なら、hの値が特別な値h^*に近いと思われるため、どちらの結び方をしても結果はほぼ同じになるだろう。そういう状況なら、ごくありふれたたがいちがいの結び方を採用できるだろう。ジグザグとは違い、結び目を作る方のひもの端と、もう一方の端の長さが同じになりそうだということがわかりやすいからだ。

1. これを最初に研究したのは一九六五年のJ・ハミルトンである。http://www.cs.unc.edu/techreports/92-032.pdf を参照。ポルスターは注意深く数えて、ありうる数の合計は$n=2m$であることを発見した。B. Polster, *Nature* 420, 475 (2002) およびB. Polster, *The shoelace book: A mathematical guide to the best (and worst) ways to lace your shoes*, American Mathematical Society, Providence, RI (2006) を参照。
2. http://fieggen.com/shoelace/2trillionmethods.htm.
3. ポルスター（上記）およびhttp://www.qedcat.com/articles/lacing.pdf.

97　影像を見る立ち位置

世界中の大都市の多くでは、遠くから鑑賞される立派な彫像がある。ふつう、彫像は台座に立っているか、建物の正面の、私たちの頭よりもはるかに高い位置に取り付けられている。できるだけ彫像がよく見えるようにするためには、どこに立つべきか。すぐ近くに立てば、ほぼ真上を見上げる形になり、正面のごく一部の面しかとらえられない。したがって、もっと離れる必要があるが、どれくらい離れればよいのだろう。台座に載った彫像から離れるにつれて、彫像はどんどん小さく見えるようになる。彫像に近づけば、少しずつ大きく見えるようになっていくが、あまりに近づきすぎると、彫像はまたもや〔上の方で〕小さく見えるようになる。中間に、最適な鑑賞距離、つまり彫像が最も大きく見えるような距離があるはずだ。

次のような鑑賞位置のモデルを立てれば、この距離を見つけることができる。あなたはYにいる。彫像の台座の高さはあなたの目よりTだけ高いところにあり、その上にある彫像の高さはSである。これらの距離は固定されているが、x、つまり台座からあなたが立っている位置までの距離は変えられる。

少し幾何学を使えば解きやすくなる。角度bとb+a、それぞれ、地面と台座のてっぺんのあいだ、それに地面と彫像のてっぺんのあいだの角度の正接は、次のように求められる。

$$\tan(a+b) = (S+T)/x \quad \tan(b) = T/x$$

公式を用いればこのようになる。

$$\tan(a+b)=[\tan(a)+\tan(b)]/[1-\tan(a)\tan(b)]$$

すると、次のことがわかる。

$$\tan(a)=Sx/[x^2+T(S+T)]$$

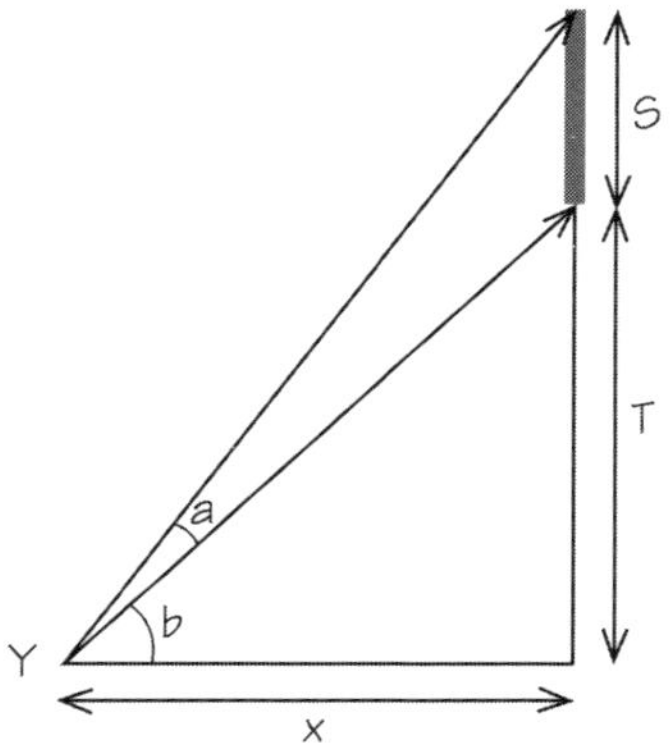

ここで、彫像に対する角aを最大にするようなxの値を見つけたい。そのためには、微分da/dxを計算し、これをゼロに等しいと置く。微分をすると、次のようになる。

$$\sec^2(a)\,da/dx=[x^2-T(S+T)]/[x^2+T(S+T)]^2$$

$\sec^2(a)$は平方であることから、aの値が0度から90度までのいずれであっても、正の数になる。右辺の分子がゼロになるとき、$da/dx=0$となって、彫像が最も大きく見える。つまり次のようになるときである。

$$x^2 = T(S + T)$$

これが問題への答えだ。影像の正面が最大に見えるような最適な鑑賞距離 x は、台座の高さと影像のてっぺんの〔地面からの〕高さの幾何平均、すなわち $x = \sqrt{T(S+T)}$ で与えられる。

この公式を、有名な記念碑に当てはめてみることができる。ロンドンのトラファルガー広場にあるネルソン像は、台座の高さが目線から T = 50m のところにあり、およそ S = 5.5m なので、最もよく見るためには、影像から $x = \sqrt{2775} = 52.7$m 離れたところに立つのがよい。ギザにあるカフラ王のピラミッドのすぐ南に位置するスフィンクスの像は、S = 20m、T = 43.5m だから、最適な鑑賞距離は 52.6m になる。フィレンツェにあるミケランジェロのダビデ像[1]は、S = 5.17m、S + T = 6.17m なので、最もよく見るには、x = 2.48m だけ後ずさりすればよい。[2] 台座に立つ世界で最も立派な影像のどれかを見に行くのに備えたければ、最適な鑑賞地点を計算するために必要な数値を、役に立つウェブサイトで調べることができる。[3]

1. 驚いたことに、この影像の高さは以前、美術史の本やガイドブックに4・34メートルと記録されていたが、一九九九年にスタンフォード大学の研究グループがガントリー〔橋脚形クレーン〕の上から正確に調査したところ、5・17メートルであることがわかった。この違いは大きい。http://graphics.stanford.edu/projects/mich/more-david/more-david.html を参照。
2. これらの例では、目線が台座の基部から1.5メートルのところにあると仮定した。
3. http://en.wikipedia.org/wiki/List_of_statues_by_height.

98 ホテル無限大

世間一般のホテルには、有限の数の個室がある。それらがすべて満室なら、すでにいる客の誰かに出て行ってもらわない限り、新たに訪れた客に部屋を与えることはできない。数学者ダーフィト・ヒルベルトはかつて、無限大のホテルで起こるであろう少し変わったことを考えた。[1] 私の書いた芝居『無限大』が、二〇〇一年と二〇〇二年、ルカ・ロンコーニの演出によりミラノで上演された。最初の場面では、変わった演劇空間を舞台に、ヒルベルトが想像したホテルが直面しそうな単純な逆説が詳しく描かれる。[2] 旅行客がホテル無限大の受付カウンターに到着する。このホテルには無限の数の部屋があるが（1号室、2号室、3号室、4号室……とどこまでも続いている）、そのすべてがふさがっている。受付係は困惑する――ホテルは満室なのだ――が、支配人は平気な顔をしている。1号室の客を2号室へ、2号室の客を3号室へというふうに、どこまでも移動してもらえばいい。これで1号室が空くので、そこに新しい客を入れれば、やはり全員に部屋ができる。

この客は翌週、無限大の数の友人を連れてこのホテルにまたやってきた。全員が部屋を求めている。このときも、この人気のホテルは満員だが、またしても支配人は平気だ。宿帳をちらりとも見ず、1号室の客を2号室へ、2号室の客を4号室へ、3号室の客を6号室へ……というふうにどこまでも移ってもらう。これで、奇数番号の部屋がすべて空く。奇数番号の部屋も無限にあるから、新しい客たちをそこに収容できる。言うまでもなく、ルームサービスは、ときに少し時間がかかってしまうが。

翌日、支配人が落ち込む。このホテルを擁するホテルチェーンが、他の支配人をすべてくびにして（給与の額が無限に削減できる）、このホテル以外の無限にあるチェーン傘下のホテルを閉店することにしたのだ。困ったことに、ホテル無限大チェーンの他のそれぞれのホテルにいる無限大の数の客を全員、このホテルに移さなくてはならない。無限に多くあり、それぞれが無限の客を収容している他のホテルから流れ込んでくる客に、部屋を用意しなければならない。自分のホテルはすでに満室だというのに。新たな客たちは、まもなく到着する。

誰かが、素数を使ってはどうかと提案する（2、3、5、7、11、13、17……）。素数は無限にある。[3] どんな整数も、42＝2×3×7というように、ただ一通りだけの素数の積で表せる。だから、ホテル1から無限の数の客を2、4、8、16、32……号室に入れる。ホテル2からの客は、3、9、27、81……号室に、ホテル3からの客は、5、25、125、625……号室に、ホテル4からの客は、7、49、343……号室に。以下同様となる。Pとqが異なる素数で、mとnが整数なら、p^mはq^nに等しくなりえないので、同じ部屋が複数の人に割り振られることはない。

すぐに、もう少し簡単な方法を支配人が提案する。受付係が計算機を使えばごく簡単に実行できる。n番のホテルのm号室から来た客は、$2^m \times 3^n$ の部屋に入れればいい。どの部屋にも客がだぶることはありえない。

それでも支配人はまだ喜んでいない。この方式が実行されれば、厖大な数の空き室ができてしまう。10、15、25のような番号のついた部屋は、$2^m \times 3^n$ のように表せないので、空室のままになる。

新しくもっと効率のいい案がすぐに出される。やってきた客の元いた部屋番号を行に、元いたホテル

（1,1）→１号室へ	（1,2）→２号室へ	（1,3）→５号室へ	（1,4）…（1,n）
（2,1）→４号室へ	（2,2）→３号室へ	（2,3）→６号室へ	（2,4）…
（3,1）→９号室へ	（3,2）→８号室へ	（3,3）→７号室へ	（3,4）…
（4,1）	（4,2）	（4,3）	（4,4）…
（5,1）	…	…	…（5,n）

番号を列に入れた表を作る。したがって、第５行第４列の項目は、ホテル４の５号室にいた客を表すことになる。（R, H）は、ホテルHのR号室からきた客となる。これで、この表の左上の区画から始めて、到着した客を簡単に処理していける。

客が到着すれば、受付係は、（1, 1）の客は1号室、（1, 2）の客は2号室、（2, 2）の客は3号室、（2, 1）の客は4号室というふうに割り振っていけばよい。これで、表の左上から2×2の客まで処理できる。次は3×3の区画だ。（1, 3）の客は5号室、（2, 3）の客は6号室、（3, 3）の客は7号室、（3, 2）の客は8号室、（3, 1）の客は9号室と入れていく。左上の3×3の区画が片付いた。この表には、ホテルmのn号室にいた客、すなわち（R, H）と表される客に部屋を割り振る方法が示されている。

全員に部屋が行きわたるだろうか。それは大丈夫。ホテルHのR号室から客が移ってくる場合、R≧Hであれば、客はR^2-H+1号室をもらい、R≦Hであれば、$(H-1)^2+R$号室をもらうからだ。

支配人はこの解決策を大喜びで受け入れる。到着する客がすべて、それぞれの部屋に収まるだけでなく、空室はひとつも出ない。

1. ダーフィト・ヒルベルトは、二〇世紀前半の世界一流の数学者のひとり。その想像によるホテルは、ジョージ・ガモフが著書 *One, Two, Three… Infinity*, pp. 18-19, Viking, New York (1947 および 1961) で描いている〔ジョージ・ガモフ『1、2、3、……無限大』崎川範行訳、白揚社、二〇〇四年〕。

2. J・D・バロウ作の芝居「無限大」は、二〇〇一年と二〇〇二年、ミラノのピッコロ劇場内の特設空間において、ルカ・ロンコーニ演出で上演され(http://archivio.piccoloteatro.org/eurolab/?IDtitolo=268 を参照)、二〇〇二年にはヴァレンシアで上演された。この芝居について、K. Shepherd Barr, *Science on Stage*, Princeton University Press, Princeton NJ (2006) および P. Donghi, *Gli infiniti di Ronconi*, Scienza Express, Trieste (2013) で論じられている。

3. N. Ya. Vilenkin, *In Search of Infinity*, Birkhäuser, Boston (1995).

99　音楽の色

音楽は芸術としてはパターンの分析がいちばんしやすい。一次元的な音の配列であり、周波数も、音と音のあいだの時間間隔もかなり精密だからだ。おそらく、人が魅力的だと感じる音楽の形式は、身近な例から抽出することのできる単純な数学的特徴を共有しているのではないだろうか。

音響技師は音楽を「ノイズ」と呼び、その性質を伝えるために「パワースペクトル」と呼ばれる量を用いる。これは、音の信号に含まれる周波数ごとのパワーを求めるものである。これにより、時間とともに変化する信号の平均的なふるまいが周波数の違いによってどう違うかを示す良い尺度となる。これに関連する量として、音の「相関関数」がある。これは、二つの異なる時刻、たとえばTと$t+T$において生じる音にどんな関係があるかを示すものだ。[1] 自然にある多くの音源、あるいは「ノイズ」源には、そのパワースペクトルが、非常に広い周波数にわたって音の周波数fの逆べき、$1/f^a$に比例するという性質がある。この定数aは正の数である。こうした信号は、「スケールフリー」や「フラクタル」などと呼ばれる（すでに他の章で見た絵のフラクタルのように）。なぜなら、その音の特徴となるような、特に好まれる周波数（中央のCの音を繰り返し出すような）がないからだ。すべての周波数を二倍もしくは二分の一にしても、スペクトルは同じf^aによる形を保つ。ただし、各周波数の音量は前とは異なる。[2]

ノイズが完全にランダムで、$a=0$であり、すべての音がその前の音と関連していないなら、すべての周波数は同一のパワーをもつ。この種の信号は、すべての色を混ぜると白色光になるのにちなみ、

「白色雑音《ホワイトノイズ》」と呼ばれる。相関がないために、ホワイトノイズの音の並びはつねに予想外で、やがて耳はホワイトノイズにパターンを探す気を失い、強度が低い場合には、波が静かに砕ける音のような穏やかな音となる。こういう理由で、ホワイトノイズを録音したものが、不眠症の治療に使われることがあるのだ。一方、音のスペクトルがa＝2のとき、これは「ブラウンノイズ」[3]といって、高い相関がある、わりあい予測できるものになる（a＝3などの「ブラックノイズ」はさらにそう）――これまで周波数が上昇してきたのなら、これからも上昇する傾向にあり（ド－レ－ミ－ファ－ソ……）、これもまた人間の耳にはさほど魅力的には感じられない。あまりに予測できてしまうからだ。その間に、耳が最も「好む」ような、予測不可能と予測可能のあいだで好ましいバランスをもつ中間の状態があるかもしれない。

一九七五年、カリフォルニア大学バークリー校の二人の物理学者、リチャード・ヴォスとジョン・クラークが、この問題について初の実験的な研究を行った。[4]二人は、バッハからビートルズにいたるまでの人間の作った音楽の多数の様式と、地元のラジオ曲で流される音楽と会話のパワースペクトルを測定した。その後、分析の対象を、広範な様式をもつ非西洋的な多数の伝統音楽から選んだ幅広い音楽にまで拡大した。こうした音楽の録音を分析した結果、人はa＝1となる音楽を強く好むと主張した。これが「1／fスペクトル」であり、しばしば「ピンクノイズ」とも呼ばれる。[5]この特殊なスペクトルは、あらゆる時間間隔で相関がある。それは驚きや予測不可能性を明瞭な形で最適化している。[6]

ヴォスとクラークの研究は、人間の作る音楽を、10Hz以下の低周波数幅において中程度に複雑なほぼフラクタルな進行と規定する方向への重要な一歩と思われた。音と複雑性に関心を抱く他の物理学者たちが、これをいっそう詳しく再調査した。すると、事態はさほど明確ではないことが判明した。相関係数のスペクトルを判定するために取ってくる曲の部分の長さがきわめて重要であり、適切でない選択をすると、全体の結果に偏りが出るのだ。1/fスペクトルは、交響曲を丸ごと一曲演奏するのに要する時間や、ヴォスとクラークが録音したラジオ局の数時間に及ぶ音楽番組など、十分に長い時間にわたり録音されたどのような音声信号にも生じる。[7] したがって、十分な長さのある音の信号を分析すれば、あらゆる音楽が1/fスペクトルをもつ傾向があるはずだ。その一方、十数個程度の音を含む非常に短い時間にわたる音楽の音を調べれば、連続する音には強い相関関係があり、非常に予測可能でランダムとはほど遠いことがわかる。このことからすると、音楽のスペクトルが最も興味をそそるのは、中程度の時間間隔でのことらしい。

その後、ジャン＝ピエール・ボーンとオリヴァー・ドクロリがヴォスとクラークの研究に類似したものを行ったが、対象を、0.03から3Hzの周波数幅でとった、「興味深い」中間領域の時間間隔に限定した。[8] 二人は、バッハからエリオット・カーターにいたるまでの18人の作曲家の書いた23曲を調べ、各々の曲のあるまとまったパートについて平均を取った。今回は1/fスペクトルの証拠は認められなかった。ただし、スペクトルはなお、だいたいスケールフリーだった。全般的に、aが1.79から1.97のあいだにある$1/f^a$に落ち着くことがわかった。人間が良いと感じる音楽は、一曲として聞くように作られた自然な音楽的時間の進行内でサンプルを抜き出した場合、「ピンク」（1/f）ノイズよりも相関関係が高い「ブラウン」（a=2）ノイズに近いのだ。

1. 信号がつねに平均して同じなら、相関関数は音と音の間の時間間隔Tだけに依存する。
2. 厳密にスケールフリーなふるまいからのずれは明らかに存在する。そうでなければ、録音されたものは、どんな速さで再生しても同一に聞こえるだろう。
3. この色彩豊かな用語は、ノイズのこうした形式の統計データが、液体の表面に浮かぶ小さな粒子の「ブラウニアン」運動に似た、拡散的なプロセスのものであることから用いられている。この粒子の運動は、一八二七年に植物学者のロバート・ブラウンが記録し、一九〇五年にアルバート・アインシュタインが説明をつけた。
4. R. Voss and J. Clarke, *Nature* 258, 317 (1975) および *Journal of the Acoustical Society of America* 63, 258 (1978).
5. 1/f スペクトルは、長い時間間隔においてもかなり良い近似だったが、顕著な例外もあった。たとえば、1-10Hz あたりにおいて単一のべき乗法則に沿った形から高い振動数で変動するところが多い、スコット・ジョプリンの音楽などがそうだ。
6. パワースペクトルは、音楽の音の多様な特徴のうちのひとつにすぎない。楽譜を上下逆さまに置いたり、楽譜の後ろから前へと演奏したりしてもパワースペクトルは変わらないが、音楽は同じようには聞こえない。
7. Yu Klimontovich and J.-P. Boon, *Europhysics Letters* 21, 135 (1987); J.-P. Boon, A Noullez and C. Mommen, *Interface: Journal of New Music Research* 19, 3 (1990).
8. J.-P. Boon and O. Decroly, *Chaos* 5, 510 (1995). ナイジェル・ネトハイムは、*Interface: Journal of New Music Research* 21, 135 (1992) において、五つのメロディーだけを対象にした研究で非常によく似たことを発見した。J. D. Barrow, *The Artful Universe Expanded*, Chapter 5, Oxford University Press, Oxford, 2nd edn (2005) も参照。

100 新世代のシェイクスピアの猿たち

猿の大群がでたらめに文字をタイプしているうちにシェイクスピアの作品が生み出されるという有名なイメージがある。これはアリストテレスが、でたらめに地面に投げた文字から作られた文章を記した本という例をもとに、でたらめな作文というアイデアについて述べたときから、ありそうもない風変わりなものの例として徐々に成長してきたように思われる。[1] ジョナサン・スウィフトは、一七八二年に書かれた『ガリヴァー旅行記』で、ラガードー研究院教授なる架空の人物が、学生たちに印刷機械を使ってでたらめの文字の配列を延々と打ち出させ、あらゆる科学的な知識の目録を製作しようとしているという話を描いている。[2] 一八世紀と一九世紀には、フランスの数学者が何人か、印刷機械から文字をでたらめにあふれ出させて名著を作るというたとえを用いた。

そして一九〇九年、初めて猿が登場する。フランス人数学者のエミール・ボレルの発言で、猿たちがでたらめにタイプしても、いずれはフランス国立図書館にあるすべての書物が生み出されるだろうという。アーサー・エディントンは一九二八年刊行の有名な著書『物理的世界の本質』で、このたとえを取り上げた。ただし図書館はイギリスのものにした。「タイプライターのキーに、何も考えずに指を走らせたら、そうしてできた一節がたまたま理解可能な文になることもあるかもしれない。猿の群れがタイプライターをぱしゃぱしゃ叩けば、大英博物館にあるすべての書物を書くことがあるかもしれない」

二〇〇三年にプリマス・メディアラボ大学が、プリマス動物園でセレベス島出身のクロザル六匹を使って実験を行うための助成金を芸術振興会から受けることになったことに触れておくべきだろう。[3] 残念なことに猿たちは、主にSの文字が好きなようで、ほとんどSばかりを五ページにわたり打ち続け、さらにはキーボードにたくさん放尿してしまった。

この失敗に終わった芸術的な試みとほぼ同時期に、仮想の猿たちがでたらめにキーを押すというコンピュータを使った実験が行われた。その結果を、『シェイクスピア全集』に照らし合わせて、一致する文字の配列があるかどうかを調べた。このシミュレーションは二〇〇三年七月一日に100匹の「猿」を使って開始され、プロジェクトが終了する二〇〇七年まで、数日ごとに猿の数が実質的に二倍ずつ増えていた。その時点で、猿たちは、一頁あたり2000キーとして、10^{35}ページを超える文章を生み出していた。日ごとの記録は、18から19の文字列あたりにかなり安定していて、全期最長記録は着実にじりじりと上がっていた。一時、最長記録は21文字列になっていた。

…KING. Let fame, that [wtIA"yh!VYONOvwsFOsbhzkLH…]

この文字列は、『恋の骨折り損』にある21文字列と一致する。

KING. Let fame, that [all hunt after in their lives,
Live regist'red upon our brazen tombs,
And then grace us in the disgrace of death;]

二〇〇四年一二月には、最高記録が23文字に達した。

…Poet. Good day Sir {FhlOiX5a}OM,MlGtUGSxX4IfeHQbktQ…]

これは、『アテネのタイモン』の一部に一致する。

Poet. Good day Sir
[Painter. I am glad y'are well.]

しかし二〇〇五年一月には、「2,737,850×100万×10億×10億×10億猿年」もかかってでたらめにタイプした末に、記録が次の24文字まで伸びた。

…RUMOUR. Open your ears; [9r'5j5&?OWTY Z0d'B-nEoF.vjSqj[…]

これは、『ヘンリー四世』第二部にある次の24文字に一致する。

RUMOUR. Open your ears; [for which of you will stop

The vent of hearing when loud Rumour speaks?]

このランダムな実験の結果がどちらかと言えばつまらないものであっても、実はすべて時間の問題であることを証明しているという意味においては印象的だ。本物のシェイクスピアによる文字列に一致する長さは、ほぼ年に一字ずつ増えている。この実験に使われたものよりも著しく速いコンピュータが開発されたら、成果は素晴らしく向上するだろう。当然ながら、でたらめに「タイプ」することでシェイクスピアの作品を生み出せるほどに強力なプログラムがあれば、もっと短いあらゆる文学作品をもっと早くに生み出すことにもなるだろう。

ネヴァダ州リノ出身のアメリカ人プログラマー、ジェシー・アンダーソンが、二〇一一年に新たなプロジェクトを開始した。ランダム選択アルゴリズム[4]を用いてシェイクスピアの作品の99・9パーセントをかなり速やかに再現したと発表し、大いにメディアの注目を浴びた。[5]

本日（二〇一一年九月二三日）太平洋沿岸標準時二時三〇分、猿たちが見事に『恋人の嘆き』をランダムに再現することに成功した。これは、シェイクスピアのひとつの作品が実際にランダムに再現された最初の事例である。さらにこれは、これまでランダムに再現された中で最長の作品である[2,587語、13,940字]。これは猿にとっては小さな一歩だが、いたるところにいる仮想の霊長類にとっては大きな飛躍である。[6]

しかし、アンダーソンがしたことは、発表した言葉の響きほどには劇的ではなかった。単に、世界中のコンピュータリソースの「クラウド」を用いて、9文字の配列をランダムに作り出しただけだったのだ。そうした配列が、『シェイクスピア全集』のどこかに出てくる'necessary'などの単語や、'grace us in'などの文字の配列に一致したら、作品中のそれらの言葉に印をつけて消した（句読点やスペースは無視する）。配列が『シェイクスピア全集』にない場合、それは捨て置かれた。本文中のすべての単語がこのようにして印を付けられてしまうと、ランダムサーチによって本文が作成されたと宣言した。

これは、シェイクスピアの作品をランダムに作り出すと聞いていてたいていの人が考えるものとは違う。『恋人の嘆き』という詩についての実験なら、13,940字からなるひとつの配列をランダムに生成することを期待するだろう。文字の選択肢が26種なら、ランダムに作れるこの詩の長さの文字列は26^{13940}通りある。ちなみに、観測可能な宇宙全体には10^{80}個の原子しかない。アンダーソンは、ランダムに生成する対象として9字の文字列を選び、その作業を実現可能なものにした。13,940字の文字列を作り出し、そこに詩全体ができているのを探しても見込みのないことがわかるだろう。一方で、単一文字の配列にはあまり感心しないだろう。アルファベットにある26個の文字それぞれをすべて、瞬く間に作り、シェイクスピアの作品中のあらゆる単語のあらゆる文字を消すことができる（それに他のすべての英語で書かれた作品も）。そうしたら、でたらめにタイプをして、『シェイクスピア全集』を作り上げたと主張したりするだろうか。そんなことはないじゃろう。

1. Aristotle, *Metaphysics: On Generation and Corruption.* 〔アリストテレス『形而上学（上下）』出隆訳、岩波文庫、一九五九年など〕
2. 最初の機械的タイプライターは一七一四年に特許が取られた。
3. http://timeblimp.com/?page_id=1493.
4. http://telegraph.co.uk/technology/news/8789894/Monkeys-at-typewriters-close-to-reproducing-Shakespeare.html/.
5. たとえば、http://www.bbc.co.uk/news/technology-15060310 および http://newsfeed.time.com/2011/09/26/at-last-monkeys-are-recreating-shakespeare/#ixzz2g5lpjK6t を参照。
6. http://news.cnet.com/8301-30685_3-20111659-264/virtual-monkeys-recreate-shakespeare-methinks-not/.

訳者あとがき

本書はJohn D. Barrow, 100 *Essential Things You Didn't Know You Didn't Know about Maths and the Arts.*（Bodley Head, 2014）を訳したものです。著者は宇宙論学者、数理物理学者で、現在はケンブリッジ大学で教授を務めています。本書と同じ数学エッセイのシリーズ『数学でわかる100のこと』、『数学でわかるオリンピック100の謎』、宇宙論では『宇宙論大全』（いずれも青土社）をはじめ、邦訳されている本は十点を超え、日本ではおなじみのサイエンスライターとも言えるでしょう。

その著者が、現代社会の文物、スポーツというふうに話題を百ずつ集めてまとめたこのシリーズですが、第三弾のテーマは、原題にもあり、序文でも語られている通り「アート」です（いくつか上記の同シリーズの本に収録された記事の再録もあります）。もちろん美術作品の幾何学的分析や、音楽の統計学的分析といった、いかにもアートをめぐる数理という「わかりやすい」素材もたくさんあります。しかし、あらためて意識してみると、たとえば「十三日の金曜日が嫌悪される」だとか、「神様を信じるかどうかとゲーム理論の関係」というような、どうしてこれがアート？　と思われるようなものもあるでしょう。また、紙や画面の大きさや縦横比、ギャラリーの配置や警備も、アートには大事な要素でしょうし、シェイクスピアをはじめとする文学作品は、もちろん芸術ではありましょうが、いかにもなアートと比べると、まるきりアートに見えないものとのあいだにあると言っていいかもしれません。著者自身、序文で本書のアートの意味は広いと断ってもいて、確かにその通りになっています。ただ、それは決して拡大解釈して無理にこじつけたということではありません。

著者が育ち、大学で教えているイギリスでは、伝統的に言えば、大学を卒業して取得する学位と言えば、まずはBachelor of Arts（BA）でしょう。アーツとありますが、「文学士」とも訳されるくらいで、ギリシア・ラテンの古典や歴史を代表とする、いわゆる「文系」の学問を大学の学部で勉強した証ということになります。これは中世以来の大学で学ぶべき科目の基本、リベラルアーツ（実はそこには数学も含まれていました）に由来する考え方で、要するに大学を卒業したと言うにふさわしい「教養」（物や概念のきちんとしたとらえ方、手の加え方、表し方といった意味での「技」）を身につけていることを表す学位でもあります。まずはＢＡというくくりで学位をとり、とくに専攻を示す必要があれば、そこに〇〇学を添えるというのが伝統的なスタイルと言えます。

それに対して、理学士、つまりBachelor of Science（BS/BSc）が新しく登場し、「理系」の代表ということになります。これがいわゆる「二つの文化」という対立と言われること（やはりイギリス人、Ｃ・Ｐ・スノーの『二つの文化と科学革命』〔みすず書房〕などで）の元です。つまり、ここで言われる「二つ」とは、ＢＡを取るような人々と、ＢＳを取るような人々の文化、つまり「アート」と「サイエンス」の二つなのです。著者が取り上げるのは数学というアートですが、本書で語られているのは純粋数学ではなく、応用数学、最近はデータサイエンスとも呼ばれるようになった統計学、さらには数理物理学といった自然科学の一環としてのもので、実質的にはサイエンスに位置づけられる内容でしょう。

二つの文化という根深い泥沼はともかく、イギリス人の著者が言うアート（アーツ）とは、本来、本書で取り上げられるような広い範囲をカバーする概念だということは、あらためて押さえておいてよいと思います。「アート」と聞いて、まずいわゆる「芸術」を思い浮かべるほうが、むしろ限定的な受け取り方だということでもあります――もっとも、著者が本書のアートは「広い」と断らなければならないように、こうしたアート（諸々の事物の理解や解釈や表現を含めた扱い方としての技／その意味での教養）の概念があたりまえには通用しなくなるのはいずこも同じのようです。「一粒の砂にも宇宙を見る」科学者（ニュートンの次の時代の、やはりイギリスの文人《アート》、ウィリアム・ブレイクが、科学者を実は揶揄あるいは非難した詩句）、熟練の数理物理学者である著者が、もろもろのアートについて、その見方や扱い方の一つとして数理（サイエンスの柱の一つであり、かつアートでもある）を適用する本書は、もちろん様々な事物の解説としても楽しめますが、加えてこのイギリス風の味わいにも注目していただければと思います。

本書の翻訳にあたっては、共訳者の小野木明恵が全体の訳文を作り、そこに松浦が手を加えるという、これまでと同じ形をとりました。本訳書の刊行については、青土社の篠原一平氏に最初から最後までお世話になりました。また、装幀は岡孝治氏に担当していただきました。記して感謝します。

二〇一六年一〇月

松浦俊輔

数学を使えばうまくいく
アート、デザインから投資まで
数学でわかる100のこと

2016年11月1日　第1刷印刷
2016年11月15日　第1刷発行

著者――ジョン・D・バロウ
訳者――松浦俊輔＋小野木明恵

発行者――清水一人
発行所――青土社
東京都千代田区神田神保町1-29市瀬ビル　〒101-0051
電話　03-3291-9831［編集］03-3294-7829［営業］
（振替）00190-7-192955
印刷・製本――シナノ
装丁――岡孝治
ISBN978-4-7917-6956-8 Printed in Japan